普通高等教育土木与交通类"十三五"规划教材

道路与桥梁CAD 及工程实例

主　编　孙宝芸　庞　姝
副主编　宋福春　赵中华　陈广树

中国水利水电出版社
www.waterpub.com.cn
·北京·

内 容 简 介

本书由4部分内容组成。第1部分为绪论部分,主要介绍计算机辅助设计(CAD)技术的概念、内涵及道路与桥梁 CAD 绘图的基本要求;第2部分以 AutoCAD 的经典版本作为软件设计平台,详细介绍 AutoCAD 在道桥工程设计中的应用方法与技巧;第3部分为道路路线计算机辅助设计部分,以国内优秀的道路设计软件 HintCAD(纬地)为例,详细地介绍了应用纬地软件完成道路路线设计的流程及道路勘测设计相关知识;第4部分为桥梁工程计算机辅助设计部分,以桥梁博士(Dr. Bridge)和 Midas Civil 开发的有限元分析软件为例,对简支梁桥和连续梁桥进行实例设计,具有较强的实用性和可操作性。

本书适合作为高等院校道路桥梁与渡河工程及相关专业的教材,也可供从事道路与桥梁工程及相关行业的设计、施工、科研及教学人员参考和使用。

图书在版编目(CIP)数据

道路与桥梁CAD及工程实例 / 孙宝芸,庞姝主编. --
北京:中国水利水电出版社,2017.8(2022.7重印)
普通高等教育土木与交通类"十三五"规划教材
ISBN 978-7-5170-5839-7

Ⅰ. ①道… Ⅱ. ①孙… ②庞… Ⅲ. ①道路工程—工程制图—AutoCAD软件—高等学校—教材②桥梁工程—工程制图—AutoCAD软件—高等学校—教材 Ⅳ. ①U412.5 ②U442.5

中国版本图书馆CIP数据核字(2017)第223795号

书　　名	普通高等教育土木与交通类"十三五"规划教材 **道路与桥梁 CAD 及工程实例** DAOLU YU QIAOLIANG CAD JI GONGCHENG SHILI
作　　者	主编 孙宝芸 庞姝 副主编 宋福春 赵中华 陈广树
出版发行	中国水利水电出版社 (北京市海淀区玉渊潭南路1号D座　100038) 网址:www.waterpub.com.cn E-mail: sales@mwr.gov.cn 电话:(010)68545888(营销中心)
经　　售	北京科水图书销售有限公司 电话:(010)68545874、63202643 全国各地新华书店和相关出版物销售网点
排　　版	中国水利水电出版社微机排版中心
印　　刷	北京市密东印刷有限公司
规　　格	184mm×260mm　16开本　18.5印张　432千字　1插页
版　　次	2017年8月第1版　2022年7月第2次印刷
印　　数	3001—5000册
定　　价	49.00元

编　委　会

随着经济的快速发展，我国公路建设取得了巨大成就。与此同时，公路的快速发展也对公路设计技术提出了更高的要求。当今计算机技术及相应支撑软件系统更新迅速，发展也日新月异，这大大促进了道路与桥梁 CAD 技术的发展。目前，道路与桥梁 CAD 技术已经相当普及，全国各省部级及大多数地市级公路和市政设计单位均在道路与桥梁设计工作中采用了 CAD 系统，计算机出图率已达到 90% 以上，CAD 技术已成为道路与桥梁设计工作中必不可少的工具。学习和掌握道路与桥梁计算机辅助设计，是学生学习利用计算机进行公路和桥梁设计过程中不可或缺的教学环节。

目前诸多院校均开设了"计算机在道桥设计中的应用"及其相关课程。编者在该课程的教学过程中发现，部分教材注重介绍 AutoCAD 软件的操作技能和绘图方法，部分教材注重介绍道路路线的计算机辅助设计的计算机程序，而没有介绍桥梁计算机辅助设计的相关知识。为此，本书在编写过程中考虑到教学的实际需求，既介绍了 AutoCAD 软件在道路与桥梁设计中的应用方法和技巧，同时也介绍了道路计算机辅助设计和桥梁计算机辅助设计的相关知识，并通过路线设计实例和桥梁设计实例分别介绍了 HintCAD（纬地）道路设计软件、桥梁博士 Dr. Bridge 和 Midas Civil 开发的有限元分析软件的操作过程。

本书由 4 部分内容组成：第 1 部分为绪论部分，主要介绍 CAD 技术的概念、内涵及道路与桥梁 CAD 绘图的基本要求；第 2 部分以 AutoCAD 的经典版本（AutoCAD 2012）作为软件设计平台，详细介绍 AutoCAD 在道桥工程设计中的应用方法与技巧，包括基本使用功能、高级操作技巧以及各种图形的绘制与编辑修改方法；第 3 部分为道路路线计算机辅助设计部分，以国内优秀的道路设计软件 HintCAD（纬地）为例，将软件的设计步骤和道路勘测设计相关知识相融合，详细地介绍了应用纬地软件完成道路路线设计的过程；第 4 部分为桥梁工程计算机辅助设计部分，以 Dr. Bridge 和 Midas Civil 开发的有限元分析软件为例，对简支梁桥和连续梁桥进行实例设计，具有较强的实用性和可操作性。

本书在编写过程中，参考了相关标准、规范、教材和专著，并列于参考文献中，同时本书的编写还应用了 AutoCAD、HintCAD、Dr. Bridge 和 Midas Civil 软件，在此向这些编著者及软件的开发者表示衷心的感谢！

本书由具有该课程多年教学经验的沈阳建筑大学孙宝芸、沈阳城市建设学院庞姝担任主编，沈阳建筑大学宋福春、沈阳城市建设学院赵中华及辽宁省公路勘测设计公司陈广树高级工程师任副主编。另外，沈阳建筑大学董雷和长春建筑学院张子静参与了本书的编写工作。研究生李天宇整理了书中的部分文字和插图。具体编写分工如下：第 1 部分绪论部分由孙宝芸编写；第 2 部分 AutoCAD 与道路桥梁绘图由孙宝芸、赵中华编写；第 3 部分道路路线计算机辅助设计实例由孙宝芸、陈广树、张子静编写；第 4 部分桥梁工程计算机辅助设计由庞姝、宋福春、陈广树编写；全书插图由庞姝、孙宝芸、董雷、李天宇负责提供。本书的编写得到了沈阳建筑大学王占飞教授的大力帮助，在此表示感谢。

由于编者水平有限，书中不足之处在所难免，敬请读者指正，以便我们进一步修正和完善。

编者

2017 年 5 月

第 4 部分　桥梁工程计算机辅助设计

第 1 部分

绪论部分

1.1 CAD 技术的概念与内涵

CAD（Computer Aided Design）是计算机辅助设计的简称。它是 20 世纪工程技术领域发展最迅速、最引人注目的高新技术之一。CAD 技术是研究计算机在设计领域中应用的综合技术，它作为 20 世纪公认的重大技术成果之一，正在深刻地影响着当今工业界和各工程领域。它是一门涉及计算机科学、计算数学、计算几何、计算机图形学、数据结构、数据库、软件工程、仿真技术、人工智能等多学科、多领域的新兴学科。它的内涵随着时代的发展，特别是计算机及其相关技术的发展而不断变化。1972 年 10 月国际信息处理联合会（IFIP）给 CAD 做出了权威的定义，描述如下：CAD 是一种技术，它将计算机迅速、准确地处理信息的特点和人类的创造性思维能力及推理能力巧妙地结合起来，为现代设计提供理想的手段，这种技术在对设计过程认真分析后，按照人与计算机各自的特点去完成各自最合适的部分。比如设计的经验和判断由人来完成，而存储和组织数据，以及繁重的计算和绘图等由计算机完成，这样可以使得设计的效果，比人或计算机任何一方单独完成工作都要好而快。CAD 技术通常包括方案优化、交互设计、计算与分析、绘图和文档制作等内容。

与传统设计方法相比，CAD 技术可以提高设计效率，缩短设计周期。据有关资料显示能提高设计效率 10～25 倍，设计周期缩短为原来的 1/6～1/3；可以提高设计质量，优化设计成果；可以减轻劳动强度，充分发挥人的智慧；可以有利于设计工作规范化，设计成果标准化。

由于 CAD 技术具有上述优点，在 20 世纪 70 年代 CAD 技术发展的初期便很快受到产品设计和工程设计领域的追捧，并随着计算机技术的快速发展逐步向各个领域拓展。目前，CAD 技术在发达国家已广泛应用于机械、电子、航空、汽车、船舶和土木工程等各个领域，成为改善产品质量与提高工程应用水平、降低成本、缩短工程建设周期和解放生产力的重要手段。迄今为止，CAD 技术已成为一个推动行业技术进步、能够创造大量财富、具有相当规模的新兴产业部门——软件产业，CAD 技术的开发与应用水平正逐步成为衡量一个国家科技现代化与工业现代化程度的重要标志之一。

与早期用计算机程序进行的工程设计相比，现代 CAD 技术的主要特征之一是交互式设计。用程序进行设计时人机没有交互过程，设计进程完全由计算机控制，设计者对中间过程完全不知。而 CAD 系统的设计过程是由人机交互进行的，中间过程及最后成果可以实时显示。设计进程由人来控制，当设计成果不满意时可以从某个阶段重新进行，反复设计。而计算机绘图是使用图形软件和硬件进行绘图的一种方法和技术，以摆脱繁重的手工绘图为目标；计算机图形学是研究通过计算机将数据转换为图形，并在专业显示设备上显示的原理、方法和技术的科学。所以 CAD 要与计算机绘图和计算机图形学区分开来。

CAD 系统由硬件系统和软件系统组成。CAD 硬件系统主要包括计算机主机和外围设备两大部分。一个理想的 CAD 软件系统应包括科学计算、图形系统和数据库 3 个方面。

（1）科学计算包括通用数学库、系统数学库及设计过程中占有很大比例的常规设计、优化设计、有限元分析等，它是实现相应专业的工程设计、计算分析及绘图等具体专用功能的程序系统，是 CAD 技术应用于工程实践的保证。

（2）图形系统包括几何建模、绘制工程设计图、绘制各种函数曲线、绘制各种数据表格、在图形显示器上进行图形变换及分析、模拟与仿真等内容，是 CAD 系统进行图形操作的平台。

（3）数据库是一个通用的、综合性的减少数据重复存储的"数据集合"。它按照信息的自然联系来构成数据，用各种方法来对数据进行各种组合和管理，以满足各种需要，使设计所需的数据便于提取、新的数据易于补充。内容包括原始资料、设计标准及规范、中间结果、图表和文件等。在一个完整的 CAD 系统中，需要对大量的数据资源进行组织和管理，从某种意义上讲，数据库是 CAD 系统的基础。

道路与桥梁 CAD 系统是道路与桥梁设计领域中的计算机辅助设计系统，它是集数据采集、方案优化、设计与计算、图表绘制和输出于一体的综合设计系统。其主要内容包括初始设计方案的构思和形成、方案比选和优化、工程计算与分析、设计图表绘制与设计文件输出等一系列工作。

1.2 国内外道路工程 CAD 技术的发展概况

1.2.1 国外道路工程 CAD 技术的发展概况

早在 20 世纪 60 年代初，国外就将计算机应用于公路设计中。当时，计算机主要用于完成计算任务，如多层路面结构的力学计算、路基稳定性分析与计算、桥梁结构计算、路基土石方计算以及平面和纵断面线形计算等。计算时间的节省也为多个方案的比较创造了条件。随着计算机设备的快速发展，英国、美国、法国、德国和丹麦等国家先后开发出了路线纵断面优化设计系统，有代表性的有英国的 HOPS 纵断面选线最优化程序系统、德国的 EPOS 系统、法国的 Appolon 系统等，这些程序的应用，在一定程度上提高了道路设计质量，并降低了工程费用。联合国经济合作与开发组织于 1973 年在意大利的一条已建道路上对上述各国优化程序进行联合测试。结果表明，纵断面优化设计系统可节省土石方工程量 8%～17%，平均 10% 左右，纵断面优化效果比较明显，整个道路的建造费用大大降低。

20 世纪 70 年代，计算机硬件技术得到快速发展，大容量、高速度的计算机开始应用于 CAD 系统，为数字地面模型（DTM）的应用提供了条件，使道路路线优化技术拓宽到平面和空间三维选线。其代表性软件有英国的 NOAN 程序、美国普度大学的 GCARS 程序、前联邦德国的 EPOS-1 程序、美国麻省理工学院的 OPTLOG 公路路线三维空间优化程序。随着计算机绘图功能的逐步完善，计算机绘图、出图质量及速度得到明显提高，计算机绘图技术可直接提供设计和施工图纸。

20 世纪 80 年代，道路 CAD 系统的发展更加完善，并逐步向系统化、集成化方向发展。很多国家已建立了由航测设备、计算机（包括绘图机、数字化仪等外设）和专用软件包形成的道路 CAD 组合系统。软件包通常包括从数据采集、建立数字地面模型、优化技术以至全套计算机计算、绘图和报表的完整系统，如德国的 CARD/1 系统、英国的 MOSS 系统和美国 Infrasoft 公司的 InRoads 系统等。

进入 20 世纪 90 年代，国外若干优秀的道路 CAD 软件，有向国际化方向发展的趋势，在系统开发过程中，积极研究相关国家的技术标准，尽量提高软件的适应性，使其满足不同国家设计标准的要求。在数据采集方面，研究采用 GPS、数字摄影测量、遥感地质判别等新技术和新设备。通过激烈的市场竞争，国外一些优秀的道路 CAD 系统脱颖而出，如在中国市场应用比较广泛的德国 CARD/1 系统、英国 Infrasoft 公司的 MXRoad 软件、美国 Intergraph 公司的 InRoads 系统。

1.2.2　国内道路与桥梁 CAD 的发展状况

我国对道路 CAD 技术的研究始于 20 世纪 70 年代后期，虽然起步较晚，但发展迅速。20 世纪 70 年代末至 80 年代初，国内有关高等院校和设计单位在收集和翻译国外路线优化技术和 CAD 技术资料的基础上，开展了道路路线优化技术方面的研究。同济大学、西安公路学院、重庆交通学院与重庆公路研究所、交通部第二公路勘察设计院等单位先后对公路的纵断面优化技术、平面及空间线性优化技术等进行了研究，并开发了各自的优化设计程序。

20 世纪 80 年代中后期，我国道路建设快速发展，对道路和桥梁 CAD 技术的需求不断增大，促进了道路和桥梁 CAD 技术的发展。1986 年，原交通部在多次技术论证的基础上，把道路和桥梁 CAD 列入国家"七五"重点科技攻关项目，进行研究开发。此时，道路 CAD 主要研究数字地面模型、路线平纵线形组合优化、路线设计、立交设计、中小桥涵设计、支挡构造物设计等；桥梁 CAD 主要研究桥梁结构布置、桥梁结构有限元分析、桥梁详图设计、桥梁工程造价分析等。"高等级公路路线综合优化和计算机辅助设计系统"（简称路线 CAD 系统 HICAD）和"高等级公路桥梁计算机辅助设计系统"（简称桥梁 CAD 系统 JT-HBCADS）的开发成功与推广应用，为我国公路行业大规模使用 CAD 技术做出了较大贡献。

自 20 世纪 90 年代开始，国内交通设施建设规模空前扩大，道路建设速度明显加快，对 CAD 软件的需求越来越大，要求越来越高。1996 年，交通部组织实施的国家"九五"重点科技攻关项目"GPS、航测遥感、公路 CAD 集成技术"由交通部第二公路勘察设计院、交通部公路研究所、交通部第一公路勘察设计院合作开发。该系统由全球卫星定位（GPS）测量系统、数字摄影测量系统、数字地面模型、遥感地质图像及判释、公路路线及立交设计集成 CAD 系统、桥梁设计集成 CAD 系统等几大部分组成。该系统在地形数据采集、工程数据库以及系统的集成化、可视化、智能化、三维设计、商品化等方面有较大突破，它的研发与应用使我国的道路与桥梁 CAD 技术在理论和实际应用上都有了一个新的飞跃。这一时期也是计算机软、硬件技术快速发展的阶段，Windows 操作系统和奔腾微机进入国内市场，由于其在价格和性能上具有绝对优势，使之迅速成为市场主导。软件开发商为满足市场需求和适应计算机软、硬件技术的迅速发展，大力推荐其产品的同时，对软件的功能，性能，特别是用户界面和图形处理能力，进行了大幅度的扩充；对软件的内部结构和部分软件模块，特别是数据管理部分，进行了重大改造。这期间道路 CAD 软件发展的特点表现为以下几个方面。

（1）软件操作系统以 Windows 系统为主，操作界面及交互性能有较大改善和提高。

（2）图形支撑平台选用性能稳定、功能强大、开放性好的优秀图形软件，如 AutoCAD，或自主开发专业图形平台，提高系统的实用性。

（3）软件应用的深度和广度都有较大提高，应用范围基本涉及道路设计的各个方面，如地形数据采集、路线设计、互通立交设计、支挡工程设计、工程概预算、道路三维建模和动画等。

（4）在系统的集成方面能跟踪国际计算机应用技术的最新发展，开始了 CAD 系统的集成研究，如 1996 年国家发展计划改革委员会下达的国家"九五"重点科技攻关项目"国道主干线设计集成系统开发研究"，1998 年原交通部重点项目"集成化道路 CAD 系统研究"等。

（5）道路 CAD 系统的商品化有了较大进展，国内一些高等院校和公路勘察设计院相继推出了一些具有特色的商品化道路 CAD 系统，如由东南大学开发的 ICAD 及 DICAD 系统可用于道路三维设计和互通立交设计；交通部第一公路勘察设计院开发的纬地道路系统（HintCAD）可直接利用设计原始数据生成公路及其构造物的精确三维模型；西安海德公司开发的具有自主图形平台的 HEADS（Highway Engineering Aided Design System）可用于道路勘测设计和互通立交设计。

目前，道路与桥梁 CAD 技术已经相当普及，全国所有省、部级、大多数地市级公路和市政设计单位，在道路与桥梁设计工作中都采用了 CAD 系统，设计计算机出图率已达到 90%以上，CAD 技术已成为道路与桥梁设计工作中必不可少的工具。同时，在一些大型公路建设项目的可行性研究中，具有真实背景的三维工程模型及动画也正在悄然兴起。

1.2.3　现有道路与桥梁 CAD 系统存在的问题

道路与桥梁的设计工作是一个反复修正的过程。CAD 技术在我国道路与桥梁设计工作中已得到广泛的应用，计算机辅助设计在提高设计效率、加快设计进度、优化设计成果、提高设计图纸质量、节省人力物力等方面起到了不可估量的作用。但现有道路与桥梁 CAD 系统仍然存在以下一些问题。

（1）现有道路与桥梁 CAD 系统还不能支持设计的全过程。设计质量的好坏在一定程度上仍然依赖于设计者的经验和知识水平，这是国内外道路 CAD 系统普遍存在的问题。道路设计方案的拟定、设计模型的建立、主要参数的确定、线形设计等过程中，有大量工作需要设计人员发挥自己的创造性，应用多学科的知识和实践经验，进行分析决策。在设计过程方面还没有开发出一套集初始方案、智能决策、交互设计与修改、自动化图表于一体的完整系统；在设计范围方面还不能支持包括可行性研究、初步设计、技术设计和施工图设计等全套设计过程。CAD 技术在应用的高度上还需要进一步提高。

（2）现有的道路 CAD 系统的设计思想还是依据传统的道路勘测设计理论，将三维的道路空间实体用平面、纵断面、横断面 3 个二维面来描述，按照平、纵、横设计模块开发系统。这种用二维的概念来描述三维空间实体的方法，不利于设计对象的抽象和准确描述，无法采用真正的面向对象的开发方法对系统进行总体设计、开发、维护和扩充。

（3）在原始数据采集方面，没有充分利用 GPS、航测摄影测量等先进数据采集手段。虽然国内部、省级设计院中已普遍采用航测方法，但主要作用仅仅是测绘大比例尺地形图，没有充分利用航测提供的丰富信息，特别是地形数据资料。直接从航片采集地形数据或利用全站仪野外采集数据，与数字地面模型及 CAD 系统相结合进行公路路线设计的方法，采用遥感手段进行地质判释等方法，虽然已在实际工程中应用，但还没有得到大范围推广。传统的测设技术仍然滞后于 CAD 技术的发展，地形数据的获取成为公路设计中的一个薄弱环节，严重阻碍了道路测设速度和质量的提高。随着计算机软、硬件技术的不断发展，将成熟的数字地面模型技术与道路三维建模技术相结合，建立三维实体模型进行公路设计已成为可能。如何依据三维实体模型来改进传统道路设计理论，创建一个全新的道路 CAD 系统，是亟待深入探讨和研究的一个问题。

（4）在数据管理上缺乏工程数据库的支持。现有的道路 CAD 系统在数据管理上基本沿用文件系统，程序功能模块之间数据的流动是通过数据文件方式来实现的，每个应用系统都是孤立、封闭地存储和管理自己的数据，数据整体性差，传输效率低，数据冗余度大，各功能模块之间数据不能共享，不同 CAD 软件之间数据不能交换。

（5）道路 CAD 软件与其他支撑软件之间连接功能差。目前道路 CAD 的支撑软件大多采用市场上成熟的软件，如 Word、Excel 软件和 AutoCAD 等，道路 CAD 软件与这些系统软件的连接要采用高级语言的外部调用或通过操作系统来实现，道路 CAD 系统没有提供一个集成的平台，在应用这些软件时，需要在不同软件之间频繁切换，给设计者带来诸多不便。

1.2.4　道路与桥梁 CAD 的发展趋势

当今计算机技术及相应支撑软件系统的发展日新月异、更新迅速，大大促进了 CAD 技术的发展。道路 CAD 技术在软件、系统方面的发展主要集中在可视化、集成化、智能化与网络化技术方面。

（1）可视化。功能与操作是相互矛盾的，功能越多操作就越复杂。可视化技术是 20 世纪 80 年代末期产生并发展起来的一门新技术，将科学计算过程中的数据和结论及计算结果转换为图像信息或图形信息，在计算机的屏幕上显示出来并进行交互处理。它是发现和理解科学计算过程中各种现象的有力工具，可以大大提高数据的处理速度；可以在人与数据、人与人之间实现图像通信，而不是目前的文字通信和数据通信；可以使人们对计算过程实现引导和控制，通过交互手段改变计算依据的条件并观察其影响。可视化技术作为实现操作与功能对接的工具，不仅可以改进传统设计手段，还可以改变设计环境，如 CAD 虚拟环境，使设计者处于虚拟的三维空间进行路线设计，提高设计质量。可视化应包括良好的数据输入输出界面、中间数据的实时查询、人机交互的设计过程、可引导可控制的设计流程、设计结果自动化等内容。

（2）集成化。集成化技术主要实现对系统中各应用程序所需要的信息及所产生的信息进行统一的管理，达到软件资源和信息的高度共享和交换，避免不必要的重复和冗余，充分提高计算机资源的利用率。国外发达国家在工程设计领域集成化技术的研究与应用已日趋成熟，能够构成从市场分析、招标投标、工程规划、设计到计划进度、质量成本控制、施工与管理等为一体的计算机辅助系统。发展集成化技术是当今 CAD 技术的主要趋势之一，在这一方面我国工程设计领域与国外发达国家相比，还存在很大差距，加快研究、开发、建设和应用集成系统是当前和今后一段时间内的紧迫任务。

（3）智能化。智能化 CAD 系统是把人工智能的思想、方法和技术引进 CAD 领域而产生的，设计是含有高度智能的人类创造性活动，因此智能化是 CAD 发展的必然方向。从人类认识和思维模型来看，现有的人工智能技术对模拟人类的思维活动往往没有办法。因此，智能 CAD 不仅仅是简单地将现有的智能技术与 CAD 技术相结合，更要深入研究人类设计的思维模型，并用信息技术来表达和模拟。智能化 CAD 系统是具有某种程度人工智能的 CAD 系统，它是基于知识的技术，目前主要通过在 CAD 系统中运用专家系统、人工神经网络等人工智能技术来实现。

（4）网络化。随着社会和经济的不断发展，超大规模项目和跨国项目日益增多，参加设计的技术人员数量也随之增加。网络化技术利用计算机网络资源共享的特点，可实现网络中的硬件、软件和数据共享，优化资源配置，从而达到用较低的开销获取较好的效果。多个设计者可以通过联网的计算机进行图形、文字、图像和声音等交流，讨论方案，协同工作，可以大大提高设计的质量和进度。同时还可以将一个复杂的大型工程划分为若干个较小的子工程，分散在几个不同地点的终端上进行协同设计，通过网络对各子工程的数据和设计结果进行传输、交换、更新和汇总，最后完成全部设计任务，从而可以加快设计速度，提高设计效率。

道路与桥梁 CAD 技术是 CAD 技术在道路与桥梁设计中的具体应用，是伴随 CAD 技术发展而发展起来的。因此，道路与桥梁 CAD 技术也与当前国际上 CAD 技术发展的趋势一致，集中在可视化、集成化、智能化和网络化方面。目前，国外发达国家大规模的公路建设时期已经过去，道路 CAD 技术的应用规模呈萎缩趋势，这些国家的道路 CAD 软件开发以走向国际市场、满足多元化设计标准为主。而我国在今后相当长一段时间内，公路交通建设规模仍将处于快速发展阶段，道路设计和施工部门所面临的任务仍将十分艰巨。国内现有软件与国外优秀软件相比较，仍处于低水平、不完整和不稳定状态，与当前任务多、时间紧迫的发展形势不相适应。

研究与开发功能完整、性能优越、应用范围大的新一代 CAD 系统是道路设计人员所面临的重要任务。为了完成这一任务，在 CAD 技术研究方面，要注意图形仿真、多维空间显示模型、多媒体技术、CAD 虚拟环境、图形支撑系统、工程数据库、专家系统、遗传算法、人工神经网络模型和网络技术等；在道路与桥梁 CAD 软件开发方面，应自力更生，努力吸取国外先进经验，密切跟踪国际上的最新技术及计算机科学的最新发展，进一步提高软件开发的水平和能力；在应用方面，除了在传统道路路线、互通立交等方面要继续研究开发外，道路三维造型和动画技术、计算机局域网建设和应用、数据和信息采集新技术和 GPS 与 GIS 的应用、道路工程库和道路信息系统的建立、工程项目管理系统和计算机在道路施工管理与营运等方面还有较大的发展空间。

1.3　道路与桥梁 CAD 绘图的基本要求

1.3.1　关于道路与桥梁 CAD 绘图图幅及线型与字体

1. 道路与桥梁 CAD 绘图常见图幅大小

按照《CAD 工程制图规则》（GB/T 18229）、《房屋建筑 CAD 制图统一规则》（GB/T 18112）等相关国家标准规定，道路与桥梁工程图纸的幅面和图框尺寸分为 A4、A3、A2、A1 和 A0，具体大小见图 1.1 和表 1.1。图幅还可以在长边方向加长一定的尺寸，参见建筑工程和道路与桥梁工程制图相关规范。使用 CAD 进行绘制时，也完全按照前述图幅进行。

图纸以短边作为垂直边称为横式，以短边作为水平边称为立式。一般 A0～A3 图纸宜横式使用；必要时，也可立式使用。此外，CAD 还有一个更为灵活的地方，CAD 可以输出任意规格大小的图纸，但这种情况一般作为草稿、临时使用，不宜作为正式施工图纸。在道路与桥梁专业实际工程施工实践中，A3、A2 图幅大小的图纸使用最方便，比较受施工相关人员欢迎。

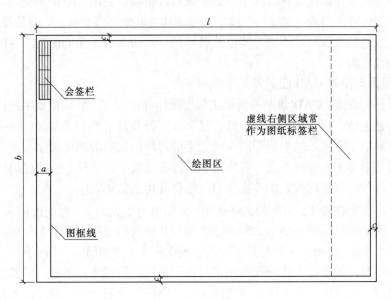

图 1.1　常用图框样式

表 1.1　　　　　　　　　　　图纸幅面和图框尺寸　　　　　　　　　　　单位：mm

尺寸代号 幅面代号	A4	A3	A2	A1	A0
$b×l$	210×297	297×420	420×594	594×841	841×1189
c	5	5	10	10	10
a	25	25	25	25	25

2. 道路与桥梁 CAD 图形常见线型

按照相关规定，道路与桥梁工程制图图线宽度分为粗线、中线、细线，从 0.18mm、0.25mm、0.35mm、0.50mm、0.70mm、1.0mm、1.4mm、2.0mm 线宽系列中根据需要选取使用，见表 1.2。该线宽系列的公比为 $1:\sqrt{2}\approx1:1.4$，粗线、中粗线和细线的宽度比率为 4:2:1，在同一图样中同类图线的宽度一致，线型则有实线、虚线、点画线、折断线和波浪线等类型，如图 1.2 所示。

表 1.2　　　　　　　　　　　常 用 线 宽 组 要 求　　　　　　　　　　　单位：mm

线宽比	线宽组					
b	2.0	1.4	1.0	0.7	0.5	0.35
$0.5b$	1.0	0.7	0.5	0.35	0.25	0.18
$0.25b$	0.5	0.35	0.25	0.18	—	—

注　1. 需要微缩的图纸，不宜采用 0.18mm 及更细的线宽。

　　2. 同一张图纸内，各不同线宽中的细线，可统一采用较细的线宽组的细线。

道路与桥梁工程 CAD 绘图即是按照上述线条宽度和线型进行的，实际绘图时根据图幅大小和出图比例调整宽度大小，其中细线实际在 CAD 绘制中是按默认宽度为 0 进行绘制的。

一般情况下，图线不得与文字、数字或符号重叠、混淆，不可避免时，应首先保证文字等内容的清晰。虚线与虚线交接或虚线与其他图线交接时，应是线段交接。虚线为实线的延长线时，不得与实线连接。同一张图纸内，相同比例的各图样应选用相同的线宽组。

3. 道路与桥梁 CAD 图形常见字体和字号

按照相关规定，CAD 道路与桥梁工程制图图样中汉字、字符和数字应做到排列整齐、清楚正确、尺寸大小协调一致。汉字、字符和数字并列书写时，汉字字高略高于字符和数字字高。城乡规划图上的文字应使用中文标准简化汉字。涉外的规划项目，可在中文下方加注外文；数字应使用阿拉伯数字，计量单位应使用国家法定计量单位；代码应使用规定的英文字母，年份应用公元年表示。

文字高度应按表 1.3 中所列数字选用。如需书写更大的字，其高度应按 $\sqrt{2}$ 的比值递增。汉字的高度应不小于 2.5mm，字母与数字的高度应不小于 1.8mm。汉字的最小行距不小于 2mm，字符与数字的最小间距应不小于 1mm；当汉字与字符、数字混合使用时，最小行距等应根据汉字的规定使用，如图 1.3 所示。图及说明中的汉字应采用长仿宋体，其宽度与高度的关系一般应符合表 1.4 的规定。大标题、图册、封面、目录、图名标题栏中设计单位名称、工程名称、地形图等的汉字可选用楷体、黑体等其他字体。

表 1.3	规划设计文字高度	单位：mm
用于蓝图、缩图、底图	3.5、5.0、7.0、10、14、20、25、30、35	
用于彩色挂图	7.0、10、14、20、25、30、35、40、45	

注　经缩小或放大的城乡规划图，文字高度随原图纸缩小或放大，以字迹容易辨认为标准。

表 1.4	长仿宋体宽度与高度的关系				单位：mm
字高	20	14	10	7	5	3.5
字宽	14	10	7	5	3.5	2.5

图 1.2　常用道路与桥梁 CAD 制图图线

分数、百分数和比例数的注写，应采用阿拉伯数字和数学符号，如四分之三、百分之二十五和一比二十应分别写成 3/4、25% 和 1∶20。当注写的数字小于 1 时，必须写出个位的 "0"，小数点应采用圆点，齐基准线书写，如 0.01。

在实际绘图操作中，图纸上所需书写的文字、数字或符号等，均应笔画清晰、字体端正、排列整齐；标点符号应清楚正确。一般常用的字体有宋体、仿宋体、新宋体、黑体等，根据计算机 Windows 操作系统中的字体，建议选择常用的字体，以便于 CAD 图形电子文件的交流

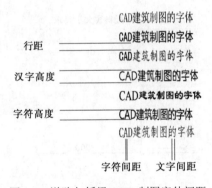

图 1.3　道路与桥梁 CAD 制图字体间距

阅读。字号也即字体高度的选择，根据图形比例和字体选择进行确定选用，一般与图幅大小相匹配，便于阅读，同时保持图形与字体协调一致，主次分明。

1.3.2　道路与桥梁 CAD 图形尺寸标注基本要求

按照相关规定，图样上的尺寸，包括尺寸界线、尺寸线、尺寸起止符号和尺寸数字，如图 1.4（a）所示。

图样上的尺寸单位，除标高及总平面以米为单位外，其他必须以毫米为单位。尺寸数字一般应依据其方向注写在靠近尺寸线的上方中部。如没有足够的注写位置，最外边的尺寸数字可注写在尺寸界线的外侧，中间相邻的尺寸数字可错开注写，如图 1.4（b）所示。

CAD 道路与桥梁工程制图中，尺寸标注起止符号所用到的短斜线、箭头和圆点符号的数值大小如图 1.5 所示，其中，$e=2.0\text{mm}$、$a=5b$、$r=2\sqrt{2}b$（b 为图线宽度，

具体数值参见前面相关内容）。短斜线应采用中粗线。标注文本与尺寸间距离 h_0 不应小于 1.0mm，如图 1.6 所示。

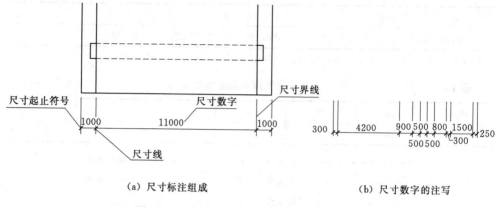

（a）尺寸标注组成　　　　　　　　　（b）尺寸数字的注写

图 1.4　尺寸标注组成名称及尺寸数字的注写

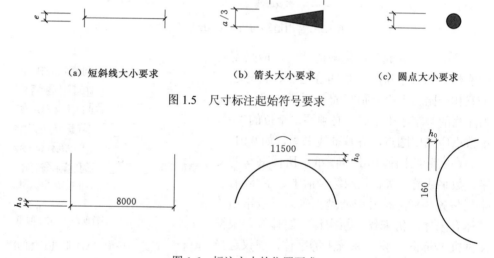

（a）短斜线大小要求　　　（b）箭头大小要求　　　（c）圆点大小要求

图 1.5　尺寸标注起始符号要求

图 1.6　标注文本的位置要求

用于标注尺寸的图线，除特别说明的外，应以细线绘制。尺寸界线一端距图样轮廓线 X_0 不应小于 2.0mm。另一端 X_e 宜为 3.0mm，平行排列的尺寸线间距 L_i 宜为 7.0mm，如图 1.7 所示。

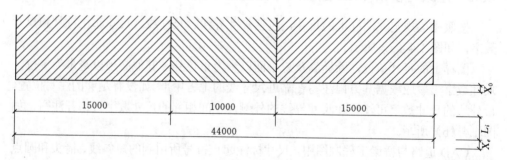

图 1.7　尺寸界线要求

角度的尺寸线应以圆弧表示。该圆弧的圆心应是该角的顶点，角的两条边为尺寸界线。

起止符号应以箭头表示，如没有足够位置画箭头，可用圆点代替，角度数字应按水平方向注写。标注圆弧的弧长时，尺寸线应以与该圆弧同心的圆弧线表示，尺寸界线应垂直于该圆弧的弦，起止符号用箭头表示，弧长数字上方应加注圆弧符号"⌒"，如图 1.8 所示。

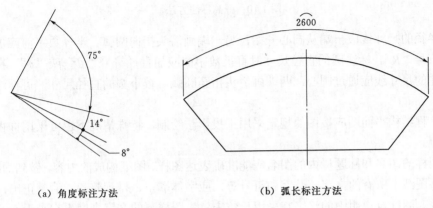

（a）角度标注方法 　　　　　　　　（b）弧长标注方法

图 1.8　角度和圆弧标注方法

坡度符号常用箭头加百分号或数值比表示，也可用直角三角形表示，如图 1.9 所示。

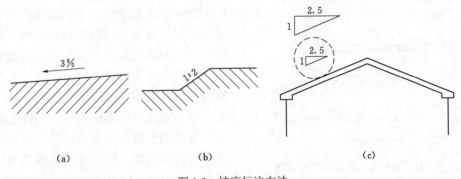

（a）　　　　　　　　（b）　　　　　　　　（c）

图 1.9　坡度标注方法

标高标注应包括标高符号和标注文本，标高数字应以米为单位，注写到小数点以后第三位。在总平面图中，可注写到小数点以后第二位。零点标高应注写成"±0.000"，正数标高不注"+"，负数标高应注"−"，如"3.000""−0.600"。标高符号应以直角等腰三角形表示，如图 1.10 所示。标高符号应以直角等腰三角形表示，按图 1.10（a）所示形式用细实线绘制，如标注位置不够，也可按图 1.10（b）所示形式绘制。水平段线 L 根据需要取适当长度，高 h 取约 3.0mm。总平面图室外地坪标高符号，宜用涂黑的三角形表示，如图 1.10（c）所示。标高符号的尖端应指至被注高度的位置。尖端一般应向下，也可向上。标高数字应注写在标高符号的左侧或右侧。

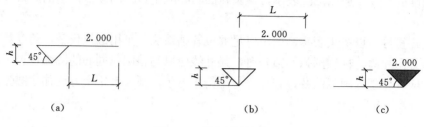

图 1.10　标高标注方法

半径的尺寸线应一端从圆心开始，另一端画箭头指向圆弧。半径数字前应加注半径符号"R"。标注圆的直径尺寸时直径数字前应加直径符号"Φ"或"ϕ"。在圆内标注的尺寸线应通过圆心，两端画箭头指至圆弧。较小圆的直径尺寸，可标注在圆外。

工程结构平面图应按图的规定采用正投影法绘制，特殊情况下也可采用仰视投影绘制。

图样的图名和标题栏内的图名应能准确表达图样、图纸构成的内容，做到简练、明确。图纸上所有的文字、数字和符号等，应字体端正、排列整齐、清楚正确，避免重叠。图样及说明中的汉字宜采用长仿宋体，图样下的文字高度不宜小于 5mm，说明中的文字高度不宜小于 3mm。拉丁字母、阿拉伯数字、罗马数字的高度不应小于 2.5mm。

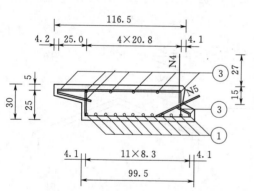

图 1.11　边板跨中断面钢筋布置图

常见混凝土结构绘图中，如混凝土板桥边板跨中断面的钢筋配置可按图 1.11 所示的方法表示。当钢筋标注的位置不够时，可采用引出线标注。引出线标注钢筋的斜短画线应为中实线或细实线。当构件布置较简单时，结构平面布置图可与板配筋平面图合并绘制。

常见混凝土结构绘图中，构件配筋图中箍筋的长度尺寸应指箍筋的里皮尺寸；弯起钢筋的高度尺寸应指钢筋的外皮尺寸，如图 1.12 所示。

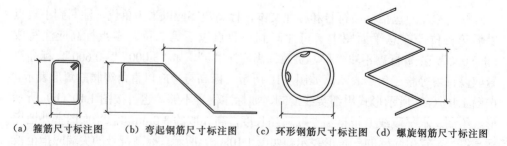

(a) 箍筋尺寸标注图　　(b) 弯起钢筋尺寸标注图　　(c) 环形钢筋尺寸标注图　　(d) 螺旋钢筋尺寸标注图

图 1.12　箍筋尺寸表示方法

1.3.3 关于道路与桥梁 CAD 图形比例

按照相关规定，一般情况下，一个图样应选用一种比例。根据制图需要，同一图样也可选用两种比例。当图样的纵、横向断面尺寸相差悬殊时，可在同一详图中的纵、横向选用不同的比例绘制，如道路的纵断面图。轴线尺寸与构件尺寸也可选用不同的比例绘制。

图样的比例，应为图形与实物相对应的线性尺寸之比。比例的大小，是指其比值的大小，如 1:50 大于 1:100。比例的符号为 ":"，比例应以阿拉伯数字表示，如 1:1、1:2、1:100、1:200 等。比例宜注写在图名的右侧，字的基准线应取平；比例的字高宜比图名的字高小一号或两号。

一般情况下，道路与桥梁平面图、立面图、剖面图等常用比例为 1:100、1:50 等，而节点构造做法等详图常用比例为 1:1、1:5、1:10 等。

第 2 部分

AutoCAD 与道路桥梁绘图

第 2 章

AutoCAD 基本知识

2.1 AutoCAD 概述

2.1.1 AutoCAD 软件简介

AutoCAD（Auto Computer Aided Design）是美国 Autodesk（欧特克）有限公司的通用计算机辅助设计软件。从 1982 年推出 AutoCAD 的第 1 个版本——AutoCAD R1.0 版本起，经过 20 多年的不断发展和完善，现在已经发展到 AutoCAD 2016、AutoCAD 2017 等版本，几乎每年推出新版本，版本更新发展迅速。其中比较经典的几个版本为 AutoCAD R12、AutoCAD R14、AutoCAD 2000、AuroCAD 2004、AutoCAD 2010、AutoCAD 2012，这几个经典版本的功能比之前都有较为显著的变化，可以看作是不同阶段的里程碑。

AutoCAD 是目前应用最广泛的通用图形软件之一，其在建筑、土木、道路与桥梁、化工、电子、航天、船舶、轻工业、石油和地质等诸多工程领域已得到广泛的应用。AutoCAD 是一个施工一体化、功能丰富的世界领先设计软件，为全球工程领域的专业设计师们创立更加高效和富有灵活性以及互联性的新一代设计标准，标志着工程设计师们共享设计信息资源的传统方式有了重大突破，AutoCAD 已完成向互联网应用体系的全面升级，也极大地提高了工程设计效率与设计水平。它具有以下 3 个基本功能，即绘图和编辑功能、设计分析与计算功能、事后处理功能。随着版本的不断升级和更新，其功能和内容不断增加和丰富。归纳起来主要包括以下几个方面：

（1）绘图功能。利用 AutoCAD 的基本绘图功能，如绘制直线、多边形、圆、圆弧、椭圆、多线段、样条曲线等，可以绘制各类功能设计图。

（2）编辑和修改功能。利用 AutoCAD 的编辑功能可以对图形进行删除、移动、复制、缩放、旋转、镜像、拉伸等操作，使图形按需要进行编辑和修改。

（3）标注尺寸和文字。利用 AutoCAD 的标注功能可以对图形中的各种尺寸和角度进行标注，对需要的地方进行文字标注。

（4）图形参数的测试和计算。计算图形的面积、体积、周长、测试点之间的距离和点的坐标等。

（5）设置图层、线型、线宽、颜色和字体。

（6）填充图案功能。AutoCAD 提供了数十种图案，用户可以在封闭或未封闭的区域内任意选择图案进行填充。

（7）图形的输出和输入功能。AutoCAD 支持多种外围设备，如打字机、打印机、数字化仪等。

（8）强大的三维作图和编辑功能，形象逼真的图形渲染功能。

（9）完善的数据交换功能。用户可以十分方便地在 AutoCAD 和 Windows 其他应用软件及 Windows 剪贴板之间进行文件、数据的共享和交换，也可以与 3DS 等软件进行数据交换。

（10）几乎完全开放的体系结构、强大的二次开发工具，使用户可以使用多种高级语言对 AutoCAD 进行专业应用开发。其二次开发工具已发展到第三代，如具有 C 语言开发环境的 ObjectARX、具有 VB 语言开发环境的 VBA、AutoCAD 本身内嵌的 AutoLISP 语言和 Visual LISP 环境。

（11）用户可通过 AutoCAD 直接进入 Internet，在互联网上与远程用户进行文件传输和通信。

自 20 世纪 80 年代末 AutoCAD 作为通用图形软件引入我国后，因其强大的功能、易学易用的特点和良好的二次开发环境，已经是我国道路与桥梁设计和管理领域应用最广泛的图形软件，拥有众多的用户。AutoCAD 强大的二次开发工具已成为开发道路与桥梁专业设计软件的主要手段，大多数道路与桥梁设计应用软件也以 AutoCAD 作为图形支撑系统。

考虑上述 AutoCAD 在我国道路与桥梁行业内的普遍应用情况，并考虑目前许多学校 CAD 教学设备和 AutoCAD 版本使用情况，本书选择比较经典的版本 AutoCAD 2012 中文版来讲解，介绍 AutoCAD 的基本操作知识、基本绘图知识、基本编辑知识和文字与尺寸标注功能等。

2.1.2　AutoCAD 安装和启动、文件的基本操作方法

1. AutoCAD 安装和启动

这里以 AutoCAD 2012 版本为例介绍其快速安装方法（其他版本的安装方法与此类似）。将 AutoCAD 软件光盘插入到计算机的光驱驱动器中。在文件夹中，单击其中的安装图标"set-up.exe"或"install.exe"即开始进行安装。将出现安装初始化提示，然后进入安装环境，如图 2.1 所示。

（1）单击"安装（在此计算机上安装）"按钮，选择您所在"国家或地区"，选择接受许可协议中"我接受（A）"，单击"下一步"按钮。用户必须接受协议才能继续安装。注意，如果不同意许可协议的条款并希望终止安装，请单击"取消"按钮，如图 2.2 所示。

（2）在弹出的"用户和信息产品"界面上，输入用户信息、序列号和产品密钥等。从对话框底部的链接中查看"隐私保护政策"。查看完后，单击"下一步"按钮。注意，在此处输入的信息是永久性的，显示在计算机上的"帮助"菜单中。由于以后无法更改此信息（除非卸载产品），因此请确保输入的信息正确无误。

（3）选择语言或接受默认语言为中文。进入开始安装提示页，若不修改，按系统默认典型安装，一般安装在系统 C:\盘。若修改，单击"配置"按钮更改相应配置（如安装类型、安装可选工具或更改安装路径），然后按提示单击"配置完成"按

钮返回安装页面。单击"安装"按钮开始安装 AutoCAD。

图 2.1　进入安装界面

图 2.2　许可协议界面

（4）安装进行中，系统自动安装所需要的文件（产品），时间可能稍长，安装速度与计算机硬件配置水平有关系，如图 2.3 所示。

（5）安装完成后，启动 AutoCAD 将弹出"产品许可激活"界面，如图 2.4 所示。输入激活码后完成安装，就可以使用了；否则是试用版本，有 30 天时间限制。

图 2.3　安装进行中

图 2.4　安装激活提示界面

（6）输入激活码后，其他一些信息根据需要填写，也可以忽略，单击"完成"按钮即可。

（7）单击"完成"按钮后，AutoCAD 软件完成安装，可以使用该软件进行绘图操作了。可以通过下列方式启动 AutoCAD，启动后界面如图 2.5 所示。

1）单击 AutoCAD 桌面快捷方式图标。安装 AutoCAD 时，将在桌面上放置一个 AutoCAD 快捷方式图标（除非用户在安装过程中清除了该选项）。双击 AutoCAD 图标可启动该程序。

2）"开始"菜单。例如，在"开始"菜单上依次单击"程序"（或"所有程序"）→"Autodesk"→"AutoCAD"命令。

3）在 AutoCAD 的安装位置文件夹内，单击"acad"图标。

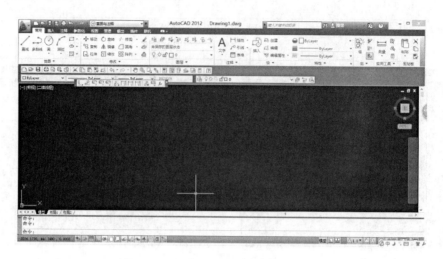

图 2.5 AutoCAD 2012 操作界面

2. 新建 AutoCAD 图形

启动 AutoCAD 后，可以通过以下几种方式创建一个新的 AutoCAD 图形文件：

（1）打开"文件"下拉菜单，选择"新建"命令。

（2）在"命令："命令行下输入"NEW"（或"new"）或"N"（或"n"）（不区分大小写）按 Enter 键。

（3）使用标准工具栏，单击左上"新建"或标准工具栏中的"新建"图标按钮。

（4）直接按"Ctrl+N"组合键。

执行上述操作后，将弹出"选择样板"对话框，可以选取"acad"文件或使用默认样板文件直接单击"打开"按钮即可，如图 2.6 所示。

3. 打开已有 AutoCAD 图形

启动 AutoCAD 后，可以通过以下几种方式打开一个已有的 AutoCAD 图形文件：

（1）打开"文件"下拉菜单，选择"打开"命令。

（2）使用标准工具栏，单击标准工具栏中的"打开"图标按钮。

（3）在"命令："命令行下输入 OPEN 或 open 后按 Enter 键。

（4）直接按"Ctrl+O"组合键。

执行上述操作后，将弹出"选择文件"对话框，在"查找范围"中选取文件所在位置，然后选中要打开的图形文件，最后单击"打开"按钮即可，如图 2.7 所示。

图 2.6 新建图形文件

图 2.7 打开已有图形文件

4. 保存 CAD 图形

启动 AutoCAD 后，可以通过以下几种方式保存绘制好的 AutoCAD 图形文件：

（1）单击"文件"下拉菜单，选择"保存"命令。

（2）使用标准工具栏，单击标准工具栏中的"保存"图标按钮。

（3）在"命令："命令行下输入 SAVE 或 save，并按 Enter 键。

（4）直接按"Ctrl+S"组合键。

执行上述操作后，将弹出"图形另存为"对话框，在"保存于"中选取要保存文件的位置，然后输入图形文件名称，最后单击"保存"按钮即可，如图 2.8 所示。对于非首次保存的图形，CAD 不再提示上述内容，而是直接保存图形。

若以另外一个名字保存图形文件，可以通过单击"文件"下拉菜单，选择"另存为"命令实现，操作与前述保存操作相同。

5. 关闭 CAD 图形

启动 AutoCAD 后，可以通过以下几种方式关闭图形文件：

（1）打开"文件"下拉菜单，选择"关闭"命令。

（2）在"命令："命令行下输入 CLOSE 或 close，并按 Enter 键。

（3）单击图形右上角的"×"按钮，如图 2.9 所示。

执行"关闭"命令后，若该图形没有存盘，AutoCAD 将弹出警告框"是否将改动保存到××××.dwg?"，提醒需不需要保存图形文件。单击"Y（是）"按钮，则保存当前图形并关闭它，单击"N（否）"按钮，则不保存图形直接关闭它，单击"Cancel（取消）"按钮表示取消关闭当前图形的操作。

图 2.8　保存图形文件

图 2.9　关闭文件

6. 同时打开多个 CAD 图形文件

AutoCAD 支持同时打开多个图形文件，若需在不同图形文件窗口之间切换，可以打开"视图"中的"窗口"子菜单，选择其中的"水平平铺""垂直平铺""层叠"等命令。这里选择"垂直平铺"命令，如图 2.10 所示。

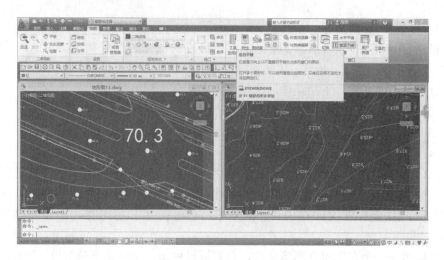

图 2.10　垂直平铺图形文件

2.2　AutoCAD 绘图基本操作

2.2.1　AutoCAD 绘图环境的设置和辅助控制功能

1. AutoCAD 2012 的工作界面及基本操作

打开 AutoCAD 2012 后的初始界面是默认的"草图与注释"绘图空间模式，如图 2.5 所示。AutoCAD 2012 提供的操作界面与 Windows 风格一致，功能也更强大。但与传统版本的布局样式有所不同，习惯用经典版本的设计者可以通过单击左上角或右下角"切换工作空间"按钮，即可得到与以前版本一样的操作界面，如图 2.11 所示。

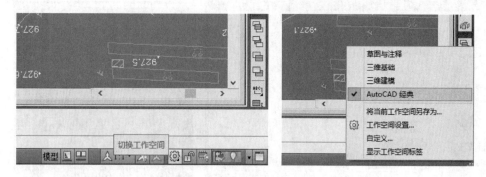

图 2.11　切换工作空间

为便于学习和与前面各种版本衔接，本书还是采用"AutoCAD 经典"版本模式进行讲述，掌握了这种基本模式，其他各种模式操作是类似的，很容易掌握使用。AutoCAD 2012 的经典绘图模式如图 2.12 所示。

（1）操作界面背景颜色设置。AutoCAD 操作区域界面背景颜色默认为黑色，为了使本书插图更加清晰，改为白色界面。单击"工具"按钮，选择其中的"选项"命令，在弹出的对话框中，选择"显示"选项卡，再单击"颜色"按钮，在弹出的"图形窗口颜色"对话框中即可设置操作区域背景显示颜色，单击"应用并关闭"按钮，最后单击"确定"按钮即可完成设置，如图 2.13 所示。背景颜色根据个人绘图习惯设置，一般为白色或黑色。

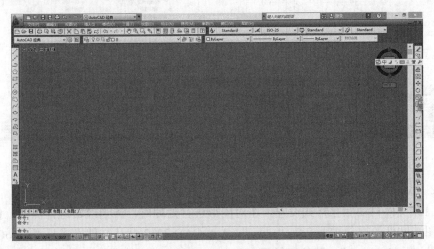

图 2.12　AutoCAD 2012 经典操作界面

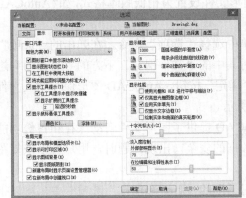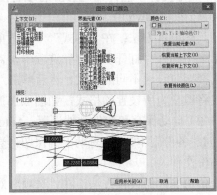

图 2.13　更换操作模型空间背景颜色

（2）栅格显示。栅格是点或线的矩阵，遍布指定为栅格界限的整个区域。使用栅格类似于在图形下放置一张坐标纸。利用栅格可以对齐对象并直观显示对象之间的距离。可以将栅格显示为点矩阵或线矩阵。对于所有视觉样式，栅格均显示为线。仅在当前视觉样式设定为"二维线框"时栅格才显示为点格栅。默认情况下，在二维和三维环境中工作时都会显示线栅格，打印图纸时不打印栅格。可以单击最下一栏相应中间位置的"网格显示"工具即可开启、关闭网格显示（或按 F7 键）。如果栅格以线而非点显示，则颜色较深的线（称为主栅格线）将间隔显示，如图 2.14 所示。

在以小数单位或英尺和英寸绘图时，主栅格线对于快速测量距离尤其有用。可以在图 2.14 所示的栅格图标处右击，选择快捷菜单中的"设置"命令，或单击"工具"按钮中的"绘图设置"命令即可弹出"草图设置"对话框控制每条主栅格线之间的栅格数，如图 2.15 所示。要关闭主栅格线的显示，需将主栅格线的频率设定为 1。

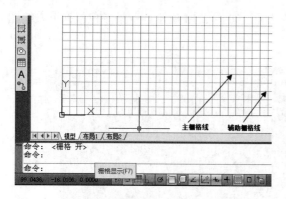

图 2.14　栅格的开启和关闭　　　　　　图 2.15　栅格的设置

2. AutoCAD 绘图环境的设置

（1）文件自动保存格式设置。在对图形进行处理时，应当经常进行保存。保存时，图形文件的文件扩展名为".dwg"，AutoCAD 2012 默认文件格式是"AutoCAD 2007 图形（＊.dwg)"，若使用低于 AutoCAD 2007 版本的软件，如 AutoCAD 2004 版本，图形文件不能打开。因此，可以将图形文件设置为稍低版本格式，如"AutoCAD 2000 图形（＊.dwg)"。

具体设置方法：在"格式"下拉菜单中选择"选项"命令，在弹出的"选项"对话框中选择"打开和保存"选项卡，对其中的"文件保存"下方的"另存为"进行选择即可设置不同的格式，然后单击"确定"按钮，AutoCAD 图形保存默认文件格式将改变为所设置的格式，如图 2.16 所示。

（2）自动保存和备份文件设置。AutoCAD 提供了图形文件自动保存和备份功能（即创建备份副本），这有助于确保图形数据的安全，出现问题时，用户可以恢复图形备份文件。

备份文件的设置方法：在"选项"对话框的"打开和保存"选项卡中，可以指定在保存图形时创建备份文件。进行此操作后，每次保存图形时，图形的早期版本将保存为具有相同名称并带有扩展名.bak 的文件，该备份文件与图形文件位于同一个文件夹内。通过将 Windows 资源管理器中的.bak 文件重命名为带.dwg 扩展名的文件，可以恢复为备份版本，如图 2.17 所示。

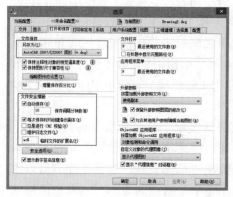

图 2.16　自动保存的设置　　　　　　图 2.17　备份文件的设置

　　自动保存即是以指定的时间间隔自动保存当前操作图形。若选中"自动保存"复选框，将以指定的时间间隔保存图形。默认情况下，系统为自动保存的文件临时指定名称为"filename_a_b_nnnn.sv＄"。其中：Filename 为当前图形名，a 为在同一工作任务中打开同一图形实例的次数，b 为在不同工作任务中打开同一图形实例的次数，nnnn 为随机数字。这些临时文件在图形关闭时自动删除。出现程序故障或电压故障时，不会删除这些文件。要从自动保存的文件恢复图形的早期版本，可通过使用扩展名"＊.dwg"代替扩展名"＊.sv＄"来重命名文件，然后关闭程序。自动保存的类似信息显示如下：

　　命令：

　　自动保存到 C:＼Documents and Settings＼Administrator＼local settings＼temp＼645Gzt_1_1_3046.sv$...

　　（3）图形文件加密。对图形文件设置密码后，只有输入密码才能打开该文件，并且密码设置只适用于当前图形。要打开使用该图形文件，需输入密码。如果密码丢失，将无法重新获得图形文件和密码，因此在向图形添加密码之前，应该创建一个不带密码保护的备份。图形文件加密的设置方法如下：在"工具"下拉菜单中选择"选项"命令。在打开的"选项"对话框的"打开和保存"选项卡中，单击"安全选项"按钮。在弹出的"安全选项"对话框的"密码"选项卡中，输入密码，然后单击"确定"按钮。接着在"确认密码"对话框中输入使用的密码，再单击"确定"按钮。保存图形文件后，密码生效，如图 2.18 所示。

　　（4）图形单位设置。在 AutoCAD 中需要设置绘图单位，其默认的绘图单位是十进制单位。图形单位设置方法是在"格式"下拉菜单中选择"单位"命令，或在命令提示下输入 Units。在弹出的"图形单位"对话框中即可设置长度、角度和插入比例等相关单位和精度数值，如图 2.19 所示。在该对话框中，有"长度"和"角度"两个数据区可供用户选择。在"长度"中的"类型"下拉列表框中可以选择"科学十进制""十进制""工程单位""建筑单位"和"分数单位"；在"精度"下拉列表框中用户可以根据需要选择长度精度和角度精度；在"角度"中的"类型"下拉列表框中可以选择"十进制角度""度/分/秒""梯度""弧度"和"勘测单位"；单击"方向"按钮将弹出"方向控制"对话框，用于设置角度测量的起始位置和方向。

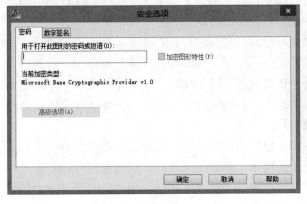

图 2.18　图形文件加密

图 2.19　"图形单位"设置

（5）图形界限设置。绘图范围也称为图形界限，它限定了用户的绘图工作区和图纸的边界。其目的是避免用户所绘制的图形超出绘图边界。图形界限设置实质是指设置并控制栅格显示的界限，并非设置绘图区域边界。一般地，AutoCAD 的绘图区域是无限的，可以任意绘制图形，不受边界约束。

图形界限设置方法是在"格式"下拉菜单中选择"图形界限"命令，或在命令提示下输入"limits"。然后指定界限的左下角点和右上角点即完成设置。该图形界限具体仅是一个图形辅助绘图点阵显示范围，如图 2.20 所示。

（6）当前文字样式设置。在图形中输入文字时，当前的文字样式决定输入文字的字体、字号、角度、方向和其他文字特征，图形中的所有文字都具有与之相关联的文字样式。输入文字时，程序将使用当前文字样式。当前文字样式用于设置字体、字号、倾斜角度、方向和其他文字特征。如果要使用其他文字样式来创建文字，可以将其他文字样式置于当前。

设置方法：选择"格式"下拉菜单中的"文字样式"命令，在弹出"文字样式"对话框中进行设置，包括样式、字体、字高等，然后单击"置为当前"按钮，再依次单击"应用""关闭"按钮即可，如图 2.21 所示。

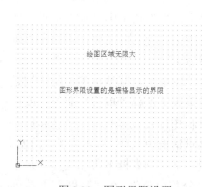

图 2.20　图形界限设置

图 2.21　文字样式设置

（7）当前标注样式设置。标注样式是标注设置的命名集合，可用来控制标注的外观，如箭头样式、文字位置和尺寸公差等。可以通过更改设置控制标注的外观，同时为了便于使用、维护标注标准，可以将这些设置存储在标注样式中。在进行尺寸标注时，所标注文字将使用当前标注样式中的设置；如果要修改标注样式中的设置，则图形中的所有标注将自动使用更新后的样式。

设置方法：在"格式"下拉菜单中选择"标注样式"命令，在弹出的"标注样式管理器"对话框中单击"修改"按钮，弹出"修改标注样式"对话框，对其进行设置，依次单击相应的选项栏，包括线、符号和箭头、文字、主单位等，根据图幅大小设置合适的数值，然后单击"确定"按钮返回上一窗口，再依次单击"置为当前""关闭"按钮即可，如图 2.22 所示。

（8）绘图比例设置。图形中构件要素的线形尺寸与实际构件相应要素的线形尺寸之比称为比例。图形不论放大还是缩小，在标注尺寸时，应按照构件的实际尺寸标注。每张图样上均应在标题栏的"比例"一栏填写比例，如"1:100"或"1:500"等。计算机绘图时，应尽可能按构件的实际大小（1:1）画出，即实际尺寸是多少，绘图绘制多少,以便直接从图形上查询构件的真实大小。由于构件的大小及其结构复杂程度不同,对大而简单的构件可采用缩小的比例,对小而复杂的构件则可采用放大的比例。

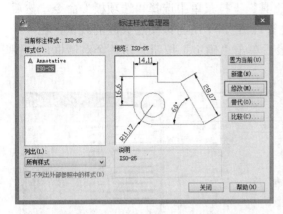

图 2.22 标注样式设置

如果用户希望按 1:n 的比例出图,那么比例因子就是 n。比例因子的确定要考虑所绘构件的尺寸大小及所采用的图纸幅面两个因素。现假定要绘制一座长为 100m 的桥梁布置图,使用的图纸为 A3(297mm×420mm)。根据道路工程制图规定,A3 图纸留出边框后实际绘图区域为 277mm×385mm,按长度方向布置计算,100000÷385=259.7,则取比例因子为大于该值的整百数 300。

(9)线宽设置。线宽是指定图形对象以及某些类型文字的宽度值。使用线宽,可以用粗线和细线清楚地表现出各种不同线条,以及细节上的不同,也可以通过为不同的图层指定不同的线宽,轻松得到不同的图形线条效果。一般情况下,需要单击状态栏中的"显示/隐藏线宽"按钮进行开启;否则一般在屏幕上将不显示线宽,如图 2.23 所示。

1)线宽设置方法。在"格式"下拉菜单中选择"线宽"命令,在弹出"线宽设置"对话框中选择相关按钮进行设置,如图 2.24 所示。若勾选"显示线宽"复选框,屏幕将显示线条宽度,包括各种相关线条。具有线宽的对象将以指定线宽值的精确宽度打印。

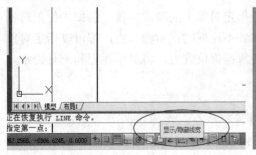

图 2.23 显示/隐藏线宽设置　　　　　图 2.24 线宽设置

需要说明的是,在模型空间中,线宽以像素为单位显示,并且在缩放时不发生变化。因此，在模型空间中精确表示对象的宽度时不应该使用线宽。例如，如果要绘制一个实际宽度为 0.5mm 的对象，不能使用线宽，而应用宽度为 0.5mm 的多段线表示对象。

2）指定图层线宽的方法。在"工具"下拉菜单中选择"选项板"命令，然后选择"图层"面板，弹出"图层特性管理器"。单击与该图层关联的线宽，在"线宽"对话框的列表框中选择线宽，最后单击"确定"按钮关闭各个对话框，如图2.25 所示。

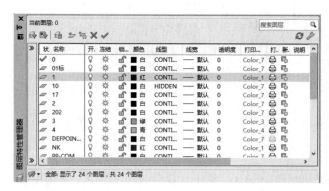

图 2.25　图层线宽的设置

3. AutoCAD 绘图辅助控制功能

AutoCAD 提供了很多绘图技巧、绘图辅助工具及高级编辑功能，利用这些工具和功能，可以在不用或很少输入坐标的情况下就能方便、迅速、准确地绘制出图形。它们主要包括正交功能、对象捕捉、自动追踪、极轴追踪和动态输入等。

（1）正交模式控制。用户在绘图中经常要绘制水平线和垂直线，用坐标来控制固然可行，但需要输入坐标。AutoCAD 提供了一个正交功能，利用此功能绘制水平线和垂直线简单快捷。

在绘图和编辑过程中，可以随时打开或关闭"正交"模式。输入坐标或指定对象捕捉时将忽略"正交"模式。要临时打开或关闭"正交"模式，可按住 Shift 键（使用临时替代键时，无法使用直接距离输入方法）。要控制正交模式，单击底部状态栏上的"正交模式"图标按钮以启动和关闭正交模式，也可以按下 F8 键临时关闭/启动"正交模式"。

（2）绘图对象捕捉。使用对象捕捉可指定对象上的精确位置。例如，使用对象捕捉可以绘制到圆心或多段线中点的直线。不论何时提示输入点，都可以指定对象捕捉。默认情况下，当光标移到对象的对象捕捉位置时，将显示标记和工具提示，如图 2.26 所示。

绘图捕捉设置方法如下：

1）在"工具"菜单中选择"绘图设置"命令。在弹出的"草图设置"对话框中的"对象捕捉"选项卡上，选择要使用的对象捕捉；最后单击"确定"按钮即可。

2）也可以在屏幕底部状态栏，单击"对象捕捉"图标按钮并右击再在弹出的快捷菜单中选择"设置"命令，如图 2.27 所示。

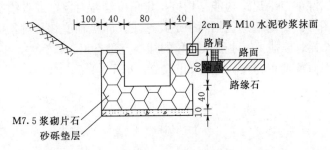

图 2.26　图形捕捉显示

捕捉方式可以用于绘制图形时准确定位，
使得所绘制图形快速定位于相应的位置点。二
维对象捕捉方式有端点、中点、圆心等多种，
在绘制图形时一定要掌握，这样可以精确定位
绘图位置。常用的捕捉方法。

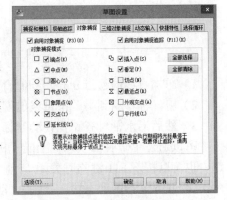

- 端点捕捉是指捕捉到线段、圆或圆弧等
  对象的最近点。
- 中点捕捉是指捕捉到线段或圆弧等对
  象的中点。
- 圆心捕捉是指捕捉到圆或圆弧的圆心。
- 节点捕捉是指捕捉节点对象，如捕捉
  点、等分点或等距点。

图 2.27　对象捕捉设置

- 象限捕捉是指捕捉到圆弧、圆、椭圆或椭圆弧的象限点。象限点是指圆或
  圆弧上的四分点（0°、90°、180°、270°位置）。
- 交点捕捉是指捕捉到线段、圆弧或圆等的交点。
- 延伸是指捕捉直线或圆弧的延长线上的点。
- 插入点是指捕捉图块、图形、文本和属性等的插入点。
- 垂足是指在绘制垂直的几何关系时，捕捉对象上的垂足。
- 切点捕捉是指捕捉到圆弧、圆、椭圆、椭圆弧或样条曲线的切点。
- 最近点捕捉是指捕捉离拾取点最近的点、圆或圆弧上的切点。
- 外观交点是指捕捉对象的虚交点，即在视图平面上相交的点，可能不存在。
- 平行是指捕捉与参照对象平行的线上符合指定条件的点。

通过"对象捕捉"工具栏也可以设置对象捕捉功能。在 AutoCAD 任意工具栏
上右击，选择快捷菜单中"AutoCAD"命令，会显示所有的工具栏列表，在"对象
捕捉"前打"√"，即可显示图 2.28 所示的"对象捕捉"工具栏。

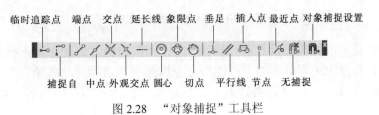

图 2.28　"对象捕捉"工具栏

（3）自动追踪。自动追踪功能是指按指定角度绘制对象，或者绘制与其他对象有特定关系的图形。自动追踪包括两个追踪选项，即极轴追踪和对象捕捉追踪。需要注意，必须设置对象捕捉，才能从对象的捕捉点进行追踪。例如，在以下插图中，启用了"端点"对象捕捉，操作过程如图 2.29 所示。

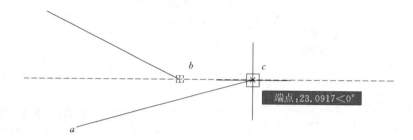

图 2.29　对象捕捉追踪

1）单击直线的起点 *a* 开始绘制直线。

2）将光标移动到另一条直线的端点 *b* 处获取该点。

3）然后沿水平对齐路径移动光标，定位要绘制的直线的端点 *c*。

可以通过单击底部状态栏上的"极轴"或"对象追踪"按钮打开或关闭自动追踪。也可以按下 F11 键临时关闭/启动"对象追踪"。

（4）CAD 绘图动态输入控制。"动态输入"在光标附近提供了一个命令界面，以帮助用户专注于绘图区域。动态输入可以极大地方便绘图，该功能可以在指针位置直接输入数据。动态输入有 3 个组件，即指针输入、标注输入和动态提示。打开动态输入时，工具提示将在光标旁边显示信息，该信息会随光标移动动态更新。当某命令处于活动状态时，工具提示将为用户提供输入的位置。在输入字段中输入值并按 Tab 键后，该字段将显示一个锁定图标，并且光标会受用户输入的值约束。随后可以在第二个输入字段中输入值。另外，如果用户输入值然后按 Enter 键，则第二个输入字段将被忽略，且该值将被视为直接距离输入，如图 2.30 所示。单击底部状态栏上的动态输入按钮图标可以打开和关闭动态输入，也可以按下 F12 键临时关闭/启动动态输入。

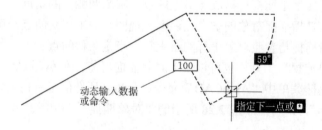

图 2.30　动态输入操作过程

对动态显示可以通过设置进行控制。在底部状态栏上的动态输入按钮图标上右击，然后选择快捷菜单中的"设置"命令以控制在启用"动态输入"时每个部件所显示的内容，可以设置指针输入、标注输入、动态提示等内容，如图 2.31 所示。

2.2.2　AutoCAD 图形坐标系和图层的操作

1. AutoCAD 图形坐标系

在 AutoCAD 中图形的位置及大小是用坐标来确定的，因此用户必须首先了解 AutoCAD 的坐标系统。AutoCAD 有两个坐标系，默认坐标系是世界坐标系，用 WCS 表示。此外，用户也可以定义自己的坐标系，即用户坐标系，用 UCS 来表示。

（1）世界坐标系。世界坐标系由 3 个互相垂直的坐标轴 X、Y 和 Z 组成。坐标原点在绘

图 2.31　动态输入设置

图区的左下角，X 轴的正方向水平向右，Y 轴的正方向垂直向上，Z 轴的正方向垂直屏幕向外，指向用户。图纸上的任意一点都可以用从原点的位移来表示。比如某点的坐标为（2，3，0），表示该点距离原点在 X 方向上 2 个单位、在 Y 方向上 3 个单位、在 Z 方向上 0 个单位。用户在绘制二维图形时，只需输入 X 轴和 Y 轴坐标，Z 轴坐标由 AutoCAD 自动赋值为 0。为了使用户方便地区分位于何种坐标系下，AutoCAD 在图形窗口左下角处显示出世界坐标系 WCS 的图标。此图标中除了表明 X 轴和 Y 轴的正方向外，还有一个明显的"□"符号。

（2）用户坐标系。用户为了方便绘图，经常需要变换坐标系的原点和坐标轴的方向，称为用户坐标系，用 UCS 表示。在 AutoCAD 中，用户可以用 UCS 命令来定义用户坐标系。用户坐标系的 3 个轴之间是相互垂直的，3 个轴之间的关系服从右手规则（即伸出右手，大拇指与食指相互垂直，中指与手掌垂直，大拇指指向 X 方向，食指指向 Y 方向，中指指向 Z 方向）。但坐标轴的原点和方向由用户根据需要来确定，具有较大的灵活性。用户坐标系 UCS 的图标和 WCS 的图标基本相同，只是少了"□"符号。

（3）坐标点的选取。用户在绘制工程图时，需要输入图形各点的坐标来确定图形的位置和大小。AutoCAD 有 4 种表示坐标的方法，分别是绝对坐标、相对坐标、绝对极坐标和相对极坐标。

1）绝对坐标。绝对坐标是以原点（0，0，0）为基点来定义所有点的方法。AutoCAD 默认的坐标原点在绘图区的左下角。在绝对坐标中，X 轴和 Y 轴在原点（0，0）处相交。任意一点的位置都可以用（x，y，z）来表示，二维点用（x，y）来表示。

2）相对坐标。相对坐标是相对于某点的相对位置，比如 A 点相对于 B 点的位置在 X 方向为 3 个绘图单位，在 Y 方向上为 4 个绘图单位。用户可以用（@3，4）来表示。通式为（@x，y）。在大多数情况下，用相对坐标来绘图比用绝对坐标要方便得多。

绝对坐标与相对坐标的关系如图 2.32 所示。图中直线端点 A 的绝对坐标为（200，150，0），另一端点 B 的绝对坐标为（350，250，0），则 B 点相对于 A 点的相对坐标为（@150，100）。

3）绝对极坐标。绝对极坐标是通过相对于坐标原点的距离和角度来定义任意一点位置的。AutoCAD 默认的角度是以逆时针方向来测量角度。水平向右是起始方向，定位 0°，垂直向上为 90°，水平向左为 180°，垂直向下为 270°。用户也可以通过对 AutoCAD 的系统变量设置来定义角度的起始方向。绝对极坐标用一个极长距离后跟一个"<"符号和一个角度值来确定点的位置。比如，200<30，则表示该点距离原点的极长距离为 200 个绘图单位，而该点的连线与 0°方向之间的夹角为 30°，如图 2.33 中 A 点所示。

4）相对极坐标。相对极坐标通过相对于某一点的极长距离和角度来定义点的位置，通常情况下是以前点为基点，用"@l<α"的形式来表示，其中 l 表示极长距离，α 表示角度。如"@20<30"表示的意思是相对于某一点 20 个单位的极长距离及与水平线的夹角为 30°。在图 2.33 中，直线端点 A 用绝对极坐标表示（200<30），而另一端点 B 则用相对于 A 的相对极坐标来表示（@150<45）。

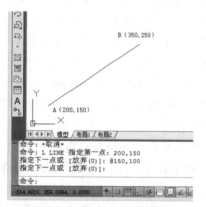

图 2.32　绝对坐标与相对坐标

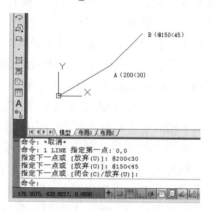

图 2.33　绝对极坐标与相对极坐标

2. AutoCAD 图层的操作

为便于对图形中不同元素对象进行控制，AutoCAD 提供了图层（Layer）功能，即不同的透明存储层，可以存储图形中不同元素对象。每个图层都有一些相关联的属性，包括图层名、颜色、线型、线宽和打印样式等。图层是绘制图形时最为有效的图形对象管理手段和方式，极大地方便了图形的操作。此外，图层的建立、编辑和修改也简洁明了，操作极为便利。

（1）建立新图层。可通过以下几种方式建立 AutoCAD 新图层：

1）在"命令："命令提示下输入"Layer"命令。

2）打开"格式"下拉菜单，选择"图层"命令。

3）单击"图层"工具栏上的"图层特性管理器"图标。

进行上述操作后，系统将弹出"图层特性管理器"对话框。单击其中的"新建图层"按钮，在当前图层选项区域下将以"图层 1，图层 2，…"为名称建立相应的图层，即为新的图层，该图层的各项参数采用系统默认值。然后单击"图层特性管理器"面板右上角按钮，关闭或自动隐藏图层。每一个图形都有 1 个 0 层，其名称不可更改且不能删除该图层。其他所建立的图层各项参数是可以修改的，包括名称、颜色等属性参数，如图 2.34 所示。

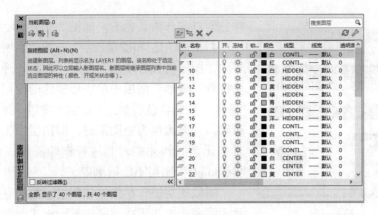

图 2.34　新建图层

（2）图层相关参数的修改。可以对 AutoCAD 图层的以下属性参数进行编辑与修改。

1）图层名称。图层的取名原则应简单易记，与图层中的图形对象紧密关联。图层名称的修改很简单，按前述方法打开"图层特性管理器"面板，单击要修改的图层名称，该图层的名称后出现一个矩形框，再次单击，即变为可修改，可以对其进行修改。也可以右击，在弹出的快捷菜单中选择"重命名图层"命令即可修改，如图 2.35 所示。AutoCAD 系统对图层名称有一定的限制条件，不能采用"<、\、? 、=、*、:"等符号作为图层名，其长度约 255 个字符。

2）设置为当前图层。当前图层是指正在进行图形绘制的图层，即当前工作层，所绘制的图线将存放在当前图层中。因此，要绘制某类图形对象元素时，最好先将该类图形对象元素所在的图层设置为当前图层。

按前述方法打开"图层特性管理器"面板，双击要设置为当前的图层，或单击要设置为当前图层的图层，再单击"置为当前"按钮，该图层即为当前工作图层，如图 2.35 所示。

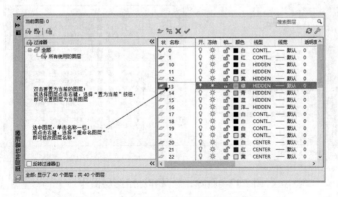

图 2.35　修改图层名称和设置当前图层

3）图层颜色。AutoCAD 系统默认图层的颜色为白色或黑色，也可以根据绘图的需要修改图层的颜色。先按前面所述的方法启动"图层特性管理器"面板，然后单击颜色栏下要改变颜色的图层所对应的图标。系统将弹出"选择颜色"对话框，在该对话框中用光标拾取颜色，最后单击"确定"按钮。该图层上的图形元素对象

图 2.36　修改图层颜色

颜色即以此作为其色彩，如图 2.36 所示。

4）删除图层和隐藏图层。先按前面所述的方法启动"图层特性管理器"面板，然后在弹出的"图层特性管理器"面板中单击要删除的图层，再单击"删除"按钮，最后单击"确定"按钮，该图层即被删除。只有图层为空图层时，即图层中无任何图形对象元素时，才能对其进行删除操作。此外"0""defpoints"图层不能被删除。

隐藏图层操作是指将该图层上的所有图形对象元素隐藏起来，不在屏幕中显示出来，但图形对象元素仍然保存在图形文件中。

要隐藏图层，先按前面所述的方法启动"图层特性管理器"面板，然后单击"开"栏下要隐藏的图层所对应的电灯泡图标，该图标将填充满颜色即为隐藏，该图层上的图形元素对象不再在屏幕中显示出来。要重新显示该图层图形对象，只需单击该对应图标，使其变空即可，如图 2.37 所示。

5）冻结与锁定图层。冻结图层是指将该图层设置为既不在屏幕上显示，也不能对其进行删除等编辑操作的状态。锁定图层与冻结图层不同之处在于该锁定后的图层仍然在屏幕上显示。注意，当前图层不能进行冻结操作。

其操作与隐藏图层相似。先按前面所述的方法启动，然后单击"冻结""锁定"栏下要冻结、锁定的图层所对应的图标，该图标将发生改变（颜色或形状改变）。冻结后图层上的图形元素对象不再在屏幕中显示，而锁定后图层上的图形元素对象继续在屏幕中显示但不能删除。要重新显示该图层图形对象，只需单击该对应图标，使图标发生改变即可，如图 2.37 所示。

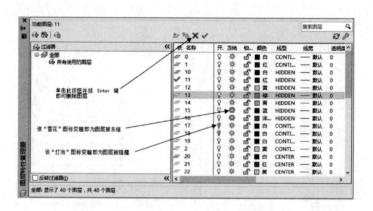

图 2.37　删除、隐藏和冻结图层操作

2.2.3　AutoCAD 绘图快速操作方法

1. CAD 图形常用选择方法

在进行绘图时，需要经常选择图形对象进行操作。AutoCAD 提供了多种图形选择方法，其中最为常用的方式如下。

（1）使用拾取框光标。

矩形拾取框光标放在要选择对象的位置时，将亮显对象，单击鼠标左键即可选择图形对象。按住 Shift 键并再次选择对象，可以将其从当前选择集中删除，如图 2.38 所示。

（2）使用矩形窗口选择图形。

矩形窗口选择图形是指从第一点向对角点方向拖动光标确定选择的对象。使用"窗口选择"选择对象时，通常整个对象都要包含在矩形选择区域中才能选中。

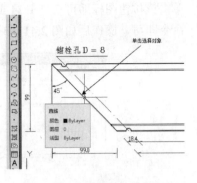

图 2.38　使用光标选择图形

1）窗口选择。从左向右拖动光标，以仅选择完全位于矩形区域中的对象（自左向右方向），操作过程及结果如图 2.39 所示。

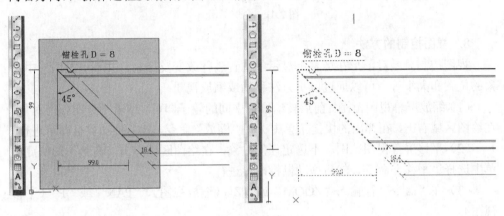

图 2.39　窗口选择

2）窗交选择。从右向左拖动光标，以选择矩形窗口包围的或相交的对象（自右向左方向），操作过程及结果如图 2.40 所示。

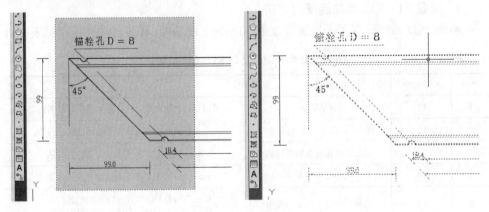

图 2.40　窗交选择

2.　全屏显示

"全屏显示"是指屏幕上仅显示菜单栏、"模型"选项卡和布局选项卡（位于图形底部）、状态栏和命令行。"全屏显示"按钮位于应用程序状态栏的右下角，直接单击该按钮图标即可实现开启或关闭。或打开"视图"下拉菜单选择"全屏显示"命令即可，操作后如图 2.41 所示。

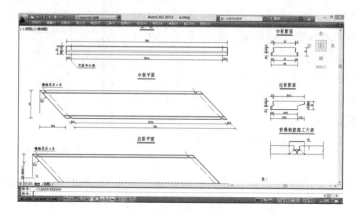

图 2.41　全屏显示

3. 视图控制的方法

视图控制只是对图形在屏幕上显示的位置进行改变及控制，并不更改图形中对象的位置和大小等。可以通过以下方法移动或缩放视图：

（1）缩放屏幕视图范围。前后转动鼠标中间的轮子即可；或者不选定任何对象，在绘图区域右击，在弹出的快捷菜单中选择"缩放"命令，然后拖动鼠标即可进行。

（2）平移屏幕视图范围。不选定任何对象，在绘图区域右击，在弹出的快捷菜单中选择"平移"命令，然后拖动鼠标即可进行。

（3）在"命令"行输入"ZOOM"或"Z"（缩放视图）、"PAN"或"P"（平移视图）。

（4）单击标准工具栏上的"实时缩放"或"实时平移"目标按钮，也可以单击顶部状态栏上的"缩放""平移"图标按钮。

要想随时停止平移视图或缩放视图，可按 Enter 键或 Esc 键。

4. 键盘 F1～F12 功能键使用方法

AutoCAD 系统设置了一些键盘上的 F1～F12 键功能，其各自功能作用见表 2.1。

表 2.1　　　　　　　　　　AutoCAD 软件键盘上的 F1～F12 键功能

序号	功能命令	功能作用	功能说明
1	F1	提供帮助窗口	可以查询功能命令、操作指南等帮助说明文字
2	F2	显示命令文本窗口	查看操作命令历史记录过程
3	F3	开启、关闭对象捕捉功能	AutoCAD 控制绘图对象捕捉进行切换
4	F4	开启、关闭三维对象捕捉功能	AutoCAD 控制绘图三维对象捕捉进行切换
5	F5	切换等轴测平面不同视图	包括等轴测平面俯视、等轴测平面右视、等轴测平面左视。在绘制等轴测图时使用
6	F6	开启或关闭动态 UCS 坐标系	在绘制三维图形时使用
7	F7	显示或隐藏格栅线	
8	F8	正交模式控制	控制绘图时图形线条是否为水平/垂直方向或倾斜方向

续表

序号	功能命令	功能作用	功 能 说 明
9	F9	打开或关闭通过指定栅格 距离大小进行捕捉	控制捕捉位置是不可见矩形栅格距离位置， 以限制光标仅在指定的 x 和 y 间隔内移动
10	F10	开启或关闭极轴追踪模式	极轴追踪是指光标将按指定的极轴距离增量进行移动
11	F11	开启或关闭对象捕捉追踪模式	
12	F12	开启或关闭动态输入模式	

5. AutoCAD 功能命令别名（简写或缩写形式）

AutoCAD 软件绘图的各种功能命令是使用英语单词形式，即使是 AutoCAD 中文版也是如此，不能使用中文命令进行输入操作。例如，绘制直线的功能命令是"line"，输入的命令是"line"，而不能使用中文"直线"作为命令输入。另外，AutoCAD 软件绘图的各种功能命令不区分大小写，功能相同，在输入功能命令时可以使用大写字母，也可以使用小写字母。例如，输入绘制直线的功能命令时，可以使用"LINE"，也可以使用"line"，输入形式如下：

　　命令：LINE

或　命令：line

AutoCAD 软件提供多种方式启动各种功能命令。一般可以通过以下 3 种方式执行相应的功能命令：

（1）打开下拉菜单选择相应的功能命令选项。

（2）单击相应工具栏上的相应功能命令图标。

（3）在"命令："命令行提示下直接输入相应功能命令的英文字母（不能使用中文汉字作为命令输入）。

命令别名是在命令提示下代替整个命令名而输入的缩写或简写。例如，可以输入"c"代替"circle"来启动 CIRCLE 命令。别名与键盘快捷键不同，快捷键是多个按键的组合，如 SAVE 的快捷键是 Ctrl+S。

具体地说，在使用 AutoCAD 软件绘图的各种功能命令时，部分绘图和编辑等功能命令可以使用其缩写形式代替，二者作用完全相同。例如，绘制直线的功能命令"line"，其缩写形式为"l"，在输入时可以使用"LINE"或"line"，也可以使用"L"或"l"，它们的作用完全相同，即

　　命令：LINE

或　命令：L

等价。

AutoCAD 软件常用的绘图和编辑功能命令别名（缩写形式）见表 2.2 至表 2.7。

表 2.2　　　　　　　　AutoCAD 软件常用的绘图命令别名及缩写

序号	工具栏	命令	缩写	说　明
1	绘图/点	POINT	PO	绘制点
2	格式/点样式	DDPTYPE		设置点的样式和大小
3	绘图/多点	POINT	PO	绘制多点

序号	工具栏	命令	缩写	说　明
4	绘图/点/定数等分	DIVIDE	DIV	在选定图形的等分处放置点或插入块
5	绘图/点/定距等分	MEASURE	ME	按给定的长度在图形上放置等分点
6	绘图/直线	LINE	L	绘制直线
7	绘图/射线	RAY		绘制射线
8	绘图/多线	MLINE	ML	绘制平行线
9	格式/多线样式	MLSTYLE		设置多线样式
10	修改/对象/多线	MLEDIT		编辑多线
11	绘图/多线段	PLINE	PL	绘制二维多线段
12	绘图/矩形	RECTANG	REC	绘制矩形
13	绘图/正多边形	POLYGON	POL	绘制正多边形
14	绘图/圆	CIRCLE	C	绘制圆
15	绘图/圆弧	ARC		绘制圆弧
16	绘图/圆环	DONUT	DO	绘制圆环
17	绘图/填充	BHATCH	BH	图案填充
18	绘图/填充	HATCH	H	图案填充
19	对象捕捉	SNAP	F3	开关对象捕捉
20	绘图/块/创建	BLOCK	BMAKE	定义块
21	插入/块	INSERT		插入块
22	插入/块	MINSERT		阵列插入图块

表 2.3　　　　　　　　　AutoCAD 软件常用的编辑命令别名及缩写

序号	工具栏	命令	缩写	说　明
1	修改/删除	ERASE	E	删除命令
2	修改/复制	COPY	CO	复制命令
3	修改/移动	MOVE	M	移动命令
4	修改/旋转	ROTATE	RO	旋转命令
5	修改/镜像	MIRROR	MI	镜像命令
6	修改/阵列	ARRAY	AR	阵列命令
7	修改/偏移	OFFSET	O	偏移命令
8	修改/拉伸	STRETCH	S	拉伸命令
9	拉长线段	LENGTHEN	LEN	拉长线段
10	修改/圆角	FILLET	F	圆角命令（两交线成圆角）
11	修改/倒角	CHAMFER	CHA	倒角命令（两交线成倒角）
12	修改/修剪	TRIM	TR	修剪命令
13	修改/延伸	EXTEND	EX	延伸命令
14	修改/打断	BREAK	BR	打断命令
15	修改/缩放	SCALE	SC	缩放命令

序号	工具栏	命令	缩写	说　明
16	修改/分解	EXPLODE	X	分解炸开
17	修改/对象/多线段	PEDIT	PE	编辑多线段
18	修改/特性	PROPERTIES	PR	修改特性
19	修改/对象/图案填充	HATCHEDIT	HE	编辑图案填充选项
20	对齐	ALIGN	AL	对齐命令
21	删除命令	ERASE	E	删除对象
22	撤销	UNDO		撤销当前操作
23	恢复	REDO		恢复撤销操作

表 2.4　　　　　AutoCAD 软件常用的文字和尺寸标注别名及缩写

序号	工具栏	命令	缩写	说　明
1	格式/文字样式	STYLE	ST	设置文字样式
2	绘图/文字/单行文字	TEXT	T	输入单行文字
3	绘图/文字/多行文字	MTEXT	MT	输入多行文字（多用）
4	编辑文字	DDEDIT	ED	编辑文字
5	标注/标注样式	DDIM/DIMSTYLE	D	设置标注样式
6	标注/线性	DIMLINEAR	DLI	两点线性标注
7	标注/对齐	DIMALIGNED	DAL	两点对齐标注
8	标注/直径	DIMDIAMETER	DDI	直径标注
9	标注/半径	DIMRADIUS	DRA	半径标注
10	标注/角度	DIMANGULAR	DAN	角度标注
11	标注/弧长	DIMARC		弧长标注
12	标注/连续	DIMCONTIMUE	DCO	先标注出一个对象，连续标注
13	标注/引出线	LEADER	LE	空间不够引出标注
14	标注/快速标注	QDIM		选择对象直接标注
15	标注/样式修改/文字	DIMTEDIT		修改尺寸文字的位置
16	标注/倾斜	DIMEDIT		标注尺寸倾斜一定角度

表 2.5　　　　　AutoCAD 软件常用的文件操作命令别名及快捷键

序号	工具栏	命令	快捷键	说　明
1	文件/新建	NEW	Ctrl+N	新建文件
2	文件/打开	OPEN	Ctrl+O	打开文件
3	文件/保存	SAVE	Ctrl+S	保存文件
4	文件/退出	QUIT/EXIT	Ctrl+Q	退出文件

表 2.6　　　　　AutoCAD 软件常用的绘图设置命令别名及缩写

序号	工具栏	命令	缩写	说　明
1	格式/单位	UNITS		设置图形单位

续表

序号	工具栏	命令	缩写	说　明
2	格式/图形界限	LIMITS		设置图形界限
3	格式/图层	LAYER	LA	图层的设置
4	状态栏中栅格	DSETTINGS, SNAP, GRID	F7	栅格（准确定位）草图设置
5	状态栏中正交	ORTHO	F8	水平线或竖直线
6	格式/线型	LINETYPE		线型管理器

表 2.7　　　　　　　　AutoCAD 软件常用的图形查看命令别名及缩写

序号	工具栏	命令	缩写	说　明
1	视图/缩放	ZOOM	Z	缩放命令
2	视图/平移	PAN	P	平移视图
3	视图/重画	REDRAWALL		刷新屏幕显示
4	视图/重生成	REGEN		重生成
5	工具/查询/点	ID		查询点的坐标值
6	工具/查询/距离	DIST	DI	查询两点之间距离
7	工具/查询/面积和周长	AREA	AA	查询图形面积和周长

第 3 章

AutoCAD 基本绘图知识

工程设计中的复杂对象往往由多种二维图形构成，而二维图形是由一些最基本的元素组成，如点、直线、圆和圆弧等。因此，熟练掌握各种基本图形的绘制方法是绘制复杂图形的基础。本章将主要介绍点和线条、图形以及表格的绘制方法。AutoCAD 的绘图功能十分强大，使用方便，用途广泛，能够应对各种图形的绘制，是道路与桥梁工程绘图及文件制作的有力助手。

3.1　点和线条的绘制

3.1.1　点的绘制

点是 AutoCAD 中最基本的组成单位元素，是一种特定的实体。AutoCAD 中的点具有不同的形状和不同的大小，有其本身的属性。

1.　绘制单点或多点

绘制点的命令为"POINT"（简写形式为 PO）。其绘制方法是在提示输入点的位置时，直接输入点的坐标或者使用鼠标选择点的位置即可。

启动 POINT 命令可以通过以下 3 种方式实现：

（1）打开"绘图"下拉菜单，选择"点"命令中的"单点"或"多点"子命令。

（2）单击"绘图"工具栏上的"点"图标按钮。

（3）在"命令："命令行提示下直接输入"POINT"或"PO"命令。

PDMODE 和 PDSIZE 为系统变量，指点的类型及其大小。其中变量 PDMODE 用于设置点的显示图案形式（PDMODE 的值分别为 0、2、3、4 时，相应点的形状分别为点、十字、叉和竖线），变量 PDSIZE 则用来控制图标的大小（如果 PDSIZE 设置为 0，将按绘图区域高度的 15% 生成点对象）。进行点绘制操作如下：

命令：POINT（输入绘制点命令）

当前点模式：PDMODE=0　PDSIZE=0.0000（系统变量的 PDMODE、PDSIZE 设置数值）

指定点：（使用鼠标在屏幕上直接指定点的位置，或直接输入点的坐标 X、Y、Z 数值）

用户还可以通过打开"格式"下拉菜单选择"点样式"命令，选择点的图案形式和图标的大小，如图 3.1 所示。系统默认的点样式为圆点。

2. 绘制定数等分或定距等分点

点的功能一般不单独使用，常常在进行线段等分时作为等分标记使用。绘制点的方式有定数等分和定距等分两种，命令分别为"DIVIDE"和"MEASURE"。在进行定距等分或定数等分时最好先选择点的样式。定数等分操作如下，操作结果如图 3.2 所示。

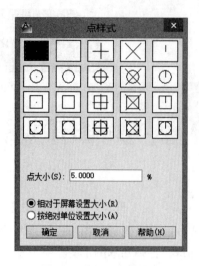

图 3.1 设置"点样式"

图 3.2 定数等分点的绘制

命令：DIVIDE（或打开"绘图"下拉菜单选择"点"命令，再选择定数等分或定距等分）

选择要定数等分的对象：（选择直线作为定数等分的对象）

输入线段数目或 [块（B）]：6

3.1.2 直线段的绘制

绘制直线段在道路与桥梁绘图中是最常见、最简单的操作。绘制直线段的命令为"LINE"（简写形式为 L），绘制直线可通过直接输入端点坐标（X, Y）或直接在屏幕上使用鼠标选取。可以绘制一系列连续的直线段，但每条直线段都是一个独立的对象，按 Enter（即回车）键结束命令。

启动 LINE 命令可以通过以下 3 种方式实现：

（1）打开"绘图"下拉菜单，选择"直线"命令。

（2）单击"绘图"工具栏上的"直线"图标按钮。

（3）在"命令："命令行提示下直接输入"LINE"或"L"命令。

要绘制斜线、水平和垂直的直线，可以结合使用 F8 按键。反复按下 F8 键即可在斜线与水平或垂直方向之间切换。以直接输入"LINE"或"L"命令为例，说明直线的绘制方法，如图 3.3 所示。

命令：LINE（或 L）

指定第一点：指定线段的起始位置（屏幕上选取起点或输入端点坐标）

指定下一点或 [放弃（U）]：指定线段的另一端点位置（屏幕上选取直线终点或输入端点坐标）

指定下一点或 [放弃（U）]：按 Enter 键或 Esc 键退出画直线段状态

3.1.3 多线段的绘制

AutoCAD 有一种非常有用的线段对象——多线段，它是由各种直线段或者圆弧段组成的单一实体对象，该实体对象可以由不同宽度、不同线型的线段或圆弧连续构成，是一个整体对象，并且可以作为一个实体进行各种编辑，既可以整体编辑也可以分别编辑，在绘制复杂图形中，多线段也是一种常见的基本图形。

绘制多段线的命令为"PLINE"（简写形式为 PL），绘制多段线同样可通过直接输入端点坐标（X，Y）或直接在屏幕上使用鼠标选取。

启动 PLINE 命令可以通过以下 3 种方式实现：

（1）打开"绘图"下拉菜单，选择"多段线"命令。

（2）单击"绘图"工具栏上的"多段线"图标按钮。

（3）在"命令："命令行提示下直接输入"PLINE"或"PL"命令。

绘制时要在斜线、水平和垂直之间进行切换，可以按 F8 键。使用 PLINE 绘制由直线与弧线构成的多段线，操作过程如下，操作结果如图 3.4 所示。

命令：PLINE

指定起点：30，40（确定起点 A 位置）

当前线宽为 0.0000

指定下一个点或 ［圆弧（A）/半宽（H）/长度（L）/放弃（U）/宽度（W）］：70，80（输入多段端点 B 的坐标或直接在屏幕上使用鼠标选取）

指定下一点或 ［圆弧（A）/闭合（C）/半宽（H）/长度（L）/放弃（U）/宽度（W）］：A（输入 A 绘制圆弧段）

指定圆弧的端点或［角度（A）/圆心（CE）/闭合（CL）/方向（D）/半宽（H）/直线（L）/半径（R）/第二个点（S）/放弃（U）/宽度（W）］：130，80（指定圆弧的一个端点 C）

指定圆弧的端点或［角度（A）/圆心（CE）/闭合（CL）/方向（D）/半宽（H）/直线（L）/半径（R）/第二个点（S）/放弃（U）/宽度（W）］：190，100（指定圆弧的第 2 个端点 D）

指定圆弧的端点或［角度（A）/圆心（CE）/闭合（CL）/方向（D）/半宽（H）/直线（L）/半径（R）/第二个点（S）/放弃（U）/宽度（W）］：L（输入 L 切换回绘制直线段）

指定下一点或 ［圆弧（A）/闭合（C）/半宽（H）/长度（L）/放弃（U）/宽度（W）］：40，150（下一点 E）

指定下一点或 ［圆弧（A）/闭合（C）/半宽（H）/长度（L）/放弃（U）/宽度（W）］：C（闭合多段线）

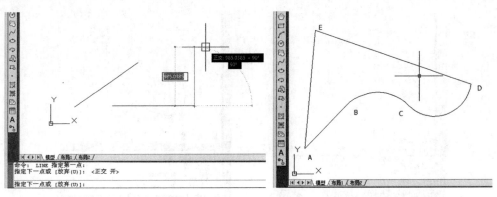

图 3.3　直线的绘制　　　　　　　　　　图 3.4　多线段的绘制

3.1.4　圆弧和椭圆弧的绘制

1. 绘制圆弧线

圆弧线可以通过输入端点坐标进行绘制，也可以直接在屏幕上使用鼠标选取。绘制圆弧的命令为"ARC"（简写形式为 A）。在进行绘制时，如果未指定点就按 Enter 键，AutoCAD 将把最后绘制的直线或圆弧的端点作为起点，并立即提示指定新圆弧的端点。这将创建一条与最后绘制的直线、圆弧或多段线相切的圆弧。

启动 ARC 命令可以通过以下 3 种方式实现：

（1）打开"绘图"下拉菜单，选择"圆弧"命令。

（2）单击"绘图"工具栏上的"圆弧"图标按钮。

（3）在"命令："命令行提示下直接输入"ARC"或"A"命令。

画一段圆弧，操作过程如下，操作结果如图 3.5 所示。

命令：ARC（绘制弧线）

指定圆弧的起点或 [圆心（C）]：40，40（指定起始点位置 A）

指定圆弧的第二个点或 [圆心（C）/端点（E）]：90，60（指定中间点位置 B）

指定圆弧的端点：60，110（指定终点位置 C）

AutoCAD 提供的是一种画圆弧的方法，默认方式下是通过一次指定圆弧的起点、第二点和端点创建圆弧，其他方式要结合选项输入。

2. 绘制椭圆弧线

绘制椭圆弧线的命令为"ELLIPSE"（简写形式为 EL），与椭圆是一致的，只是在执行 ELLIPSE 命令后再输入"A"进行椭圆弧线的绘制。一般根据两个端点定义椭圆弧的第 1 条轴，第 1 条轴的角度确定了整个椭圆的角度。第 1 条轴既可定义为椭圆的长轴也可定义为短轴。

启动 ELLIPSE 命令可以通过以下 3 种方式实现：

（1）打开"绘图"下拉菜单，选择"椭圆"命令，再选择子命令"圆弧"。

（2）单击"绘图"工具栏上的"椭圆弧"图标按钮。

（3）在"命令："命令行提示下直接输入"ELLIPSE"或"EL"命令后，再输入"A"。

画一段椭圆弧，操作过程如下，操作结果如图 3.6 所示。

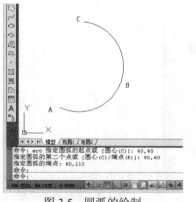

图 3.5　圆弧的绘制

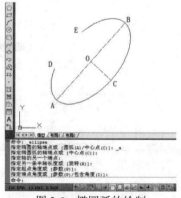

图 3.6　椭圆弧的绘制

命令：ELLIPSE（绘制椭圆弧线）

指定椭圆的轴端点或 [圆弧（A）/中心点（C）]：A（输入 A 绘制椭圆弧线）

指定椭圆弧的轴端点或 [中心点（C）]：（指定椭圆轴线端点 A）

指定轴的另一个端点：（指定另外一个椭圆轴线端点 B）

指定另一条半轴长度或 [旋转（R）]：（指定与另外一个椭圆轴线的距离 OC）

指定起始角度或 [参数（P）]：（指定起始角度位置 D）

指定终止角度或 [参数（P）/包含角度（I）]：（指定终点角度位置 E）

3.1.5　样条曲线的绘制

样条曲线是一种拟合不同位置点的曲线，绘制样条曲线的命令为"SPLINE"（简写形式为 SPL）。样条曲线与使用 ARC 命令连续绘制的多段曲线图形是不同的，样条曲线是一体的且曲线光滑流畅，而使用 ARC 命令连续绘制的多段曲线图形则是由几段曲线组成的。SPLINE 在指定的允差范围内把光滑的曲线拟合成一系列的点。

启动 SPLINE 命令可以通过以下 3 种方式实现：

（1）打开"绘图"下拉菜单，选择"样条曲线"命令。

（2）单击"绘图"工具栏上的"样条曲线"图标按钮。

（3）在"命令："命令行提示下直接输入"SPLINE"或"SPL"命令。

绘制样条曲线，操作过程如下，操作结果如图 3.7 所示。

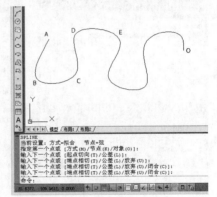

图 3.7　样条曲线的绘制

命令：SPLINE（输入绘制样条曲线命令）

当前设置：方式=拟合 节点=弦

指定第一个点或 [方式（M）/节点（K）/对象（O）]：（指定样条曲线的第 1 点 A 或选择对象进行样条曲线转换）

输入下一个点或 [起点切向（T）/公差（L）]：（指定下一点 B 位置或选择备选项）

输入下一个点或 [端点相切（T）/公差（L）/放弃（U）/闭合（C）]：（指定下一点 C 位置或选择备选项）

……

输入下一个点或 [端点相切（T）/公差（L）/放弃（U）/闭合（C）]：（指定下一点 O 位置或选择备选项）

输入下一个点或 [端点相切（T）/公差（L）/放弃（U）/闭合（C）]：（按回车键）

指定切向：（按回车键）

3.1.6　多线的绘制

多线是一种由多条平行线组成的组合对象，这些平行线的线型、数目以及相互之间的间距是可以调整的。多线多用于绘制道路图中的道路线形、建筑图中的墙体、电子线路图等平行线。绘制多线的命令为"MLINE"（简写为 ML）。多线可同时绘制 1～16 条平行线，这些平行线称为元素。通过指定距多线初始位置的偏移量可以确定元素的位置。用户可以创建和保存多线样式，或者使用具有两个元素的默认样式，还可以设置每个元素的颜色、线型等。

启动 MLINE 命令可以通过以下 3 种方式实现：

（1）打开"绘图"下拉菜单，选择"多线"命令。

（2）单击绘图工具栏上的"多线"图标按钮。

（3）在"命令："命令行提示下直接输入"MLINE"或"ML"命令。

多线的样式可以通过打开"格式"下拉菜单，选择"多线样式"命令进行设置。在弹出的"多线样式"对话框中就可以新建多线样式、修改名称、设置特性和加载新的多线样式等，如图 3.8 所示。

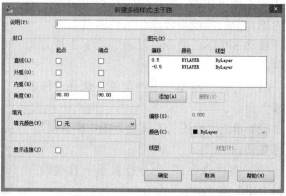

图 3.8 多线样式的设置

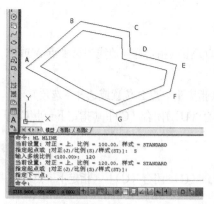

图 3.9 多线的绘制

绘制多线的操作过程如下，操作结果如图 3.9 所示。

命令：MLINE（绘制多线）

当前设置：对正=上，比例=20.00，样式=STANDARD 指定起点或 [对正（J）/比例（S）/样式（ST）]：S（输入 S 设置多线宽度）

输入多线比例<20.00>：120（输入多线宽度）

当前设置：对正=上，比例= 120.00，样式=STANDARD

指定起点或 [对正（S）/样式（ST）]：（指定多线起点 A 位置）

指定下一点：（指定多线下一点 B 位置）

指定下一点或 [放弃（U）]：（指定多线下一点 C 位置）

指定下一点或 [闭合（C）/放弃（U）]：（指定多线下一点 D 位置）

指定下一点或 [闭合（C）/放弃（U）]：（指定多线下一点 E 位置）

指定下一点或［闭合（C）/放弃（U）］：（指定多线下一点 F 位置）

……

指定下一点或［闭合（C）/放弃（U）］：C（按回车键）

3.2　图形的绘制

AutoCAD 提供了一些可以直接绘制得到的基本的平面图形，包括矩形、圆形、椭圆形和正多边形等基本图形。

3.2.1　绘制矩形

矩形是组成各种复杂图形的重要图形元素之一，也是 AutoCAD 绘图过程中最常用的图形元素，绘制矩形的命令是"RECTANG"或"RECTANGLE"（简写形式为 REC）。

启动 RECTANG 命令可以通过以下 3 种方式实现：

（1）打开"绘图"下拉菜单，选择"矩形"命令。

（2）单击"绘图"工具栏上的"矩形"图标按钮。

（3）在"命令："命令行提示下直接输入"RECTANG"或"REC"命令。

绘制矩形，操作过程如下，操作结果如图 3.10所示。

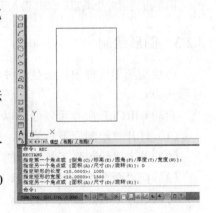

图 3.10　矩形的绘制

命令：RECTANG（绘制矩形）

指定第一个角点或［倒角（C）/标高（E）/圆角（F）/厚度（T）/宽度（W）］：

指定另一个角点或［面积（A）/尺寸（D）/旋转（R）］：D（输入 D 指定尺寸）

指定矩形的长度<0.0000>：1000（输入矩形的长度）

指定矩形的宽度<0.0000>：1500（输入矩形的宽度）

指定另一个角点或［面积（A）/尺寸（D）/旋转（R）］：（移动光标以显示矩形可能的 4 个位置之一并单击需要的一个位置）

3.2.2　绘制正方形

绘制正方形可以使用 AutoCAD 的绘制正多边形命令"POLYGON"或绘制矩形命令"RECTANG"。

启动命令可以通过以下 3 种方式实现：

（1）打开"绘图"下拉菜单，选择"正多边形"或"矩形"命令。

（2）单击"绘图"工具栏上的"正多边形"或"矩形"图标按钮。

（3）在"命令："命令行提示下直接输入"POLYGON"或"RECTANG"命令。

绘制正方形，操作过程如下，操作结果如图 3.11 所示。

命令：RECTANG（绘制正方形）

指定第一个角点或［倒角（C）/标高（E）/圆角（F）/厚度（T）/宽度（W）]：

指定另一个角点或［面积（A）/尺寸（D）/旋转（R）]：D（输入 D 指定尺寸）

指定矩形的长度<0.0000>：1000（输入正方形的长度）

指定矩形的宽度<0.0000>：1000（输入正方形的宽度）

指定另一个角点或［面积（A）/尺寸（D）/旋转（R）]：（移动光标以显示矩形可能的 4 个位置之一并单击需要的一个位置）

或

命令：POLYGON（绘制正方形）

输入边的数目<4>：4（输入正方形边数）

指定正多边形的中心点或［边（E）]：E（输入 E 绘制正方形）

指定边的第一个端点：（在屏幕上指定边的第一个端点位置）

指定边的第二个端点：50（输入正方形边长长度，若输入"−50"，负值其位置相反）

3.2.3　圆形绘制

在绘制图形过程中，圆是一种基本的图形元素。绘制圆命令是"CIRCLE"（简写形式为 C）。

启动 CIRCLE 命令可以通过以下 3 种方式实现：

（1）打开"绘图"下拉菜单，选择"圆形"命令。

（2）单击"绘图"工具栏上的"圆形"图标按钮。

（3）在"命令："命令行提示下直接输入"CIRCLE"或"C"命令。

可以通过中心点或圆周上三点中的一点创建圆，还可以选择与圆相切的对象。绘制圆的操作过程如下，操作结果如图 3.12 所示。

命令：CIRCLE（绘制圆形）

指定圆的圆心或［三点（3P）/两点（2P）/相切、相切、半径（T）]：（指定圆心点位置 O）

指定圆的半径或［直径（D）] <20.000>：50（输入圆形半径或在屏幕上直接选取）

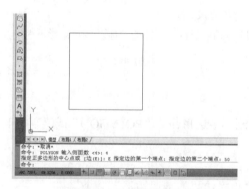

图 3.11　正方形的绘制

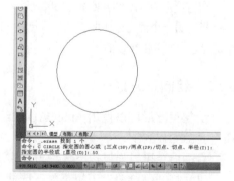

图 3.12　圆形的绘制

3.2.4　椭圆形的绘制

在绘制图形过程中，椭圆也是一种基本的图形元素。绘制椭圆形命令与椭圆曲线是一致的，均是"ELLIPSE"（简写形式为 EL）命令，只是响应提示的内容不同。

启动 ELLIPSE 命令可以通过以下 3 种方式实现：

（1）打开"绘图"下拉菜单，选择"椭圆形"命令。

（2）单击"绘图"工具栏上的"椭圆形"图标按钮。

（3）在"命令："命令行提示下直接输入"ELLIPSE"或"EL"命令。

绘制椭圆形，操作过程如下，操作结果如图 3.13 所示。

命令：ELLIPSE（绘制椭圆形）

指定椭圆的轴端点或［圆弧（A）/中心点（C）］：（指定一个椭圆形轴线端点 A）

指定轴的另一个端点：（指定该椭圆形轴线另一个端点 B）

指定另一条半轴长度或［旋转（R）］：（指定另一个椭圆轴线长度距离 OC）

3.2.5　圆环的绘制

圆环是由内外两个圆组成，在工程制图中有特殊用途。圆环是具有内径和外径的图形，可以认为是圆形的一种特例，如果指定内径为零，则圆环成为填充圆，绘制圆环的命令是"DONUT"。圆环内的填充图案取决于 FILL 命令的当前设置。

启动 DONUT 命令可以通过以下两种方式实现：

（1）打开"绘图"下拉菜单，选择"圆环"命令。

（2）在"命令："命令行提示下直接输入"DONUT"命令。

AutoCAD 根据中心点来设置圆环的位置。指定内径和外径之后，AutoCAD 提示用户输入绘制圆环的位置。绘制圆环，操作过程如下，操作结果如图 3.14 中左图所示。

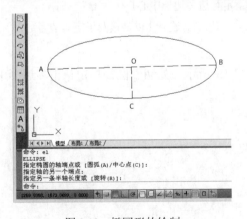
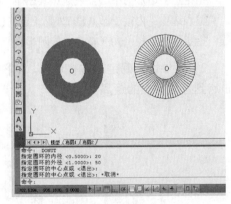

图 3.13　椭圆形的绘制　　　　　　图 3.14　圆环的绘制

命令：DONUT（绘制圆环）

指定圆环的内径<0.5000>：20（输入圆环内半径）

指定圆环的外径<1.0000>：50（输入圆环外半径）

指定圆环的中心点或<退出>：（在屏幕上选取圆环的中心点位置 O）

指定圆环的中心点或<退出>：（指定下一个圆环的中心点位置）

……

指定圆环的中心点或<退出>：（按回车键）

若先将填充（FILL）命令关闭，再绘制圆环，则圆环以线框显示，如图 3.14 中右图所示。

关闭/打开填充命令如下：

命令：FILL（填充控制命令）

输入模式［开（ON）/关（OFF）］<开>：ON（输入 ON 打开填充）/OFF（输入 OFF 关闭填充）

3.2.6　正多边形的绘制

正多边形也称为等边多边形，绘制命令是“POLYGON”，可以绘制正方形。当正多边形边数无限大时，其形状逼近圆形。

启动 POLYGON 命令可以通过以下 3 种方式实现：

（1）打开“绘图”下拉菜单，选择“正多边形”命令。

（2）单击“绘图”工具栏上的“正多边形”图标按钮。

（3）在“命令：”命令行提示下直接输入“POLYGON”命令。

以在“命令：”直接输入 POLYGON 命令为例，说明等边多边形的绘制方法。

1）以内接圆确定等边多边形，如图 3.15 所示。内接于圆是指定外接圆的半径，正多边形的所有顶点都在此圆周上。

命令：POLYGON（绘制等边多边形）

输入边的数目<4>：6（输入等边多边形的边数）

指定正多边形的中心点或［边（E）］：（指定等边多边形中心点位置 O）

输入选项［内接于圆（I）/外切于圆（C）］<I>：I（输入 I 以内接圆确定等边多边形）

指定圆的半径：50（指定内接圆半径）

2）以外切圆确定等边多边形，如图 3.15 所示。外切于圆是指定从正多边形中心点到各边中点的距离。

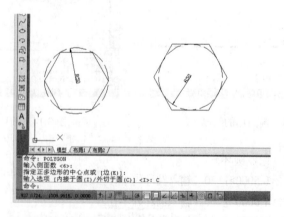

图 3.15　正多边形的绘制

命令：POLYGON（绘制等边多边形）

输入边的数目<4>：6（输入等边多边形的边数）

指定正多边形的中心点或［边（E）］：（指定等边多边形中心点位置 O）

输入选项［内接于圆（I）/外切于圆（C）］<I>：C（输入 C 以外切圆确定等边多边形）

指定圆的半径：50（指定外切圆半径）

3.3　表格的绘制

CAD 提供了多种方法绘制表格。一般可以通过以下两种方法完成表格绘制，即表格命令及组合功能命令方法。

3.3.1　利用表格功能命令绘制表格

利用表格功能命令绘制表格的方法是使用"TABLE"等 CAD 功能命令进行绘制。

启动表格功能命令可以通过以下 3 种方式实现：

（1）打开"绘图"下拉菜单，选择"表格"命令。

（2）单击"绘图"工具栏上的"表格"图标按钮。

（3）在"命令："命令行提示下直接输入"TABLE"命令。

命令：TABLE

弹出"插入表格"对话框，从中设置相关的数值，包括表格的列数、列宽、行数、行高、单元样式等各种参数，如图 3.16 所示。

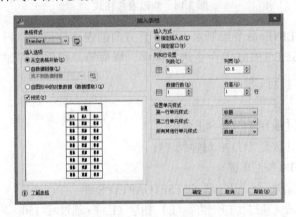

图 3.16　插入表格

单击"确定"按钮后要求在屏幕上指定表格位置，单击位置后要求输入表格标题栏文字内容，然后单击"确定"按钮得到表格。

单击表格任意单元格，该单元格显示黄色，可以输入文字内容，如图 3.17 所示。

在"格式"菜单中选择"表格样式"命令，右击表格，在弹出的快捷菜单中选择"修改"命令，弹出"修改表格样式"对话框，从中对表格进行修改，如图 3.18 所示。

3.3.2　利用组合功能命令绘制表格

利用组合功能命令绘制表格的方法是使用 LINE（或 PLINE）、OFFSET、TRIM 及 MOVE、TEXT、MTEXT、SCALE 等 CAD 功能命令进行绘制。

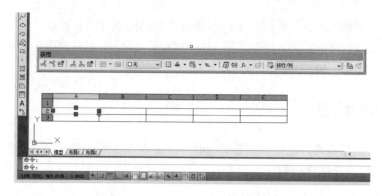

图 3.17 在表格中输入文字内容

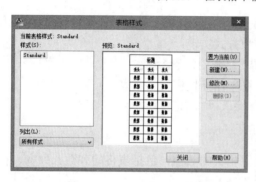

图 3.18 修改表格样式

（1）先使用 LINE 命令绘制水平和竖直方向的表格定位线。再按表格宽度、高度要求使用 OFFSET/TRIM 等命令进行偏移、修剪等，操作过程如下：

命令：LINE（按回车键）
指定第一点：
指定下一点或［放弃（U）］：<正交开>
指定下一点或［放弃（U）］：（按回车键）
命令：OFFSET（按回车键）
当前设置：删除源=否 图层=源 OFFSETGAPTYPE=0
指定偏移距离或［通过（T）/删除（E）/图层（L）］<通过>：150
选择要偏移的对象，或［退出（E）/弃（U）］<退出>：（按回车键）
指定要偏移的那一侧上的点，或［退出（E）/多个（M）/放弃（U）］<退出>：
选择要偏移的对象，或［退出（E）/放弃（U）］<退出>：
指定要偏移的那一侧上的点，或［退出（E）/多个（M）/放弃（U）］<退出>：
选择要偏移的对象，或［退出（E）/放弃（U）］<退出>：（按回车键）

（2）使用 MTEXT 或 TEXT 功能命令标注文字内容。文字的大小可以使用 SCALE 进行调整，文字的位置可以使用 MOVE 功能命令调整。操作过程如下：

命令：MTEXT（按回车键）
当前文字样式："Standard"；文字高度：2.5；注释性：否
指定第一角点：

指定对角点或［高度（H）/对正（J）/行距（L）/旋转（R）/样式（S）/宽度（W）/栏（C）］:（在对话框中输入文字等）

命令：MOVE（按回车键）

选择对象：找到 1 个

选择对象：（按回车键）

指定基点或［位移（D）］<位移>:

指定第二个点或<使用第一个点作为位移>:（选取位置后按回车键）

绘制结果如图 3.19 所示。

CAD 表格					

图 3.19　利用组合功能命令绘制表格

第 4 章

AutoCAD 基本编辑知识

第 2 章曾对 AutoCAD 的基本绘图命令作了介绍，通过这些绘图命令用户可以绘制出简单的基本图形。在实际绘图过程中，还需要有效的编辑命令，用户可以对基本绘图命令绘制的图形进行编辑和修改，通过编辑命令修改已有的图形，或利用已有的图形构造新的更加复杂的图形，可以大大提高绘图的效率。AutoCAD 的编辑修改功能与其绘图功能一样强大，使用方便，用途广泛，是道路与桥梁工程绘图及文件制作的好帮手。

4.1 常用编辑与修改命令

4.1.1 删除、取消和恢复

1. 删除对象

删除功能命令为"ERASE"（简写形式为 E）。用户可以通过该命令将当前绘图窗口中选中的某个对象删除。

启动删除命令可以通过以下 3 种方式实现：

（1）打开"修改"下拉菜单，选择"删除"命令。

（2）单击"修改"工具栏上的"删除"图标按钮。

（3）在"命令:"命令行提示下直接输入 ERASE 或 E 命令。

选择图形对象后，按 Delete 键同样可以删除图形对象，其作用与 ERASE 一样。操作过程如下：

命令：ERASE（执行删除编辑功能）

选择对象：找到 1 个（依次选择要删除的图线）

选择对象：找到 1 个，总计 2 个

选择对象：找到 1 个，总计 3 个

……

选择对象：（按回车键，图形的一部分被删除）

2. 取消操作

（1）逐步取消操作（U）。在绘制或编辑图形时，常常会遇到错误或不合适的操作要取消或者想返回到前面的操作步骤的情况。AutoCAD 提供了几个相关的功能命令，可以实现这些绘图操作要求。

U 命令的功能是取消前一步命令操作及其所产生的结果，同时显示该次操作命令的名称。

启动 U 命令可以通过以下 4 种方式实现：

1）打开"编辑"下拉菜单，选择"放弃（U）×××"命令，其中"×××"代表前一步操作功能命令。

2）单击"标准"工具栏上的"放弃"图标按钮。

3）在"命令："命令行提示下直接输入"U"命令。

4）按 Ctrl+Z 组合键。

按上述方法执行 U 命令后即可取消前一步命令操作及其所产生的结果，若继续按 Enter 键，则会逐步返回到操作刚打开（开始）时的图形状态。

（2）限次取消操作（UNDO）。UNDO 命令的功能与 U 命令基本相同，主要区别在于 UNDO 命令可以取消指定数量的前面一组命令操作及其所产生的结果，同时也显示有关操作命令的名称。启动 UNDO 命令可以通过在"命令："命令行提示下直接输入"UNDO"命令实现。

执行 UNDO 命令后，AutoCAD 提示如下：

命令：UNDO

当前设置：自动=开，控制=全部，合并=是，图层=是

输入要放弃的操作数目或［自动（A）/控制（C）/开始（BE）/结束（E）/标记（M）/后退（B）］<1>：2

GROUP ERASE

3. 恢复对象

（1）恢复取消操作。REDO 功能命令允许恢复上一个 U 或 UNDO 所做的取消操作。要恢复上一个 U 或 UNDO 所做的取消操作，必须在该取消操作进行后立即执行，即 REDO 必须在 U 或 UNDO 命令后立即执行。

启动 REDO 命令可以通过以下 4 种方式实现：

1）打开"编辑"下拉菜单，选择"重做（R）×××"命令，其中"×××"代表前一步取消的操作功能命令。

2）单击"标准"工具栏上的"重做"图标按钮。

3）在"命令："命令行提示下直接输入"REDO"命令。

4）按 Ctrl+Y 组合键。

（2）恢复已删除对象。恢复已删除对象的命令是"OOPS"，用户可以使用该命令将最后一次用 ERASE 命令删除的对象恢复。

命令：OOPS（执行恢复删除编辑功能）（按回车键）

在用 ERASE 命令删除对象后，立即用 UNDO 命令也可以恢复被删除的对象，但如果不是立即使用 UNDO 命令，即在 ERASE 和 UNDO 中间加入了其他操作，这时只能使用 OOPS 命令来恢复最近一次用 ERASE 命令删除的对象。

4.1.2 移动与旋转

1. 移动对象

移动编辑功能的命令为"MOVE"（简写形式为 M）。用户使用该命令可以将选中的对象从原来的位置移到指定的其他位置。

启动 MOVE 命令可以通过以下 3 种方式实现：

（1）打开"修改"下拉菜单，选择"移动"命令。

（2）单击"修改"工具栏上的"移动"图标按钮。

（3）在"命令："命令行提示下直接输入"MOVE"或"M"命令。

移动对象操作过程如下，操作结果如图 4.1 所示。

命令：MOVE（移动命令）

选择对象：指定对角点：找到 1 个（选择对象）

选择对象：（按回车键）

指定基点或［位移（D）］<位移>：（指定移动基点位置）

指定第二个点或<使用第一个点作为位移>：（指定移动位置）

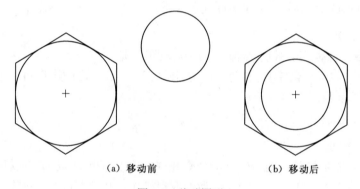

(a) 移动前   (b) 移动后

图 4.1 移动图形

2. 旋转对象

旋转编辑功能的命令为"ROTATE"（简写形式为"RO"）。用户通过该命令可以将所选中的对象绕指定点旋转指定的角度。

启动 ROTATE 命令可以通过以下 3 种方式实现：

（1）打开"修改"下拉菜单，选择"旋转"命令。

（2）单击"修改"工具栏上的"旋转"图标按钮。

（3）在"命令："命令行提示下直接输入"ROTATE"或"RO"命令。

输入旋转角度若为正值（+），则对象逆时针方向旋转。输入旋转角度若为负值（−），则对象顺时针方向旋转。旋转对象的操作过程如下，操作结果如图 4.2 所示。

命令：ROTATE（将图形对象进行旋转）

UCS 当前的正角方向：ANGDIR=逆时针 ANGBASE=0

选择对象：找到 1 个（选择图形）

选择对象：（按回车键）

指定基点：（指定旋转基点）

指定旋转角度，或［复制（C）/参照（R）］<0>：–30（输入旋转角度为负值按顺时针方向旋转，若输入为正值则按逆时针方向旋转）

直行左转箭头　　　　　　　　　直行左转箭头

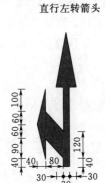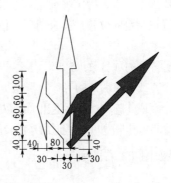

图 4.2　旋转图形

4.1.3　复制与镜像

1．复制对象

复制编辑功能的命令为"COPY"（简写形式为 CO）。使用该命令可以将指定的对象复制到指定位置。

启动复制命令可以通过以下 3 种方式实现：

（1）打开"修改"下拉菜单，选择"复制"命令。

（2）单击"修改"工具栏上的"复制"图标按钮。

（3）在"命令："命令行提示下直接输入"COPY"或"CO"命令。

使用该命令一次可以复制单个或多个原对象，且复制后原对象保持不变，复制后的对象与原对象具有相同的特征。

命令：COPY（进行图形对象单一复制）

选择对象：找到 1 个

选择对象：

当前设置：复制模式=多个

指定基点或［位移（D）/模式（O）］<位移>：

指定第二个点或［阵列（A）］<使用第一个点作为位移>：

指定第二个点或［阵列（A）/退出（E）/放弃（U）］<退出>：

……

指定第二个点或［阵列（A）/退出（E）/放弃（U）］<退出>：

操作步骤如下，操作过程如图 4.3 左图所示。

命令：COPY（进行图形对象阵列复制）

选择对象：找到 1 个（选择图形）

选择对象：（按回车键）

当前设置：复制模式=多个

指定基点或［位移（D）/模式（O）］<位移>：（指定复制图形起点位置）

指定第二个点或〔阵列（A）〕<使用第一个点作为位移>：（进行复制，指定复制图形复制点位置）

指定第二个点或〔阵列（A）/退出（E） /放弃（U）〕<退出>：A（输入 A 指定在线性阵列中排列的副本数量，确定阵列相对于基点的距离和方向。默认情况下，阵列中的第一个副本将放置在指定的位移；其余的副本使用相同的增量位移放置在超出该点的线性阵列中）

输入要进行阵列的项目数：5

指定第二个点或〔布满（F）〕：

指定第二个点或〔阵列（A）/退出（E）/放弃（U）〕<退出>：

指定第二个点或〔阵列（A）/退出（E）/放弃（U）〕<退出>：（按回车键）

操作结果如图 4.3 右图所示。

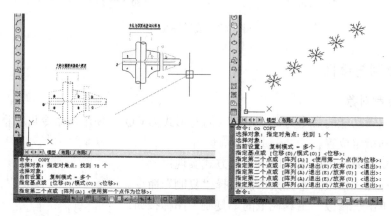

图 4.3　复制图形

2. 镜像命令

在工程制图中，经常要绘制一些左右对称或上下对称的图形，如桥梁的横断面图。利用镜像命令，用户只需要绘制出对称轴一半的图形，另一半图形则可以通过镜像功能轻松得到。镜像编辑功能的命令为"MIRROR"（简写形式为 MI）。

启动 MIRROR 命令可以通过以下 3 种方式实现：

（1）打开"修改"下拉菜单，选择"镜像"命令。

（2）单击"修改"工具栏上的"镜像"图标按钮。

（3）在"命令："命令行提示下直接输入"MIRROR"或"MI"命令。

镜像对象的操作步骤如下，操作过程及结果如图 4.4 所示。

命令：MIRROR（进行镜像得到一个对称部分）

选择对象：找到 1 个（选择图形）

选择对象：（按回车键）

指定镜像线的第一点：（指定镜像第一点位置）

指定镜像线的第二点：（指定镜像第二点位置）

要删除源对象吗？〔是（Y）/否（N）〕<N>：N（输入 N 保留原有图形，输入 Y 删除原有图形）

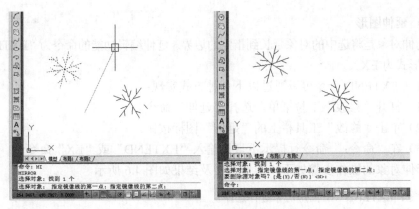

图 4.4　镜像操作过程及结果

4.1.4　修剪和延伸

1.　修剪对象

修剪对象是指将选中的对象沿事先确定的修剪边界断开，并删除修剪边界之外的部分。剪切编辑功能的命令为"TRIM"（简写形式为 TR）。

启动 TRIM 命令可以通过以下 3 种方式实现：

（1）打开"修改"下拉菜单，选择"修剪"命令。

（2）单击"修改"工具栏上的"修剪"图标按钮。

（3）在"命令："命令行提示下直接输入"TRIM"或"TR"命令。

修剪对象的操作步骤如下，操作过程及结果如图 4.5 所示。

命令：TRIM（对图形对象进行修剪）

当前设置：投影= UCS，边=无

选择剪切边……

选择对象或<全部选择>：找到 1 个（选择修剪边界）

选择对象：（按回车键）

选择要修剪的对象，或按住 Shift 键选择要延伸的对象，或 ［栏选（F）/窗交（C）/投影（P）/边（E）/删除（R）/放弃（U）］：（选择修剪对象）

选择要修剪的对象，或按住 Shift 键选择要延伸的对象，或 ［栏选（F）/窗交（C）/投影（P）/边（E）/删除（R）/放弃（U）］：（按回车键）

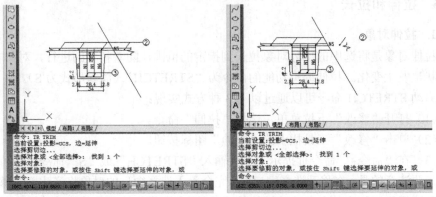

图 4.5　剪切操作过程及结果

2. 延伸图形

延伸对象是将选中的对象延长到指定的边界。延伸编辑功能的命令为"EXTEND"（简写形式为 EX）。

启动 EXTEND 命令可以通过以下 3 种方式实现：

（1）打开"修改"下拉菜单，选择"延伸"命令。

（2）单击"修改"工具栏上的"延伸"图标按钮。

（3）在"命令："命令行提示下直接输入"EXTEND"或"EX"命令。

延伸对象的操作步骤如下，操作过程及结果如图 4.6 所示。

命令：EXTEND（对图形对象进行延伸）

当前设置：投影= UCS，边=无

选择边界的边……

选择对象或<全部选择>：找到 1 个（选择延伸边界）

选择对象：（按回车键）

选择要延伸的对象，或按住 Shift 键选择要修剪的对象，或 ［栏选（F）/窗交（C）/投影（P）/边（E）/删除（R）/放弃（U）］：（选择延伸对象）

选择要延伸的对象，或按住 Shift 键选择要修剪的对象，或 ［栏选（F）/窗交（C）/投影（P）/边（E）/删除（R）/放弃（U）］：（按回车键）

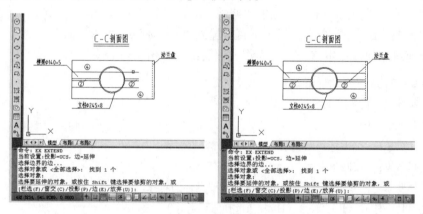

图 4.6 延伸操作过程及结果

4.1.5 拉伸和拉长

1. 拉伸对象

拉伸对象是将选中的部分对象拉长到指定的范围，随着拉伸的进行，对象本身的形状也发生变化。拉伸编辑功能的命令为"STRETCH"（简写形式为 S）。

启动 STRETCH 命令可以通过以下 3 种方式实现：

（1）打开"修改"下拉菜单，选择"拉伸"命令。

（2）单击"修改"工具栏上的"拉伸"图标按钮。

（3）在"命令："命令行提示下直接输入"STRETCH"或"S"命令。

需要注意的是，在移动选择窗口时，完全落入选择窗口的对象将产生完全移动。只有与选择窗口相交的对象才能被拉伸或压缩。不同类型的对象其拉伸特性也不同。

例如，选择窗口外的直线端点不动，窗口内直线的端点移动；圆弧与直线类似，保持弦高不变；多线段也作为直线或圆弧来处理，其宽度、切线方向及曲线拟合信息等不变。对圆、块、文字及属性定义，当定义点在窗口内时，对象产生移动；否则将不会移动。

拉伸对象的操作步骤如下，原图及操作结果如图 4.7 所示。

命令：STRETCH（将图形对象进行拉伸）

以交叉窗口或交叉多边形选择要拉伸的对象……

选择对象：指定对角点：找到 75 个

选择对象：（按回车键）

指定基点或［位移（D）］<位移>：（指定拉伸基点）

指定第二个点或<使用第一个点作为位移>：（指定拉伸位置点）

2. 拉长对象

拉长对象命令可以改变对象的长度或圆弧的包含角。此功能命令仅适用于 LINE 或 ARC 绘制的线条，对 PLINE、SPLINE 绘制的线条不能使用。拉长编辑功能的命令为"LENGTHEN"（简写形式为 LEN）。

启动 LENGTHEN 命令可以通过以下 3 种方式实现：

（1）打开"修改"下拉菜单，选择"拉长"命令。

（2）单击"修改"工具栏上的"拉长"图标按钮。

（3）在"命令:"命令行提示下直接输入"LENGTHEN"或"LEN"命令。

拉长对象的操作步骤如下，原图及操作结果如图 4.8 所示。

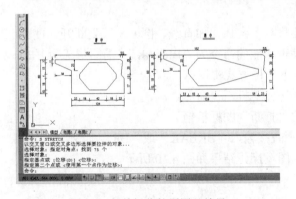

图 4.7　拉伸操作的原图及结果　　　　图 4.8　拉长操作的原图及结果

命令：LENGTHEN（拉长图形）

选择对象或［增量（DE）/百分数（P）/全部（T）/动态（DY）］：P（指定为百分比）

输入长度百分数<0.0000>：150

选择要修改的对象或［放弃（U）］：（选择要修改的图形）

选择要修改的对象或［放弃（U）］：

……

选择要修改的对象或［放弃（U）］：（按回车键）

另外，单击方向与拉长或缩短方向有关，单击线段哪端则向该端方向拉长或缩短。所有图形输入数值小于 1，则对象被缩短相应倍数。输入数值大于 1，则对象被拉长相应倍数。

4.1.6 分解和打断

1. 分解对象

使用分解命令，可以将指定的图块、尺寸标注、文字、剖面线等分解为单一的图元。许多图形无法编辑修改时，可以试一试分解功能命令，或许会有所帮助。但图形分解保存，退出文件后是不能复原的。注意若线条是具有一定宽度的多段线，分解后宽度为默认的 0 宽度线条。对象分解的功能命令为"EXPLODE"（简写形式为 X）。

启动 EXPLODE 命令可以通过以下 3 种方式实现：

（1）打开"修改"下拉菜单，选择 "分解"命令。

（2）单击"修改"工具栏上的"分解"图标按钮。

（3）在"命令："命令行提示下直接输入"EXPLODE"或"X"并按回车键。

分解对象的操作步骤如下，原图及操作结果如图 4.9 所示。

命令：EXPLODE

选择对象：指定对角点：找到 1 个（选择图块对象）

选择对象：（选择要分解的图块对象，按回车键后选中的图块对象将被分解为多个独立的对象）

分解操作的原图及结果如图 4.9 所示。

2. 打断图形

在工程制图中，有时经常需要将某个实体（如直线、圆）从某处断开，使其一分为二，或去掉某一部分。打断编辑功能的命令为"BREAK"（简写形式为 BR）。

启动 BREAK 命令可以通过以下 3 种方式实现：

（1）打开"修改"下拉菜单，选择"打断"命令。

（2）单击"修改"工具栏上的"打断"图标按钮。

（3）在"命令："命令行提示下直接输入"BREAK"或"BR"命令。

打断图形的操作步骤如下，原图及操作结果如图 4.10 所示。

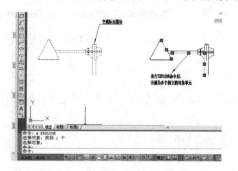

图 4.9　分解操作的原图及结果　　　　图 4.10　打断操作的原图及结果

命令：BREAK（将图形对象打断）

选择对象：（选择对象）

指定第二个打断点或［第一点（F）］:（指定第 2 点位置或按回车键指定第一点）

4.1.7　阵列和偏移

1. 阵列

阵列就是使指定的对象按照特定的形式进行多重复制。利用阵列编辑功能可以快速生成多个图，阵列命令为"ARRAY"（简写形式为 AR）命令。使用该命令可以将选中的对象按距离或环形阵列方式进行多重复制，复制后的对象与源对象具有相同的外形，只是位置发生了变化。

启动 ARRAY 命令可以通过以下 3 种方式实现：

（1）打开"修改"下拉菜单，选择"阵列"命令。

（2）单击"修改"工具栏上的"阵列"图标按钮（可进一步选择"矩形阵列""路径阵列"）。

（3）在"命令:"命令行提示下直接输入"ARRAY"或"AR"命令。

执行 ARRAY 命令后，AutoCAD 可以按矩形阵列图形对象、按路径阵列图形对象或按环形阵列图形对象。

1）进行环形（极轴可以使用 ARRAYPOLAR 功能命令）阵列图形，阵列的原始图形如图 4.11（a）所示，操作步骤如下，进行环形阵列操作后的结果如图 4.11（b）所示。

命令：ARRAY 或 ARRAYPOLAR

选择对象：找到 1 个

选择对象：

输入阵列类型［矩形（R）/路径（PA）/极轴（PO）］<极轴>：PO

类型=极轴　关联=是

指定阵列的中心点或［基点（B）/旋转轴（A）］:

输入项目数或［项目间角度（A）/表达式（E）］<4>：9

指定填充角度（+=逆时针、−=顺时针）或［表达式（EX）］<360>：360

按 Enter 键接受或［关联（AS）/基点（B）/项目（I）/项目间角度（A）/填充角度（F）/行（ROW）/层（L）/旋转项目（ROT）/退出（X）］<退出>：（按回车键）

2）进行路径阵列（可以使用 ARRAYPATH 功能命令）图形，进行路径阵列的操作步骤如下，操作后的结果如图 4.11（c）所示。

命令：ARRAYPATH

选择对象：指定对角点：找到 1 个

选择对象：

类型=路径　关联=是

选择路径曲线：

输入沿路径的项数或［方向（O）/表达式（E）］<方向>：8

指定沿路径的项目之间的距离或［定数等分（D）/总距离（T）/表达式（E）］<沿路径平均定数等分（D）>：D

按 Enter 键接受或［关联（AS）/基点（B）/项目（I）/行（R）/层（L）/对齐项目（A）/Z 方向（Z）/退出（X）］<退出>：

3）进行矩形阵列（可以使用 ARRAYRECT 功能命令）图形，进行矩形阵列的操作步骤如下，操作后的结果如图 4.11（d）所示。

命令：ARRAYRECT

选择对象：指定对角点：找到 1 个

选择对象：

类型=矩形　关联=是

为项目数指定对角点或［基点（B）/角度（A）/计数（C）］<计数>：C

输入行数或［表达式（E）］<4>：4

输入列数或［表达式（E）］<4>：5

指定对角点以间隔项目或［间距（S）］<间距>：

按 Enter 键接受或［关联（AS）/基点（B）/行（R）/列（C）/层（L）/退出（X）］<退出>：

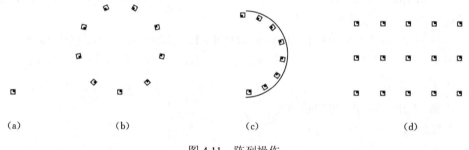

（a）　　　　　　　　（b）　　　　　　　　（c）　　　　　　　　　　　（d）

图 4.11　阵列操作

2. 偏移

偏移对象是指将选中的对象向指定的方向偏移一段指定的距离，既可以删除原对象也可以保留原对象。偏移编辑功能命令为"OFFSET"（简写形式为 O）。使用该命令进行对象偏移类似于使用等距线的方法对对象进行偏移复制。对圆、圆弧及多边形等进行偏移操作将产生同心复制，对直线进行偏移操作则将产生平行线。

启动 OFFSET 命令可以通过以下 3 种方式实现：

（1）打开"修改"下拉菜单，选择"偏移"命令。

（2）单击"修改"工具栏上的"偏移"图标按钮。

（3）在"命令："命令行提示下直接输入"OFFSET"或"O"命令。

偏移对象的操作步骤如下，原图及操作结果如图 4.12 所示。

命令：OFFSET（偏移生成形状相似的图形）

当前设置：删除源=否　图层=源　OFFSETGAPTYPE=0

指定偏移距离或［通过（T）/删除（E）/图层（L）］<0. 0000>：200（输入偏移距离或指定通过点位置）

选择要偏移的对象，或［退出（E）/放弃（U）］<退出>：（选择要偏移的图形）

指定要偏移的那一侧上的点，或［退出（E）/多个（M）/放弃（U）］<退出>：（指定偏移方向位置）

选择要偏移的对象，或［退出（E）/放弃（U）］<退出>：（按回车键结束）

在执行偏移命令操作时，若输入的偏移距离或指定通过点位置过大，则得到的图形将有所变化。

4.1.8　圆角和倒角

圆角是指将两个相交对象或成一定角度的一个对象的两个部分，在交点处用一段指定的圆弧连接，而倒角是指使用一段直线代替倒圆角所用的圆弧段。

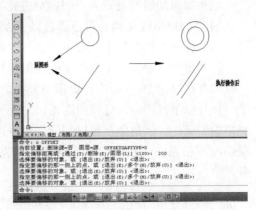

图 4.12　偏移操作

1. 圆角

圆角编辑功能的命令为"FILLET"（简写形式为 F）。

启动 FILLET 命令可以通过以下 3 种方式实现：

（1）打开"修改"下拉菜单，选择"圆角"命令。

（2）单击"修改"工具栏上的"圆角"图标按钮。

（3）在"命令："命令行提示下直接输入"FILLET"或"F"命令。

执行以下操作后，可得图 4.13 所示结果。若倒圆角半径大小或太大，则不能进行倒圆角编辑操作。当两条线段还没有相遇在一起，设置倒角半径为 0，执行倒圆角编辑后将延伸直至二者重合。

命令：FILLET（对图形对象进行倒圆角）

当前设置：模式=修剪，半径=0.0000

选择第一个对象或［放弃（U）/多段线（P）/半径（R）/修剪（T）/多个（M）］：R（输入 R 设置倒圆角半径大小）

指定圆角半径<0.0000>：500（输入半径大小）

选择第一个对象或［放弃（U）/多段线（P）/半径（R）/修剪（T）/多个（M）］：选择第 1 条倒圆角对象边界

选择第二个对象，或按住 Shift 键选择要应用角点的对象：（选择第 2 条倒圆角对象边界）

……

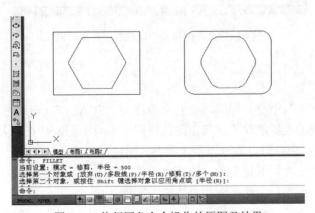

图 4.13　执行圆角命令操作的原图及结果

2. 倒角

倒角编辑功能的命令为"CHAMFER"（简写形式为 CHA）。

启动 CHAMFER 命令可以通过以下 3 种方式实现：

（1）打开"修改"下拉菜单，选择"倒角"命令。

（2）单击"修改"工具栏上的"倒角"图标按钮。

（3）在"命令："命令行提示下直接输入"CHAMFER"或"CHA"命令。

执行以下操作后，可得到图 4.14 所示结果。若倒直角距离太大，则不能进行倒直角编辑操作。倒角距离可以相同，也可以不相同，根据图形需要设置；当两条线段还没有相遇在一起时，设置倒角距离为 0，则执行倒直角编辑后将延伸直至二者重合。

命令：CHAMFER（对图形对象进行倒角）

（"修剪"模式）当前倒角距离 1=0.0000，距离 2=0.0000 选择第一条直线或 [放弃（U）/多段线（P）/距离（D）/角度（A）/修剪（T）/方式（E）/多个（M）]：D（输入 D 设置倒直角距离大小）

指定第一个倒角距离<0. 0000>：5（输入第 1 个距离）

指定第二个倒角距离<0. 0000>：5（输入第 2 个距离）

选择第一条直线或 [放弃（U）/多段线（P）/距离（D）/角度（A）/修剪（T）/方式（E）/多个（M）]：（选择第 1 条倒直角对象边界）

选择第二条直线，或按住 Shift 键选择要应用角点的直线：（选择第 2 条倒直角对象边界）

……

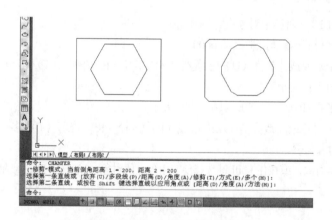

图 4.14　执行倒角命令操作的原图及结果

4.1.9　缩放

缩放（即放大与缩小）编辑功能的命令均为"SCALE"（简写形式为 SC）。使用该命令可以将所选择的对象按指定的比例因子相对于指定基点放大或缩小。

启动 SCALE 命令可以通过以下 3 种方式实现：

（1）打开"修改"下拉菜单，选择"缩放"命令。

（2）单击"修改"工具栏上的"缩放"图标按钮。

（3）在"命令："命令行提示下直接输入"SCALE"或"SC"命令。

缩放图形在同一操作下是等比例进行缩放的。输入缩放比例小于 1（如 0.6），则对象被缩小相应倍数。输入缩放比例大于 1（如 2.6），则对象被放大相应倍数。执行以下操作后，可得结果如图 4.15 所示。

命令：SCALE（等比例缩放）

选择对象：找到 1 个（选择图形）

选择对象：（按回车键）

指定基点：（指定缩放基点）

指定比例因子或 [复制（C）/参照（R）]：1.5（输入缩放比例）

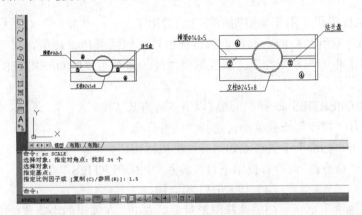

图 4.15　执行缩放命令操作的原图及结果

4.1.10　合并对象

合并是将分离的对象合并形成一个完整的对象，使用该命令可以对直线、多段线、圆弧、椭圆弧和样条曲线等对象进行合并，合并对象的命令是"JOIN"。

可通过下面 3 种方式启动合并命令：

（1）打开"修改"下拉菜单，选择"合并"命令。

（2）单击"修改"工具栏上的"合并"图标按钮。

（3）在"命令:"命令行提示下直接输入"JOIN"或"J"命令。

合并对象的操作步骤如下，操作过程及结果如图 4.16 所示。

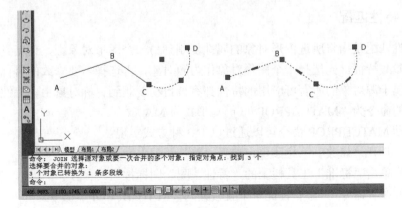

图 4.16　合并操作

命令：JOIN（按回车键）

选择源对象或要一次合并的多个对象：指定对角点：找到 3 个（直线 AB、BC 和圆弧 CD）

选择要合并到源的对象：（按回车键，结束合并）

3 个对象已转换为 1 条多段线。

4.2　其他编辑命令

4.2.1　属性编辑修改

AutoCAD 提供了用于编辑图形特性的通用工具——"特性"对话框。对象特性是指图形对象所具有的全部特点和特征参数，包括颜色、线型、尺寸大小、角度、质量和重心等一系列性质。属性编辑功能的命令为"PROPERTIES"（简写形式为 PR）。

启动 PROPERTIES 命令可以通过以下 5 种方式实现：

（1）打开"修改"下拉菜单，选择"特性"命令。

（2）单击"标准"工具栏上的"特性"图标按钮。

（3）在"命令："命令行提示下直接输入"PROPERTIES"命令。

（4）按 Ctrl+1 组合键。

（5）选择图形对象后右击，在弹出的快捷菜单中选择"特性"命令。

图 4.17　"特性"窗口

按上述方法执行命令后，系统弹出"特性"（PROPERTIES）对话框，如图 4.17 所示。用户可以改变"特性"窗口的位置，调整它的大小。在该窗口中，可以修改选中对象的属性和几何参数。窗口中的具体内容和选定对象的个数和类型有关。打开"特性"窗口后，如果没有选中图形对象，窗口中显示出当前环境的特性及其当前设置。可以单击要修改的属性参数所在行的右侧，直接进行修改或在出现的一个下拉菜单选择需要的参数。可以修改的参数包括颜色、图层、线型、线型比例、线宽、坐标和长度、角度等各项相关指标。

4.2.2　特性匹配

特性匹配是指将所选图形对象的属性复制到另一个图形对象上，使其具有相同的某些参数特征。先选择一个图形对象作为源对象，再选择需要修改的目标对象，这时从属于源对象的所有可应用的特性都将被自动复制到目标对象上。特性匹配编辑功能的命令为"MATCHPROP"（简写形式为 MA）。

启动 MATCHPROP 命令可以通过以下 3 种方式实现：

（1）打开"修改"下拉菜单，选择"特性匹配"命令。

（2）单击"标准"工具栏上的"特性匹配"图标按钮。

（3）在"命令："命令行提示下直接输入"MATCHPROP"命令。

执行该命令后，光标变为一个刷子形状，使用该刷子即可进行特性匹配，包括改变为相同的线型、颜色、字高、图层等。执行以下操作后，原图及结果如图 4.18 所示。

命令：MATCHPROP（特性匹配）

当前活动设置：颜色 图层 线型 线型比例 线宽 透明度 厚度 打印样式 文字 标注 填充图案

选择目标对象或［设置（S）］：（使用该刷子选择源特性匹配图形对象）

选择目标对象或［设置（S）］：（使用该刷子即可进行特性匹配）

……

选择目标对象或［设置（S）］：（按回车键）

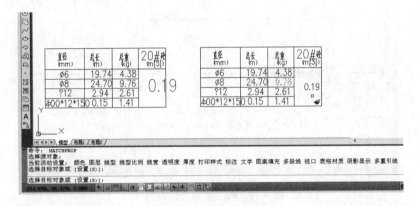

图 4.18　特性匹配操作

4.2.3　编辑多段线

编辑多段线的命令是"PEDIT"，此命令是针对 PLINE 命令画出的多段线。例如，使用多段线编辑命令可以增加、删除、移动多段线的顶点，并可对多段线进行曲线拟合，也可以把拟合后的曲线恢复成多段线。另外，用户还可以调整整条线段的宽度或个别线段的宽度，打开或闭合多段线。

启动多段线编辑命令可以通过以下 4 种方式实现：

（1）打开"修改"下拉菜单中的"对象"子菜单，选择其中的"多段线"命令。

（2）单击"修改 II"工具栏上的"编辑多段线"按钮。

（3）在"命令："命令提示行下直接输入命令"PEDIT"。

（4）用鼠标选择多段线后，在绘图区域内右击，然后在弹出的快捷菜单上选择"多段线"命令。

将图 4.19 的左图中的线段和圆弧编辑为 2mm 的钢筋，结果如图 4.19 中的右图所示。命令如下：

命令：PEDIT　（输入编辑命令）

选择多段线或　［多条（M）］：M（选择多段线）

选择对象：指定对角点：找到 9 个

选择对象：是否将直线、圆弧和样条曲线转换为多段线？［是（Y）/否（N）］？<Y>

输入选项［闭合（C）/打开（O）/合并（J）/宽度（W）/拟合（F）/样条曲线（S）/非

曲线化（D）/线型生成（L）/反转（R）/放弃（U）]：J（合并对象）

　　合并类型=延伸　输入模糊距离或　［合并类型（J）］<0.0000>：

　　多段线已增加 8 条线段

　　输入选项　［闭合（C）/打开（O）/合并（J）/宽度（W）/拟合（F）/样条曲线（S）/非曲线化（D）/线型生成（L）/反转（R）/放弃（U）]：W（输入 W 编辑宽度）

　　指定所有线段的新宽度：2（输入宽度）

　　输入选项　［闭合（C）/打开（O）/合并（J）/宽度（W）/拟合（F）/样条曲线（S）/非曲线化（D）/线型生成（L）/反转（R）/放弃（U）]：（按回车键）

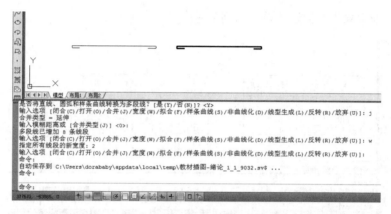

图 4.19　对多线段进行编辑

4.2.4　编辑样条曲线

　　样条曲线编辑命令是"SPLINEDIT"，此命令是样条曲线的专用编辑命令。

　　启动 SPLINEDIT 编辑命令可以通过以下 4 种方式实现：

　　（1）打开"修改"下拉菜单中的"对象"子菜单，选择其中的"样条曲线"命令。

　　（2）单击"修改 II"工具栏上的"编辑样条曲线"按钮。

　　（3）在"命令："命令提示行下直接输入命令"SPLINEDIT"。

　　（4）用鼠标选择样条曲线后，在绘图区域内右击，然后在弹出的快捷菜单上选择"样条曲线"命令。

　　编辑样条曲线的操作步骤如下：

　　命令：SPLINEDIT（编辑样条曲线）

　　选择样条曲线：（选择样条曲线图形）

　　输入选项［拟合数据（F）/闭合（C）/移动顶点（M）/优化（R）/反转（E）/转换为多段线（P）/放弃（U）]：P（输入 P 转换为多段线）

　　指定精度<99>：0

4.2.5　多线的编辑

　　多线的编辑命令是"MLEDIT"，此命令是多线的专用编辑命令。

启动 MLEDIT 编辑命令可以通过以下 3 种方式实现：

（1）打开"修改"下拉菜单中的"对象"子菜单，选择其中的"多线"命令。

（2）单击"修改 II"工具栏上的"编辑多线"按钮。

（3）在"命令："命令行提示下直接输入命令"MLEDIT"。

按上述方法执行 MLEDIT 编辑命令后，AutoCAD 弹出"多线编辑工具"对话框，如图 4.20 所示。若单击其中的一个图标，则表示使用该种方式进行多线编辑操作。对图 4.21 中上图所示的交叉点 A、B、C、D 和 E，单击对话框中的"十字闭合"图标、"十字打开"图标、"十字合并"图标、"T 形打开"图标、"角点结合"图标，分别得到图 4.21 下图中的 A、B、C、D 和 E 所示的交叉口。

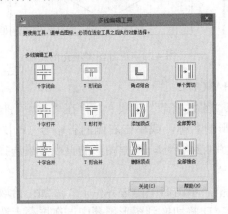

图 4.20　"多线编辑工具"对话框

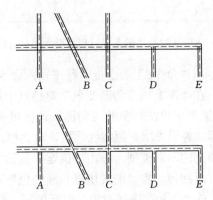

图 4.21　多线编辑应用实例

4.2.6　图案填充

在各种工程图形中，经常要用不同的阴影图案表示不同的区域，以表示特定的意义，如路面的结构设计图。AutoCAD 提供了丰富的填充图案，同时还允许用户自定义填充图案及图案文件。图案主要用来区分工程的部件或表现组成对象的材质，可以使用预定义的填充图案，也可以用当前的线型定义简单直线图案，或者创建更加复杂的填充图案。图案的填充功能命令包括 BHATCH、HATCH，二者功能相同。图案填充功能主要包括创建图案填充、创建填充边界、图案填充修改、填充图案可见性控制及图案文件等内容。

1.　图案填充功能及使用

启动"图案填充"功能命令可以通过以下 3 种方式实现：

（1）打开"绘图"下拉菜单，选择"图案填充"命令。

（2）单击"绘图"工具栏上的"图案填充"按钮。

（3）在"命令："命令行提示下输入命令"HATCH"或"BHATCH"。

执行"图案填充"命令后，AutoCAD 弹出一个"图案填充和渐变色"对话框，如图 4.22 所示，在该对话框中可以进行定义边界、图案类型、图案比例、图案角度和图案特性以及定制填充图案等参数设置操作。使用该对话框就可以对图形进行图案操作。在进行填充操作时，填充区域的边界必须是封闭的；否则不能进行填充或填充结果错误。下面结合图 4.23 所示的图形作为例子，说明有关参数的设置和使用方法。

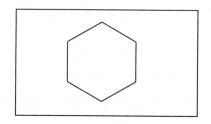

图 4.22　"图案填充和渐变色"对话框　　　　图 4.23　进行图案填充的图形

在"命令:"命令提示行下输入命令"HATCH"。

在"图案填充和渐变色"对话框中选择"图案填充"选项卡,再在"类型"与"图案"中单击右侧的三角图标选择填充图形的名称,或单击右侧的省略号（···）图标,弹出"填充图案选项板"对话框,如图 4.24 所示,根据图形的直观效果选择要填充的图案类型,单击"确定"按钮。

返回前一步"图案填充和渐变色"对话框,单击右上角边界栏下"添加:拾取点"或"添加:选择对象"图标按钮,AutoCAD 将切换到图形屏幕中,在屏幕上选取图形内部任一位置点或选择图形,该图形边界线将变为虚线,表示该区域已选中,然后按 Enter 键返回对话框。也可以逐个选择图形对象的边。

接着在"图案填充和渐变色"对话框中,在"角度"和"参数"中设置比例、角度等参数,以此控制所填充图案的密度大小、与水平方向的倾角大小。角度、比例可以直接输入需要的数字。

设置关联特性参数。在对话框选项栏下,选择勾取关联或不关联。关联或不关联是指所填充的图案与图形边界线相互关系的一种特性。若拉伸边界线时,所填充的图形随之紧密变化,则属于关联;反之为不关联。

单击"确定"按钮确认进行填充,完成填充操作,操作结果如图 4.25 所示。对两个或多个相交图形的区域,无论其如何复杂,均可以使用与上述一样的方法,直接使用鼠标选取要填充图案的区域即可,其他参数设置与此完全一样。若填充区域内有文字时,在选择该区域进行图案填充时,所填充的图案并不穿越文字,文字仍清晰可见。也可以使用"选择对象"分别选取边界线和文字,其图案填充的效果是一致的。

2. 编辑图案填充

编辑图案填充的功能是指修改填充图案的一些特性,包括其造型、比例、角度和颜色等。其 AutoCAD 命令为"HATCHEDIT"。

启动 HATCHEDIT 编辑命令可以通过以下 3 种方式实现:

（1）打开"修改"下拉菜单中的"对象"子菜单,在子菜单中选择"图案填充"命令。

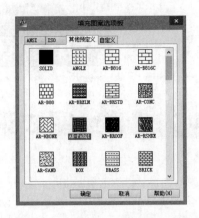

（2）单击"修改Ⅱ"工具栏上的"编辑图案填充"按钮。

（3）在"命令："命令提示行下直接输入命令"HATCHEDIT"。

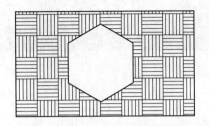

图 4.24　"填充图案选项板"对话框　　　图 4.25　填充操作完成后的图案

按上述方法执行 HATCHEDIT 编辑命令后，AutoCAD 要求选择要编辑的填充图案，然后弹出图 4.22 所示的对话框，在该对话框中可以进行定义边界、图案类型、图案比例、图案角度和图案特性以及定制填充图案等参数修改，其操作方法与进行填充图案操作是一致的。

第 5 章

AutoCAD 辅助绘图知识

在工程制图中经常要绘制一些固定的图形符号，如标高符号、剖面符号、钢筋符号等。如果每次都一笔一笔地重复画这些图符，既枯燥乏味又缺乏效率。图块功能可以将这种固定的图形符号制作成图块，在应用时将其插入图形的指定位置，也可以对整个图块进行复制、移动、旋转、比例缩放、镜像、删除和阵列等操作。这样就可以大大地节省作图时间，提高效率，而且保存图块比保存图形还要节省磁盘空间。大多数工程图形都包含一些文字，它们标注或解释了图形中的对象。尺寸标注是工程制图中重要的一个环节，也是计算机绘图中较难掌握的部分。本章主要介绍 AutoCAD 创建和编辑图块、创建和编辑文字、创建尺寸标注的样式和尺寸标注的方法等内容。

5.1　图块功能与编辑

将某个元素或多个元素组成的图形对象定制为一个整体图形，该整体图形即是 AutoCAD 中的图块。图块具有自己的特性，此外组成其中的各个对象有自己的图层、线型和颜色等特性。可以对图块进行复制、旋转、删除和移动等编辑修改操作。图块的作用主要是避免许多重复性的操作，提高设计与绘图的效率和质量。

5.1.1　创建图块

图块是 AutoCAD 中由一组基本图形或实体组成的一种特殊实体，可以把图块想象成预先存储在计算机中的绘图模板，那么创建图块就是制作图块模板和存储绘图模板的过程。AutoCAD 创建图块的功能命令是"BLOCK"，用户根据系统提出的要求，确定组成图块的 3 个要素，即图块名、组成图块的实体及插入点。

启动 BLOCK 命令可以通过以下 3 种方式实现：

（1）打开"绘图"下拉菜单中的"块"子菜单，选择其中的"创建"命令。

（2）单击"绘图"工具栏上的"创建块"图标按钮。

（3）在"命令："命令提示行下输入"BLOCK"并按回车键。

启动图块命令后，系统弹出"块定义"对话框。在该对话框中用户输入要定义块的参数，如块名、选择块实体、插入点等，如图 5.1 所示。单击"选择对象"图标按钮，在绘图区选取构成图块的实体，可以使用光标直接选取图形，按回车键后该图形将加入到图块中，如图 5.2 所示。

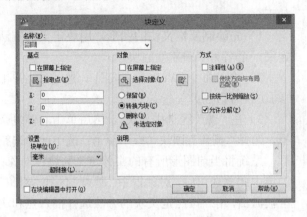

图 5.1 "块定义"对话框   图 5.2 选取图形

选择图形对象后按回车键，系统将切换到对话框中，在基点栏下单击拾取点图标，指定该图块插入点的位置，也可以在其下面的 X、Y、Z 空白栏中直接输入坐标点（X, Y, Z）。当以后插入该图块时，此基点变为块的坐标系原点。基点最好选择图形的特征点。AutoCAD 默认的基点是坐标系的原点。单击该图标后系统切换到图形屏幕上，AutoCAD 要求选择图块插入点的位置。可以使用光标直接选取位置点，按回车键确认后将返回"块定义"对话框中。

此外，在该对话框中可以为图块设置一个预览图标，并保存在图块中。同时可以设置图块的尺寸单位（毫米、厘米等）。

最后，单击"确定"按钮完成图块的创建操作。该图块将保存在当前的图形中，若未保存图形，则图块也未能保存。

创建图块的操作步骤如下：

1）先绘制（或打开）要定义块的图形（文件）。

2）在命令行输入"Block"并按回车键，启动"块定义"对话框。

3）在"名称"框中输入块名，如"栅盖"。

4）单击"选择对象"图标按钮后，在屏幕上选择要定义块的图形实体。

5）单击"拾取点"按钮后，在屏幕上指定插入图块的基点。

6）单击"确定"按钮，结束定义图块。

用 Block 命令定义的块，其信息不能单独存在，只能附着在当前图形文件中。所以，只有打开该文件才可以使用块。如果当前图形文件不被保存，那么附着在该图形中的所有块也随之消失。要想使块信息永久地保存在磁盘中，就必须使用Wblock 命令来写块。

5.1.2 图块存盘

图块存盘是将创建的图块信息永久地保存在计算机中，图块存盘的命令是"Wblock"。启动 Wblock 命令的方法是在"命令："提示符下，输入"Wblock"或"W"，启动 Wblock 命令后，系统弹出图 5.3 所示的"写块"对话框。

图 5.3　"写块"对话框

用 Wblock 命令将图块存到磁盘上，操作步骤如下：

1）先绘制要定义块的图形，用块定义的方法定义一个名为"栅盖"的块。

2）输入命令 Wblock，按回车键，系统弹出"写块"对话框。

3）在"源"区选中"块"，然后单击右侧复合框，选择"栅盖"图块（整个图形：选中此单选钮后，系统将当前图形所有的实体定义为块；对象：当选中此单选钮后，对话框中"基点"区和"对象"区被激活，用户按照定义块的方法选择插入点和块实体）。

4）在文件名和路径区中，取存盘文件名为"栅盖"，也可以与块名不同，选择存盘路径。

5）单击"确定"按钮，结束图块存盘操作。

用 Wblock 命令保存的文件称为块文件，其文件格式也是（*．dwg）。块文件是保存在磁盘中的文件，其信息可以永久保存。

5.1.3　插入图块

定义"块"的目的是使用"块"，用户可以用 Insert 命令将创建的图块插入到指定的位置。在插入图块时，要确定以下 4 个参数，即插入的图块名、插入的位置、插入的比例系数和图形的旋转角度。插入图块的功能命令是"INSERT"。

启动 INSERT 命令可以通过以下 3 种方式实现：

（1）打开"插入"下拉菜单，选择"块"命令。

（2）单击"插入点"工具栏上的"插入块"图标按钮。

（3）在"命令："命令行提示下输入"INSERT"并按回车键。

按上述方法激活插入图块命令后，AutoCAD 系统弹出"插入"对话框。在该对话框中的名称选项区域右边选择要插入的图块名称（可以单击小三角图标打开下拉列表框选择），如前面创建的"栅盖"。在该对话框中还可以设置插入点、缩放比例和旋转角度等，如图 5.4 所示。

若勾选对话框中"插入点""比例""旋转"等参数下侧的"在屏幕上指定"复选框，可以直接在屏幕上使用鼠标进行插入点、比例、旋转角度的控制。

用 INSERT 命令在当前图形中插入一个图块，操作结果如图 5.5 所示。

1）在"命令："提示符下，输入 INSERT 或 I 并按回车键，系统弹出"插入"对话框。

2）在名称区输入图块名"栅盖"。

3）在"缩放比例"区确定图块的插入比例，按系统默认值 $X=1$、$Y=1$、$Z=1$ 输入。

4）在"旋转"区输入图块的旋转角度为 0。

5）选中"插入点"区的"在屏幕上指定"复选框，系统自动切换到图形屏幕，用鼠标指定插入点。

6）单击"确定"按钮，完成图块插入。系统将名为"栅盖"的图块插入到当前图形中。

当要求插入多个图块时，可以用系统提供的块阵列插入命令 MINSERT 插入图块。在插入过程中，用户除了要输入图块名、插入点、插入比例外，还要输入阵列的行数、列数及行间距和列间距。

图 5.4　"插入"对话框

图 5.5　插入块

5.1.4　图块分解

在定义图块后，图块是一个整体，若要对图块中的某个图形元素对象进行修改，则在整体组合的图块中无法进行。为此，AutoCAD 提供了将图块分解的功能命令 EXPLODE。EXPLODE 命令可以将块、填充图案和标注尺寸从创建时的状态转换或化解为独立的对象。

启动 EXPLODE 命令可以通过以下 3 种方式实现：

（1）打开"修改"下拉菜单，选择"分解"命令。

（2）单击"修改"工具栏上的"分解"图标按钮。

（3）在"命令："命令行提示下输入"EXPLODE"并按回车键。

图块分解操作提示如下：

命令：EXPLODE

选择对象：指定对角点：找到 1 个

选择对象：（按回车键）

选择要分解的图块对象，按回车键后选中的图块对象将被分解，分解前和分解后图形的选取情况如图 5.6 所示。

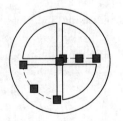

图 5.6　分解图块

5.1.5　图块属性编辑

图块的属性就好比附在商品上的标签一样，它包含关于图块的各种信息，如图块的格式、标题、类别、属性值等。用户可以对任意图块添加属性和修改属性。定义图块属性的命令是"ATTDEF"或"DDATTDEF"或缩写命令"ATT"。

　　用 ATTDEF 命令定义块属性具体操作步骤如下：在"命令:"提示符后面输入"ATTDEF"并按回车键，系统将弹出图 5.7 所示的"属性定义"对话框。在该对话框中，用户可以定义属性的各种选项，如模式、属性、插入点、文字选项等。

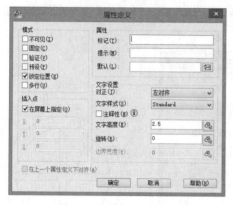

图 5.7　"属性定义"对话框　　　　　　　图 5.8　水准点符号图形

　　属性只有与图块在一起才有意义，单独的属性是毫无意义的。下面通过一个例子来说明如何给一个图块添加属性值以及如何应用带属性的图块。以建立带两个属性的图块为例。

　　【例 5.1】　绘制图 5.8 所示的水准点符号图形。

　　操作步骤如下：

　　（1）输入命令"DDATTDEF"，弹出"属性定义"对话框（定义第一个属性）。

　　（2）在该对话框中设置各选项，如图 5.9 所示。

　　（3）选中"在屏幕上指定"复选框，将返回图 5.8，在横线上单击，系统返回"属性定义"对话框，单击"确定"按钮，结束第一个属性的定义，结果如图 5.10（a）所示，图中加入了一个属性。

　　（4）输入命令"DDATTDEF"，再次弹出"属性定义"对话框（定义第二个属性）。

　　（5）在"属性定义"对话框的"标记"中输入"高程"，在"提示"中输入"输入水准点高程"，在"值"中输入"100.56"。

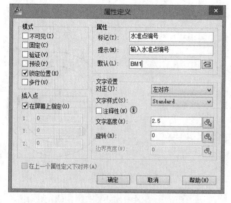

图 5.9　输入第一个属性参数　　　　　　　图 5.10　加入属性

　　（6）选中"在屏幕上指定"复选框，将返回图 5.10（a），在横线下单击，系统返回前面对话框，单击"确定"按钮结束第二个属性的定义。结果如图 5.10（b）所示，图中加入了第二个属性。

（7）输入命令"BLOCK"并按回车键，系统弹出"块定义"对话框。

（8）在"块定义"对话框中输入块名"Szd"。

（9）单击"拾取点"按钮后，在屏幕上用鼠标单击圆中心作为图块的插入点。

（10）单击"选择对象"按钮后，选择包括属性在内的全部图形。

（11）单击"确定"按钮，定义图块结束，得到图 5.11 所示的图形。

如果想插入带属性的图块 Szd，可以进行以下操作：

1）输入命令"INSERT"并按回车键，系统打开"插入"对话框。

2）在"名称"中选择"Szd"。

3）选中"在屏幕上指定"复选框，用鼠标在屏幕上单击插入点，系统出现以下提示：

输入水准点高程：<100.56>：120.34（按回车键）

输入水准点编号<BM1>：BM0（按回车键）

操作结束后，在图中插入了具有两个属性的水准点符号图块，如图 5.12 所示。在每次插入带属性的图块时，系统均会向用户提示输入属性值，这比在图形中用 TEXT 命令写文本要方便得多。

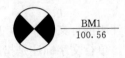

图 5.11　具有两个属性的块　　　　　　图 5.12　插入带有属性的块

5.2　文本标注

多数工程图形都包括一些文字，它们标注或解释了图形中的对象。标注文字，是工程设计图纸中不可缺少的一部分，文字与图形一起才能表达完整的设计思想。文字标注包括图形名称、注释、标题和其他图纸说明等。AutoCAD 提供了强大的文字处理功能，如可以设置文字样式、单行标注、多行标注、支持 Windows 字体、兼容中英文字体等。

5.2.1　文字样式设置

文字样式包括所采用的文字字体以及标注效果（如字体格式、字的高度、高宽比、书写方式）等内容。用户在一幅图形中可定义多种文本样式，这样在输入文字时使用不同的文本样式，就会得到不同的字体效果。

可通过下面 3 种方式启动定义文字样式命令：

（1）打开"格式"下拉菜单，选择 "文字样式"命令。

（2）单击样式工具栏上的"文字样式"图标按钮。

（3）在"命令:"命令行提示下直接输入"STYLE"或"ST"命令。

按上述方法执行 STYLE 命令后，AutoCAD 弹出"文字样式"对话框，如图 5.13 所示。

其中在字体类型中，带@的字体表示该种字体是水平倒置的，如图 5.14 所示。此外，在"字体"选项栏中可以使用大字体，该种字体是扩展名为".SHX"的 AutoCAD 专用字体，如"chineset.shx""bigfont.shx"等，大字体前均带一个特殊的圆规样的符号。

图 5.13　"文字样式"对话框

图 5.14　字体中带@和
不带@的文字效果

5.2.2　单行文字标注方法

在图中添加文字可以使用单行文字命令，也可以使用多行文字命令。前者以命令行的形式来写文字，后者以对话框的形式来写文字。单行文字标注是指进行逐行文字输入。单行文字标注功能的 AutoCAD 命令为"TEXT"。可通过下面两种方式启动标注单行文字命令：

（1）在"命令："提示符下，输入"DTEXT"或"TEXT"并按回车键。

（2）在"绘图"下拉菜单中选择"文字"→"单行文字"命令。

可以使用 TEXT 命令输入若干行文字，每行文字是一个独立的对象，并可进行旋转、对正和大小调整。通过对文字应用样式的调整，用户可以使用多种字符图案或字体。这些图案或字体可以在垂直列中拉伸、压缩、倾斜、镜像或排列。

以在"命令："提示符下直接输入 TEXT 命令为例，在屏幕上写一行文字"路面结构设计图"。

命令：TEXT

指定文字的起点或［对正（J）/样式（S）］：J（选择对正）

输入选项［对齐（A）/调整（F）/中心（C）/中间（M）/右（R）/左上（TL）中上（TC）/右上（TR）/左中（ML）/正中（MC）/右中（MR）/左下（BL）/中下（BC）/右下（BR）］：BL（选择对正方式）

指定文字的左下点：（用鼠标在屏幕上拾取一点作为字的左下点）

指定高度<2.5000>：10（设定文字高度）

指定文字的旋转角度<0>：

输入文字：路面结构设计图

输入文字：（按回车键结束）

结果如图 5.15 所示。

5.2.3　多行文字标注方法

在 AutoCAD 中用 DTEXT 命令标注多行文本时，各行之间的位置对齐比较困难，而且各行又是独立的文本，编辑起来不方便。因此，系统提供了一个多行文本标注文字的方法，多行文字的所有文本为一个对象。多行文字标注的 AutoCAD 命令为"MTEXT"。

启动多行文字标注 MTEXT 命令可以通过以下 3 种方式实现：

（1）打开"绘图"下拉菜单，选择"文字"子菜单，再在子菜单中选择"多行文字"命令。

（2）单击"绘图"工具栏上的"多行文字"图标按钮。

（3）在"命令："命令行提示下直接输入"MTEXT"命令。

输入 MTEXT 命令后，要求在屏幕上指定文字的标注位置，可以使用鼠标直接在屏幕上选取。指定文字的标注位置后，AutoCAD 弹出文字格式对话框，在该对话框中设置字形、字高、颜色等，然后输入文字，输入文字后单击"OK"按钮，文字将在屏幕上显示出来。

以在"命令："提示符下直接输入 MTEXT 命令为例，说明多行文字的标注方法。

命令：MTEXT（标注文字）

当前文字样式："Standard"文字高度：10　注释性：否

指定第一角点：（指定文字位置）

指定对角点或 [高度（H）/正（J）/行距（L）/旋转（R）/样式（S）/宽度（W）/栏（C）]：（指定文字对角位置，在弹出的对话框中可以设置字形、字高、颜色等，并输入文字）

结果如图 5.16 所示。

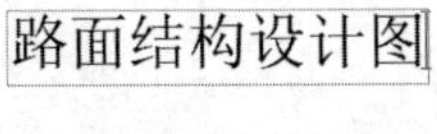

路面结构设计图

1. 本尺寸均以厘米计；
2. 本图适用于土质挖方段路基；
3. 为使上面层与下面层更好地结合，在上面层与下面层之间洒黏层沥青；
   为使水泥稳定层与沥青面层更好地结合，在水泥稳定层顶面洒透层沥青。

图 5.15　单行标注文字 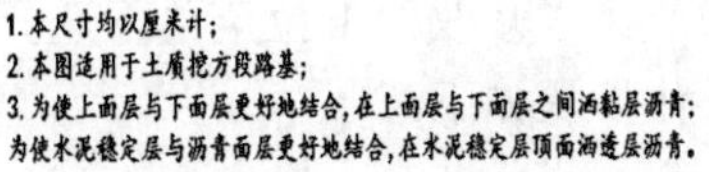　　　　　　　　　　图 5.16　多行文字标注

5.2.4　编辑文字

用户不但可以控制文字高度、字体，添加颜色、分数和特殊符号，还可以调整文字边界的宽度、文字的对齐方式和行间距。

1. 文字的编辑

可通过下面两种方式启动文字编辑命令：

（1）在"命令："提示符下，输入"DDEDIT"或"ED"并按回车键。

（2）在"修改"下拉菜单下选择"对象"→"文字"→"编辑"命令。

执行文字编辑命令的步骤如下：

命令：Ddedit　（按回车键）

选择注释对象或 [放弃（U）]：（选择要编辑的文本）

选择注释对象或［放弃（U）］:（按回车键，结束编辑）

注意：也可以用鼠标双击要编辑的文本进行编辑。

2. 文字样式的修改

修改文字样式在"文字样式"对话框中进行。选中需要修改的样式后，直接修改各属性设置。修改完毕单击"应用"和"关闭"按钮，所有用该样式标注的文字格式被一次修改完成。

3. 文字的缩放

文字的缩放是指修改一个或多个文字对象的比例，即放大或缩小文字对象。

可通过下面两种方式启动文字缩放命令：

（1）在"命令:"提示符下，输入"SCALETEXT"并按回车键。

（2）在"修改"下拉菜单下选择"对象"→"文字"→"比例"命令。

操作步骤如下：

命令：SCALETEXT（按回车键）

选择对象：（选择要编辑的实体）

选择对象：（按回车键，结束编辑）

输入缩放的基点选项［现有（E）/左（L）/中心（C）/中间（M）/右（R）/左上（TL）/中上（TC）/右上（TR）/左中（ML）/正中（MC）/右中（MR）/左下（BL）/中下（BC）/右下（BR）］<现有>:

指定新高度或［匹配对象（M）/缩放比例（S）］<5>:

4. 文字的对正

文字的对正是用于修改文字对象的对齐点：

可通过下面两种方式启动文字对正命令。

（1）在"命令:"提示符下，输入"JUSTIFYTEXT"并按回车键。

（2）在"修改"下拉菜单下选择"对象"→"文字"→"对正"命令。

操作步骤如下：

命令：JUSTIFYTEXT（按回车键）

选择对象：（选择需要对正的对象）

选择对象：（按回车键，结束选择）

输入对正选项［左（L）/对齐（A）/调整（F）/中心（C）/中间（M）/右（R）/左上（TL）/中上（TC）/右上（TR）/左中（ML）/正中（MC）/右中（MR）左下（BL）/中下（BC）/右下（BR）］<中心>:（输入对正选项）

5. 添加特殊符号

（1）在多行文本编辑对话框中，把光标放置在符号"@"位置单击向下的箭头，出现一个提供各种特殊符号的下拉列表框，如图 5.17 所示。

该下拉列表提供了度数、正/负、直径、几乎相等等符号。用户在选择这些选项时，AutoCAD 就会将其文字代码插入到文字中，并出现在相应的位置上。

（2）当用 TEXT 命令或 DTEXT 命令书写特殊字符时，也可以输入代码来完成。度数、正/负、直径的特殊控制码见表 5.1。

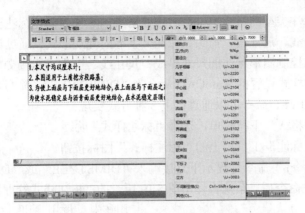

图 5.17　插入符号下拉列表

表 5.1　　　　　　　　　　　　　　特殊控制码

输入代码	相应出现的符号	说明
%%D	度（°）	适用于单行和多行文本
%%C	⌀	适用于单行和多行文本
%%P	正负号（±）	适用于单行和多行文本

5.3　尺寸标注

尺寸标注是工程制图中很重要的环节，也是计算机绘图中较难掌握的部分。尺寸大小是进行工程建设定位的主要依据。AutoCAD 提供了多种尺寸标注方法，以适应不同工程制图的需要。一个完整的尺寸标注一般由尺寸界线、尺寸线、箭头、标注文字构成，通常以一个整体出现，如图 5.18 所示。

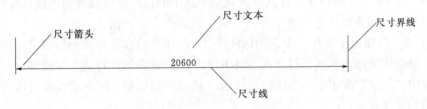

图 5.18　尺寸标注的组成

在默认情况下，AutoCAD 的尺寸标注是一个整体，即尺寸线、尺寸界线、尺寸箭头和尺寸文本是不可分离的，可以把它们看成是一个图块。对该尺寸进行拉伸后，尺寸文本将自动地发生变化，这一性能称为尺寸的关联性，尺寸标注称为关联性尺寸。如果一个尺寸标注的各部分都是单独的实体，相互之间没有联系，称这种尺寸标注为非关联尺寸标注。

用户可以用系统变量 DIMASO 来控制尺寸标注的关联性。当 DIMASO=ON 时，为关联尺寸；当 DIMASO=OFF 时，为非关联尺寸。

5.3.1　尺寸样式设置

为了保证图纸上的所有标注都具有相同的形式和统一的风格，使图面清晰、易读，定义各种标注类型的格式，并命名这些格式，这称为创建标注样式。尺寸标注样式是指尺寸界线、尺寸线、箭头、标注文字等的外观形式。通过设置尺寸标注样式，可以有效地控制图形标注的尺寸界线、尺寸线、箭头、标注文字的布局和外观形式。尺寸标注样式设置的 AutoCAD 命令为"DIMSTYLE"（简写形式为 DDIM）。

启动 DIMSTYLE 命令可以通过以下 3 种方式实现：

（1）打开"格式"下拉菜单，选择"标注样式"命令。

（2）单击"标注"工具栏上的"标注样式"图标按钮。

（3）在"命令："命令行提示下直接输入"DIMSTYLE"或"DDIM"命令。

启动 DDIM 命令后，系统将弹出图 5.19 所示的"标注样式管理器"对话框。利用该对话框用户可以命名标注样式、修改尺寸变量、建立标注样式等。

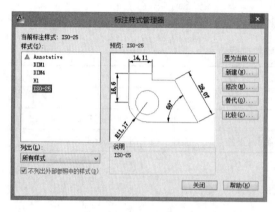

图 5.19　"标注样式管理器"对话框

其中，在"当前标注样式"区中显示的是系统默认样式，即 ISO-25。该样式是 AutoCAD 的标准标注样式，它提供了关于标注的完整定义。一般情况下，用户可以采用此样式进行标注。但由于工程图纸的标注要求各不相同，用户还可以根据图纸特点定义自己的标注样式。

"样式"列表框显示当前图形文件的标注样式，当"列出"下拉列表框中选择的是"所有样式"选项时，则"样式"列表框中显示全部标注样式；若选择的是"正在使用的样式"选项时，则显示当前正在使用的标注样式。

"置为当前"按钮将在"样式"列表框中选中的标注样式设置为当前标注样式。先在"样式"列表框中选中某个标注样式，然后单击该按钮。

"新建"按钮用于创建一个新的标注样式。创建新的标注样式是新定义一个标注模式。单击该按钮，系统将打开图 5.20 所示的"创建新标注样式"对话框。单击该对话框中"继续"按钮后，系统弹出图 5.21 所示的对话框，用户可以通过该对话框设置新的标注样式。

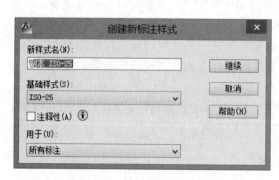

图 5.20　创建新标注样式

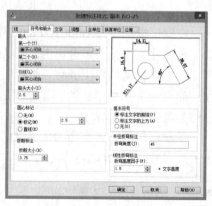

图 5.21　设置新的标注样式

　　"修改"按钮用于修改已存在的标注样式，包括文字位置、箭头和尺寸线长短等各种参数。其中"文字对齐"选项建议选取"与尺寸线对齐"；尺寸标注文字是否带小数点，在线性标注选项下的"精度"中进行设置。

　　"替代"按钮用于设置无效当前样式。单击该按钮系统将弹出与图 5.21 相似的对话框，只是对话框的标题为"替代当前样式"。在该对话框中用户修改当前样式，单击"确定"按钮后，返回"标注样式管理器"对话框，系统将在当前样式下自动添加一个"替代样式"标注样式，此样式是当前样式的一个替换样式。当重新指定当前样式后，该样式自动消失。

　　单击"比较"按钮后将打开"比较标注样式"对话框，在该对话框中用户可以对已创建的样式进行比较，找出各样式之间的区别。

5.3.2　线性尺寸标注

　　在 AutoCAD 中，尺寸标注可分为五大类，即线性尺寸标注、径向尺寸标注、角度尺寸标注、指引尺寸标注和坐标尺寸标注。

　　线性尺寸标注用于标注两点间的距离，包括线性标注、对齐标注、基线标注、连续标注。

1. 线性标注

　　线性标注的 AutoCAD 功能命令是"DIMLINEAR"。启动 DIMLINEAR 命令可以通过以下 3 种方式实现：

　　（1）打开"标注"下拉菜单，选择 "线性"命令。

　　（2）单击标注工具栏上的"线性"图标按钮。

　　（3）在"命令："命令行提示下输入"DIMLINEAR"并按回车键。

　　以在"命令："提示符下启动 DIMLINEAR 为例，介绍线性尺寸标注的使用方法，操作结果如图 5.22（a）所示。

命令：DIMLINEAR
指定第一条延伸线原点或<选择对象>：
指定第二条延伸线原点：
创建了无关联的标注
指定尺寸线位置或［多行文字（M）/文字（T）/角度（A）/水平（H）/垂直（V）/旋转（R）］：标注文字= 11053

2. 对齐标注

　　对齐尺寸标注是指所标注的尺寸线与图形对象相平行，用线性标注尺寸只限于水平尺寸和垂直尺寸两种，即使是斜线也只能标注斜线的水平长度和垂直长度，而不能标注斜长。在工程制图中，经常要标注斜线、斜面的尺寸。AutoCAD 提供对齐尺寸标注，用户可方便地标注斜线、斜面的尺寸，标注的尺寸线与被标注的对象的边界平行。对齐尺寸标注的 AutoCAD 功能命令是"DIMALIGNED"。启动 DIMALIGNED 命令可以通过以下 3 种方式实现：

　　（1）打开"标注"下拉菜单，选择"对齐"命令。

　　（2）单击标注工具栏上的"对齐"图标按钮。

　　（3）在"命令："命令行提示下输入"DIMALIGNED"并按回车键。

以在命令提示符下启动 DIMALIGNED 为例，操作后结果如图 5.22（b）所示，操作方法如下：

命令：DIMALIGNED（按回车键）
指定第一条尺寸界线原点或<选择对象>：（直接按回车键）
指定第二条尺寸界线原点：
指定尺寸线位置或［多行文字（M）/文字（T）/角度（A）］：（用鼠标确定尺寸线位置）
标注文字 = 1953

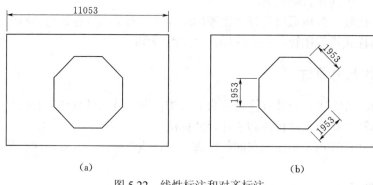

（a）　　　　　　　　　　　　　　　（b）

图 5.22　线性标注和对齐标注

3. 基线标注

在工程制图中，往往以某一个面（或一条线）作为基准，其他尺寸都按该基准进行定位或画线，这就是基线标注。基线尺寸标注是指创建自相同基线测量的一系列相关标注，其 AutoCAD 功能命令为"DIMBASELINE"。基线标注必须是线性尺寸、角度尺寸或坐标尺寸中的某一类型。在进行标注之前，用户必须先标注出一个尺寸，以便系统默认为基线。系统默认基线标注之前的第一尺寸界线为基线。

首先，使用线性标注、坐标标注或角度标注来确定标注基准线。然后，再使用 DIMBASELINE 基线尺寸标注方法进行标注。

启动 DIMBASELINE 命令可以通过以下 3 种方式实现：
（1）打开"标注"下拉菜单，选择"基线"命令。
（2）单击标注工具栏上的"基线标注"图标按钮。
（3）在"命令："命令行提示下输入"DIMBASELINE"并按回车键。

以在命令行启动 DIMBASELINE 为例，用基线尺寸标注的方法如下：

命令：DLI（启动 DIMLINEAR 命令）
指定第一条尺寸界线原点或<选择对象>：（利用捕捉功能，捕捉 A 点为第一尺寸界线的起点，B 点为第二尺寸界线的起点）系统自动标注出第一个尺寸，并默认第一尺寸界线为下面要进行的基线标注的基线。

命令：DBA（启动基线标注命令）
指定第二条尺寸界线原点或［放弃（U）/选择（S）］<选择>：（选择 C 点）
指定第二条尺寸界线原点或［放弃（U）/选择（S）］<选择>：（选择 D 点）
指定第二条足寸界线原点或［放弃（U）/选择（S）］<选择>：（选择 E 点）
指定第二条足寸界线原点或［放弃（U）/选择（S）］<选择>：（选择 F 点）

系统自动标注出 4 个基线尺寸，操作结果如图 5.23 所示。

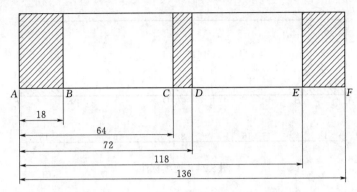

图 5.23　基线尺寸标注

4. 连续标注

在工程制图中，有一些尺寸的第一尺寸界线与前一个尺寸的第二尺寸界线相重合，也即尺寸界线首尾重合。标注这样的尺寸用系统提供的连续标注功能进行标注可以起到事半功倍的效果。连续标注也称为链式标注，其 AutoCAD 功能命令为"DIMCONTINUE"。

1）先使用线性标注、坐标标注或角度标注来确定标注基准线。

2）再使用 DIMCONTINUE 命令连续尺寸标注方法进行标注。

启动 DIMCONTINUE 命令可以通过以下 3 种方式实现：

（1）打开"标注"下拉菜单，选择"连续"命令。

（2）单击标注工具栏上的"连续标注"图标按钮。

（3）在"命令："命令行提示下输入"DIMCONTINUE"并按回车键。

以在命令行启动 DIMCONTINUE 为例，连续尺寸标注的使用方法如下：

命令：DLI（按回车键，启动 DIMLINEAR 命令）

指定第一条尺寸界线原点或<选择对象>：（利用捕捉功能，捕捉 A 点为第一尺寸界线的起点，B 点为第二尺寸界线的起点，系统自动标注出第一个尺寸）

命令：DCO（启动连续尺寸标注命令）

指定第二条尺寸界线原点或［放弃（U）/选择（S）]<选择>：（捕捉 C）

指定第二条尺寸界线原点或［放弃（U）/选择（S）]<选择>：（捕捉 D）

指定第二条尺寸界线原点或［放弃（U）/选择（S）]<选择>：（捕捉 E）

指定第二条尺寸界线原点或［放弃（U）/选择（S）]<选择>：（捕捉 F）

利用捕捉功能，捕捉 C、D、E、F 点。系统自动进行 4 个连续尺寸标注，操作结果如图 5.24 所示。

5.3.3　径向尺寸标注

1. 半径尺寸标注

半径尺寸标注由一条具有指向圆或圆弧的带箭头的半径尺寸线组成。如果 DIMCEN 系统变量未设置为零，AutoCAD 将绘制一个圆心标记。其 AutoCAD 功能命令是"DIMRADIUS"。

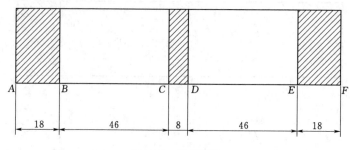

图 5.24 连续标注

启动 DIMRADIUS 命令可以通过以下 3 种方式实现：

（1）打开"标注"下拉菜单，选择 "半径"命令。

（2）单击标注工具栏上的"半径"图标按钮。

（3）在"命令："命令行提示下输入"DIMRADIUS"并按回车键。

以在命令行启动 DIMRADIUS 为例，标注后结果如图 5.25（a）所示。

命令：DIMRADIUS

选择圆弧或圆：

标注文字=4000

指定尺寸线位置或［多行文字（M）/文字（T）/角度（A）]:

2. 直径尺寸标注

直径尺寸标注是根据圆和圆弧的大小、标注样式的选项设置以及光标的位置来绘制不同类型的直径标注。标注样式控制圆心标记和中心线。当尺寸线画在圆弧或圆内部时，AutoCAD 不绘制圆心标记或中心线。其 AutoCAD 功能命令是"DIMDIAMETER"。

启动 DIMDIAMETER 命令可以通过以下 3 种方式实现：

（1）打开"标注"下拉菜单，选择"直径"命令。

（2）单击标注工具栏上的"直径"图标按钮。

（3）在"命令："命令行提示下输入"DIMDIAMETER"并按回车键。

以在命令行启动 DIMDIAMETER 为例，标注后如图 5.25（b）所示。

命令：DIMDIAMETER

选择圆弧或圆：

标注文字=8000

指定尺寸线位置或［多行文字（M）/文字（T）/角度（A）]:

5.3.4 角度尺寸标注

角度尺寸标注是根据两条以上的图形对象构成的角度进行标注。其 AutoCAD 功能命令是"DIMANGULAR"。启动 DIMANGULAR 命令可以通过以下 3 种方式实现：

（1）打开"标注"下拉菜单，选择 "角度"命令。

（2）单击标注工具栏上的"角度"图标按钮。

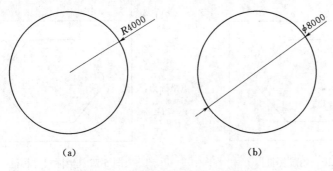

（a）　　　　　　　　　　　（b）

图 5.25　半径尺寸和直径尺寸标注

（3）在"命令："命令行提示下输入"DIMANGULAR"并按回车键。

以在命令行启动 DIMANGULAR 为例，角度尺寸标注的使用方法如下，其操作结果如图 5.26 所示。

命令：DIMANGULAR

选择圆弧、圆、直线或<指定顶点>：

选择第二条直线：

指定标注弧线位置或 [多行文字（M）/文字（T）/角度（A）/象限点（Q）]：

标注文字=90

……

5.3.5　坐标尺寸标注

坐标尺寸标注指所标注的是图形对象的 X 坐标或 Y 坐标，其 AutoCAD 功能命令是"DIMORDINATE"。坐标标注沿一条简单的引线显示部件的 X 坐标或 Y 坐标。这些标注也称为基准标注。AutoCAD 使用当前用户坐标系（UCS）确定测量的 X 坐标或 Y 坐标，并且沿与当前 UCS 轴正交的方向绘制引线。按照通行的坐标标注标准，采用绝对坐标值。

启动 DIMORDINATE 命令可以通过以下 3 种方式实现：

（1）打开"标注"下拉菜单，选择"坐标"命令。

（2）单击标注工具栏上的"坐标"图标按钮。

（3）在"命令："命令行提示下输入"DIMORDINATE"并按回车键。

以在命令行启动 DIMORDINATE 为例，坐标尺寸标注的使用方法如下所述，操作结果如图 5.27 所示。

命令：DIMORDINATE

指定点坐标：

指定引线端点或 [X 基准（X）/Y 基准（Y）/多行文字（M）/文字（T）/角度（A）]：

标注文字=707.99

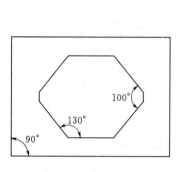

图 5.26　角度标注

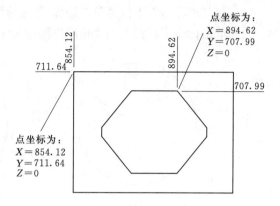

图 5.27　坐标尺寸标注

5.3.6　引线标注

AutoCAD 中标注指引尺寸的命令是"LEADER"，可通过下面 3 种方式启动引线标注命令：

（1）在"标注"下拉菜单下选择"引线"命令。

（2）单击"标注"工具栏上"引线"图标按钮。

（3）在"命令："提示符下，输入"LEADER"或"LE"并按回车键。

标注指引尺寸的具体步骤如下：

命令：LEADER（或 LE）

指定第一个引线点或［设置（S）］<设置>：（指定指引线的起点，或按回车键设置指引标注参数）

指定下一点：（指定指引线的另一端点）

指定文字宽度<0>：（输入文本串宽度）

输入注释文字的第一行<多行文字（M）>：（输入单行注释文本或多行注释文本）

指定第一个引线点或［设置（S）］<设置>：（直接按回车键）

系统将弹出图 5.28 所示的对话框。该对话框有 3 个选项卡，即"注释""引线和箭头"和"附着"，可设置注释文本、指引线、箭头及其他附加设置。

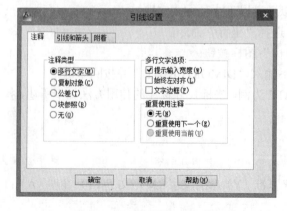

图 5.28　"引线设置"对话框

图 5.29　"对象特性"对话框

5.3.7　编辑尺寸标注

在工程制图中，经常要对已经标注的尺寸进行编辑。AutoCAD 尺寸编辑与修改的内容，包括对尺寸线、标注文字和尺寸界线、箭头形式等的颜色、位置、方向、高度等进行修改。AutoCAD 提供了以下几种对尺寸的编辑与修改方法。

1. 使用特性对话框

用户在命令行内输入 DDMODIFY 或 MO 并按回车键，即可启动"对象特性"对话框。可以在该对话框内更改有关的选项，即可完成尺寸标注编辑。利用特性管理器对话框，可以方便地管理、编辑尺寸标注的各个组成要素。选择要查看或修改其特性的尺寸对象，在绘图区域右击，然后选择快捷菜单中的"特性"命令。在特性窗口，要修改某个参数，只需单击该项参数右侧的表格栏，展开该特性参数，单击参数选项即可进行修改，如图 5.29 所示。

2. 使用 DIMEDIT 命令

DIMEDIT 的功能是使用新的文字替换现有的标注文字、旋转文字、将文字移动位置等。

标注编辑修改命令可以通过以下两种方式进行：

（1）单击标注工具栏上的"编辑标注"或"编辑标注文字"图标按钮。

（2）在"命令："命令行提示下输入"DIMEDIT"并按回车键。

DIMEDIT 影响一个或多个标注对象上的标注文字和尺寸界线，用户在"命令："提示符下，输入"DIMEDIT"或"DED"并按回车键，启动该命令后，系统将会出现以下提示：

输入标注编辑类型［默认（H）/新建（N）/旋转（R）/倾斜（O）］<默认>：

其中，"默认（H）"为系统的默认选项，将尺寸文本放回到它原来的位置上。如某尺寸文本系统默认的方向为字头向上，旋转角度为 0°，而现在旋转角度为 30°，执行默认选项后又回到了默认的角度；"新建（N）"为更新尺寸文本；"旋转（R）"为将尺寸文本旋转某个角度；"倾斜（O）"为将尺寸界线旋转某个角度。

用 DIMEDIT 命令修改尺寸界线，以下为示例。

命令：DIMEDIT　（按回车键，启动尺寸编辑命令）

输入标注编辑类型［默认（H）/新建（N）/旋转（R）/倾斜（O）］（<默认>：O（按回车键）

选择对象：（选择左边尺寸）

输入倾斜角度（按回车键表示无）：180（按回车键）

选择对象：（选择上面尺寸）

输入倾斜角度（按回车键表示无）：54（按回车键）

原图及操作结果分别如图 5.30（a）、（b）所示。

3. 编辑标注文字

编辑标注文字可以修改标注文字的角度或对齐方式。编辑标注文字的功能命令是"DIMTEDIT"。可通过下面 3 种方式启动编辑标注文字命令：

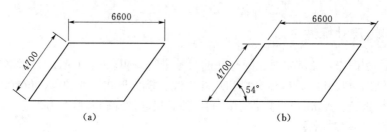

图 5.30　编辑尺寸标注

（1）在"标注"下拉菜单下选择"对齐文字"命令。

（2）单击"标注"工具栏上"编辑标注"图标按钮。

（3）在"命令："提示符下，输入"DIMTEDIT"并按回车键。

操作步骤如下：

命令：DIMTEDIT（按回车键）

选择标注：（选择需要修改的标注）

指定标注文字的新位置或［左（L）/右（R）/中心（C）/默认（H）/角度（A）]:

DIMTEDIT 的主要功能是移动和旋转标注文字和对正标注文字，其中"指定标注文字的新位置"控制输入标注文字的新位置坐标或拖曳时动态更新标注文字的位置，"左（L）""右（R）""中心（C）"和"默认（H）"选项影响标注文字的对齐方式；"角度"选项控制标注文字的倾斜角度。

第 3 部分

道路路线计算机辅助设计实例

第 6 章

纬地道路计算机辅助设计系统

6.1 纬地 HintCAD 道路辅助设计系统基本介绍

6.1.1 系统主要功能

1. 路线辅助设计

（1）平面动态可视化设计与绘图。系统沿用传统的导线法（交点法）经典理论，可进行任意组合形式的公路平面线形设计计算和多种模式的反算。用户可在计算机屏幕上交互进行定线及修改设计，在动态拖动修改交点位置、曲线半径、切线长度、缓和曲线参数的同时，可以实时监控其交点间距、转角、半径、外距以及曲线间直线段长度等技术参数。而使用纬地智能布线技术，可以将已确定的直线、圆曲线等控制单元自动衔接为完整的路线，并可以对路线中任一控制单元（均为 CAD 的线元实体）方便地进行平移、旋转、缩放等操作调整，从而直观、快捷并准确地确定出路线线位。在平面设计完成的同时，系统可自动完成全线桩号的连续计算和平面绘图。

系统支持基于数字化地形图（图像）的上述功能，同时也可方便地将低等级公路外业期间已经完成的平面线形导入本系统。

（2）断面交互式动态拉坡与绘图。系统在自动绘制拉坡图的基础上，支持动态交互式完成拉坡与竖曲线设计。用户可实时修改变坡点的位置、标高、竖曲线半径、切线长、外距等参数；对设计者指定的控制点高程或临界坡度，受控处系统可自动提示控制情况。另外，纬地 HintCAD 系统针对公路改扩建项目，将在以后版本中增加自行回归纵坡（点）数据的功能。

系统支持以"桩号区间"和"批量自动绘图"两种方式绘制任意纵、横比例和精度的纵断面设计图及纵面缩图，自动标注沿线桥、涵等构造物，绘图栏目也可根据用户需要自由取舍定制。以上功能不仅适用于公路主线，同样适用于互通式立交匝道的纵断面设计与绘图。

（3）超高、加宽过渡处理及路基设计计算。系统支持处理各种加宽、超高方式及其过渡变化，进而完成路基设计与计算，方便、准确地输出路基设计表，可以自动完成该表中平、竖曲线要素栏目的标注。系统在随盘安装的"纬地路线与立交标准设计数据库"的基础上，通过"设计向导"功能自动为项目取用超高和加宽参数，并建立控制数据文件。

另外，系统最新版中路基的断面型式（包括城市道路的多板块断面）可由用户随意指定或修改。

（4）参数化横断面设计与绘图。系统支持常规模式和高等级公路沟底纵坡设计模式下的横断面设计，同时准确计算并输出断面填挖方面积以及坡口、坡脚距离等数据，并可以根据用户选择，准确扣除断面中的路槽面积（包括城市道路的多板块断面的路槽）。用户可任意定制多级填挖方边坡和不同形式的边沟排水沟。新版中提供了横断面修改和土方数据联动功能。

系统直接根据用户设定自动分幅输出多种比例的横断面设计图，并可自动在图中标注断面信息和断面各控制点设计高程。

V4.0 以后版本中新增横断面设计中的支挡防护构造物处理模块，可自动在横断面设计图中绘出挡土墙、护坡等构造物，并可设置支挡构造物，根据路基填土高度自动变换墙高度或自动变换填土高度，并在断面中准确扣除其土方数量。

（5）土石方计算与土石方计算表等成果的输出。系统利用在横断面设计输出的土石方数据，直接计算并输出 Excel 或 Word 格式的土石方计算表，方便用户打印输出和进行调配、累加计算等工作。系统可在计算中自动扣除大、中桥，隧道以及路槽的土石方数量，并考虑到松方系数、土石比例及损耗率等影响因素。

特别是系统直接为最新开发完成的纬地系列软件"纬地土石方可视化调配系统"提供原始数据，用户在方便、直观的鼠标拖曳操作中完成土石方纵向调配，系统自动记录用户的每一次操作（可无限制返回），并据此直接绘制完成全线的土石方纵向调配图表。

（6）公路用地图（表）与总体布置图绘制输出。基于公路几何设计成果，系统批量自动分幅绘制公路用地边线，标注桩号与距离或直接标注用地边线上控制点的平面坐标，同时可输出公路逐桩用地表（仅供参考）和公路用地坐标表。同样，系统还可基于路线平面图，直接绘制路基边缘线、坡口坡脚线、示坡线以及边沟排水沟边线等，自动分幅绘制路线总体布置图。

新版软件中可区别跨径与角度自动标注所有大、中型桥梁，隧道，涵洞等构造物。

（7）路线概略透视图绘制（以及全景透视图）。系统可直接利用路线的平、纵、横原始数据，绘制出任意指定桩号位置和视点高度、方向的公路概略透视图（线条图）。

另外，在系统的数模板中，可直接生成全线的地面模型和公路全三维模型，可得到任意位置的三维全景透视图，并可使用纬地实时漫游系统方便地渲染制作成三维动态全景透视图（三维动画），并模拟行车状态。

（8）路基沟底标高数据输出沟底纵坡设计。系统的横断面设计模块中可直接输出路基两侧排水沟及边沟的标高数据，新版软件中，用户可交互式完成路基两侧沟底标高的拉坡设计。

（9）平面移线。平面移线功能主要针对低等级公路项目测设过程中发生移线情况而开发，系统可自动计算搜索得到移线后的对应桩号、左右移距以及纵横地面线数据。

2. 互通式立交辅助设计

（1）立交匝道平面线位的动态可视化设计与绘图。系统采用曲线单元设计法和匝道起终点智能化自动接线相结合的立交匝道平面设计思路，方便、快捷地完成任意立交线形的设计和接线。特别是系统在任意曲线单元和起点接线约束时，可实时拖动其他曲线单元，匝道终点动态接线更为直观、灵活。立交匝道平面线位的动态可视化设计是纬地系统的核心和精髓。

与主线平面绘图相同，系统在立交平面设计完成的同时，完成立交平面线图的绘制，用户可根据出图需要控制其标注方向、内容和字体大小；同时可直接在线位图中绘制输出立交曲线表和立交主点坐标表。

（2）任意的断面形式、超高加宽过渡处理。系统采用独特而精巧的路幅变化描述和超高变化描述方式，可支持处理任意路基断面变化形式（如单、双车道变化、分离式路基等）和各种超高变化。

同样基于已随盘安装的"纬地路线与立交标准设计数据库"，"设计向导"功能也可为匝道项目自动建立超高和加宽变化控制数据。

（3）立交连接部设计与绘图。纬地系统除支持处理立交设计中各种形式的加宽和超高过渡外，还可自动搜索计算立交匝道连接部（加、减速车道至楔形端）的横向宽度变化。在绘制连接部图时，根据用户指定可批量标注桩号及各变化段的路幅宽度，自动搜索确定楔形端位置及相关线形的对应桩号。

（4）连接部路面标高数据图绘制。在连接部设计详图（大样图）的基础上，系统可批量计算、标注各变化位置及桩号断面的路基横向宽度、各控制点的设计标高及横坡等数据。由于系统内部采用同一计算核心模块，所以自动保证立交连接部处路基设计表、横断面图和路面标高图等输出成果的一致性。

（5）立交绘图模板的设置与修改。在绘制连接部图和路面数据标高图时，系统内置有多套不同比例和不同形式的绘图模板供用户选用。用户还可以完全按照自己的要求，定制增加或修改标准模板，以得到不同风格的设计图纸。

（6）分离式路基的判断确定。用以自动判断确定互通式立交中主线与匝道之间、匝道与匝道之间、高速公路分离式路基左右线之间的路基边坡相交位置，准确计算出相交位置至中线的距离，并可在横断面图中搜索绘制出相邻路基断面的桩号和路基设计线。

纬地系统的开发设计首先是基于互通式立交设计的，系统 V1.0～V2.0 版只有互通式立交设计部分的内容，Hint 3.0 以后版本发展为同时兼顾路线和互通式立交辅助设计两套功能的专业软件。前面所述及的关于路线设计部分的所有功能，如纵断面设计与绘图、路基设计、横断面设计与绘图、土石方计算等均同时适用于互通式立交设计，这里不再重复。

3. 数字化地面模型应用（DTM）

（1）支持多种三维地形数据接口（来源）。系统支持 AutoCAD 软件的 dwg/dxf 格式、Microstation 软件的 dgn 格式、Card/1 软件的 asc/pol 格式以及 pnt/dgx/dlx 格式等多种三维地形数据来源（接口），三维地形数据既可以是专业测绘部门航测后提供的，也可以是用户自行对地形图扫描矢量化后得到的。

纬地系统 V6.0 版本增加了对激光雷达扫描的 las 数据格式的支持，可以读入 las 格式的点云数据，自动提取地形、植被、建筑物和其他类型的数据，并依据 TIN 理论建立数学模型。系统可支持所有版本的 las 数据，可以同时读入多个 las 数据。

（2）自动过滤、剔除粗差点和处理断裂线相交等情况。系统自动过滤并剔除三维数据中的高程粗差点，自行处理平面位置相同点和断裂线相交等情况，免去繁多的手工修改工作。

（3）快速建立最优化三角网的三维数字地面模型（DTM）。以独特的内存优化模块和最快的点排序方法为引擎，纬地系统建立最优化三角网状数字地面模型的速度是国外其他同类软件的两倍以上，并且突破了其他软件在处理公路带状长大数学模型时存在的限制，没有可处理点数上限。

（4）数学模型简化功能。可根据用户输入的精度，快速对数学模型进行简化处理。在满足用户精度要求的情况下，可大幅减小数学模型文件的大小。特别是对于采用的密集点云数据建立的数学模型，数学模型简化优化的效果非常显著。

另外，在纬地系统 V6.0 版本中，对数学模型文件的结构进行了优化处理，大大减小了数学模型文件的大小。如果将 5.8 以前版本的数字模型文件在 6.0 系统中再次保存后，可以看到数学模型文件的大小仅只有原文件的 20%左右。

（5）系统提供多种数据编辑、修改和优化功能。系统不仅提供多种编辑三角网的功能，如插入、删除三维点，交换对角线或插入约束段，另外系统专门开发了自动优化去除平三角形的数学模型优化等模块。

（6）系统快速、准确地完成路线纵、横断面地面线插值。系统可根据用户需求快速插值计算，并输出路线纵、横断面的地面线数据。用户可立即在计算机上完成纵断面拉坡设计、路基设计、横断面设计，进而直接得到土石方工程量，使大范围的路线方案深度比选和优化成为现实。

（7）系统提供对两维平面数字化地形图的三维化功能。系统提供多种命令工具，可快速将二维状态的数字化地形图转化为三维图形，进而建立数字地面模型。

4. 公路三维真实模型的建立（3D Road）

（1）基于三维地面模型快速建立公路全线地面三维模型。

（2）基于横断面设计建立真实的公路全三维模型（包括护栏、标线、波型梁等）。

（3）自动根据公路全三维模型完成对原地面模型的切割（挖除）。

（4）方便地制作公路全景透视图和公路三维动态全景透视图（三维动画）。

建立在数字化地面模型基础上的公路三维模型才是真正意义上的公路三维模型。

5. 平交口自动设计

（1）可以自动计算输出平交口等高线图。

（2）自动标注板块的尺寸及板角设计高程等。

6. 其他功能

（1）估算路基土石方数量与平均填土高度。

（2）外业放线计算。

（3）任意地理坐标系统的换带计算。

（4）桥位和桩基坐标表输出及设计高程计算。

（5）立交连接部鼻端（楔形端）位置自动搜索。

（6）任意桩号坐标自动查询等。

（7）绘制任意桩号法线。

（8）查询任意点至中线的距离及桩号。

（9）查询任意桩号的设计高程及填挖。

（10）查询任意线元的信息。

（11）图纸的批量打印功能。

（12）路面上任意点位的标高计算功能。

7. 数据输入与准备

纬地系统中所有的平、纵、横基础数据录入均开发有实用、方便的录入工具（软件），如平面数据（交点）导入/导出、纵断面数据输入、横断面数据输入等，减少了数据输入错误，方便用户使用。

8. 输出成果

（1）绘图部分。包括以下图纸：

1）路线平面设计图。

2）路线纵断面设计图。

3）路线平纵缩图。

4）横断面设计图。

5）公路用地图（表）。

6）路线总体布置图。

7）路线概略与全景透视图。

8）互通式立交平面线位数据图。

9）立交连接部设计详图。

10）立交连接部路面标高图。

11）边坡坡面图。纬地系统可批量、高效输出路线平、纵、横等所有相关图纸，用户可单张、多张或一次性输出打印所有图纸。

（2）出表部分。包括以下表格：

1）直线及曲线转角一览表。

2）主点坐标表。

3）逐桩坐标表。

4）立交曲线表与路线平面曲线元素表。

5）纵坡与竖曲线表。

6）路基设计表。

7）超高加宽表。

8）路面加宽表。

9）路基排水设计表。

10）公路用地表。

11）土石方计算表。

12）边沟、排水沟设计表。

13）总里程及断链桩号表。

14）主要经济技术指标表。

15）水准点表。

16）边坡坡面数据统计表。

以上输出的表格均可由用户自由选择输出方式（AutoCAD 图形、Word、Excel 3 种方式），并自动分页，方便打印。

6.1.2　系统应用常规步骤

使用 HintCAD 进行公路路线及互通立交的设计工作，一般步骤如下。

1. 常规公路施工图设计项目（对于工程可行性研究或初步设计项目，根据需要简略应用下述有关内容）

（1）选择"项目"→"新建项目"，指定项目名称、路径，新建公路路线设计项目。

（2）选择"设计"→"主线平面设计"（也可交互使用"立交平面设计"），进行路线平面线形设计与调整；直接生成路线平面图，在"主线平面设计"（或"立交平面设计"）对话框中单击"保存"按钮得到*.jd 数据和*.pm 数据。

（3）选择"表格"→"输出直曲转角表"，生成路线直线及曲线转角一览表。

（4）选择"项目"→"设计向导"，根据提示自动建立路幅宽度变化数据文件（*.wid）、超高过渡数据文件（*.sup）、设计参数控制文件（*.ctr）、桩号序列文件（*.sta）等数据文件。

（5）选择"表格"→"输出逐桩坐标表"，生成路线逐桩坐标表。

（6）使用"项目管理"或利用"HintCAD 专用数据管理编辑器"，结合实际项目特点修改以下数据文件，即路幅宽度变化数据文件（*.wid）、超高过渡数据文件（*.sup）、设计参数控制数据文件（*.ctr）等，这些数据文件控制项目的超高、加宽等过渡变化和纵面控制条件等情况。

（7）选择"数据"→"纵断数据输入"输入纵断面地面线数据（*.dmx）；选择"数据"→"横断数据输入"输入横断面地面线数据（*.hdm）；并在项目管理器中添加该数据文件。

（8）选择"设计"→"纵断面设计"进行纵断面拉坡和竖曲线设计调整，保存数据至*.zdm 文件中。

（9）选择"设计"→"纵断面绘图"生成路线纵断面图，同时根据设计参数控制文件（*.ctr），标注各类构造物，选择 "表格"→"输出竖曲线表"计算输出纵坡、竖曲线表。

（10）选择"设计"→"路基设计计算"，生成路基设计中间数据文件（*.lj）；并可由路基设计中间数据文件，选择"表格"→"输出路基设计表"计算输出路基设计表。

（11）选择"设计"→"支挡构造物处理"，输入有关挡墙等支挡物数据，并将其保存到当前项目中。

（12）选择"设计"→"横断设计绘图"，绘制路基横断面设计图，同时直接输出土石方数据文件（*.tf）、根据需要输出路基横断面三维数据文件（*.3DR）和左右侧边沟沟底标高数据（C：\Hint58\Lst\zgdbg.tmp、C：\Hint58\Lst\ygdbg.tmp）。

（13）选择"数据"→"控制参数输入"，修改设计参数控制数据文件中关于土石比例分配的控制数据，选择"表格"→"输出土方计算表"计算输出土石方数量计算表和每公里土石方表。

（14）选择"绘图"→"绘制总体布置图"绘制路线总体设计图。

（15）选择"绘图"→"绘制公路用地图"可绘制公路占地图。

2. 低等级公路设计项目

一般低等级公路项目需在外业期间现场进行平面线形设计，所以对于低等级公路项目应用纬地系统的步骤如下。

（1）选择"项目"→"新建项目"，指定项目名称、路径，新建公路路线设计项目。

（2）根据外业平面设计资料，选择"数据"→"平面数据导入"（或"平面交点导入"）功能，输入平面设计数据，并单击"导入为交点数据"将平面数据导入为纬地所支持的"平面交点数据"（对应文件后缀*.jd,）。

（3）选择"项目"→"项目管理器"中的"文件"管理页，选择"平面交点文件"一栏，指定平面导入生成的平面交点文件（*.jd）并添加到项目中，选择"项目文件"菜单中的"保存退出"命令。

（4）启动"主线平面设计"便可自动打开交点数据，"计算绘图"后可直接在 AutoCAD 中生成平面图形。单击"保存"按钮，系统自动将交点数据（*.jd）转化为平面曲线数据（*.pm）。

（5）以下同"常规公路施工图设计项目"中第（3）步以后的内容。

3. 互通式立交设计项目

（1）新建互通式立交设计项目，并指定项目名称（如"×××立交×匝道"）、路径等。

（2）用"立交平面设计"功能进行匝道平面线位设计（保存后得到*.pm 文件）。

（3）生成匝道"曲线表"和"主点坐标表"。

（4）启用"设计向导"，根据提示自动建立：路幅宽度变化数据文件（*.wid）、超高过渡数据文件（*.sup）、设计参数控制文件（*.ctr）、桩号序列文件（*.sta）等数据文件。

（5）使用"生成逐桩表"功能生成路线逐桩坐标表。

（6）利用"连接部图绘制"功能，进行立交连接部图绘图和路线平面图绘图，特别是对于加宽设计区间。

（7）使用"项目管理"或利用"HintCAD 专用数据管理编辑器"结合实际修改以下数据文件：路幅宽度变化数据文件（*.wid）、超高过渡数据文件（*.sup）、设计参数控制文件（*.ctr）。

（8）利用"纵断面数据输入程序"输入纵断面地面线数据文件（*.dmx）；利用"横断面数据输入"功能输入横断面地面线数据文件（*.hdm）；保存文件后系统自动将数据文件添加到当前项目。

（9）利用"纵断面设计"功能进行纵断面拉坡和竖曲线设计调整（保存至*.zdm 文件），同时可直接输出"纵坡竖曲线表"。

（10）绘制纵断面设计图，同时根据设计参数控制文件（*.ctr），标注各类构造物。

（11）进行"路基设计计算"，输出路基设计中间数据文件（*.lj）；并可由路基设计中间数据文件直接生成路基设计表。

（12）基于连接部设计图，利用"路面标高图绘制"功能进行路面标高图绘制。

（13）利用"挡土墙录入"功能输入有关挡墙等支挡物数据，并将其保存到当前项目中。

（14）进行"横断面设计绘图"，系统同时自动计算输出土石方数据文件。

（15）修改设计参数控制文件（*.ctr）中关于不同路段土石比例分配的控制数据，系统计算输出土石方数量计算表。

（16）依据土石方数据文件（*.tf）中的路基左右侧坡口坡脚至中桩的距离，利用"路线总体设计图"程序，绘制路线总体设计图，同时可绘制公路占地图。

6.2 系统版本及安装说明

6.2.1 系统安装要求（原则上以能正常安装并使用 AutoCAD 为标准）

计算机：台式或笔记本式计算机均可。

CPU：PII200 以上。

内存：256MB 以上。

操作系统：Windows XP/VISTA/WIN7/WIN8/WIN10。

图形平台：AutoCAD R2000（包含 Express 菜单）或 AutoCAD R2002 中英文版。

AutoCAD R2004 中英文版。

AutoCAD R2006 中英文版 或 Civil 3D 2006 中英文版。

AutoCAD R2008 中英文版 或 Civil 3D 2008 中英文版。

AutoCAD R2009 中英文版 或 Civil 3D 2009 中英文版。

AutoCAD R2010 中英文版 或 Civil 3D 2010 中英文版。

AutoCAD R2011 中英文版 或 Civil 3D 2011 中英文版。

AutoCAD R2012 中英文版 或 Civil 3D 2012 中英文版。

AutoCAD R2013 X64 中英文版 或 Civil 3D 2013 X64 中英文版。

AutoCAD R2014 X64 中英文版 或 Civil 3D 2014 X64 中英文版。

推荐用户最好使用 AutoCAD R2002 以上版本。

Office 环境：Office 97～2015 均可（以 Word 和 Excel 格式出表）。

6.2.2 系统版本划分

（1）从功能上划分，纬地三维道路 CAD 系统根据不同用户层面的需求，分为 3 种版本，即标准版、专业版、数模版。各版本主要功能划分如下。

1）标准版。各等级公路路线的平、纵、横设计和所有图表的绘制输出，特别适合于各等级公路的常规路线设计。

2）专业版。包含标准版的全部功能，在标准版的基础上增加了互通式立交设计功能和平交口设计功能，可进行互通式立交的线位设计、连接部处理和相关图表输出，适合高等级公路和互通式立交的设计。

3）综合版。在专业版基础上增加智能布线、平面自动拟合、纵断面自动拟合、交叉口平面设计、横断面模板设计等功能，适合高等级公路和互通式立交的设计以及有特殊需要（特别是国外项目）的模板设计项目。

　　4）数模版。包含标准版、专业版、综合版的全部功能，在上述综合版功能的基础上增加了高速建立细致、准确的公路带状（上百公里）三维数字地面模型（DTM），直接剖切纵、横断地面线，进而得到土方数量。基于数模和横断面设计，直接建立公路和地面全三维模型，可渲染制作成公路全景透视图。纬地三维道路 CAD 各版本功能如图 6.1 所示。

　　（2）从使用方式来划分，纬地三维道路 CAD 系统又分为单机版和网络版。

　　1）单机版。就是仅能在一台计算机上使用，由一只加密锁控制，软件可以在任何计算机上安装，但运行时需要专门的软件锁支持（该软件锁可以插在计算机的并口或 USB 端口上）。

　　2）网络版。需在局域网上使用，由局域网上的任意一台计算机作为网络支持（安插加密锁），控制软件使用和用户数目（节点数）。该局域网内的其他计算机通过 IP 地址授权使用。

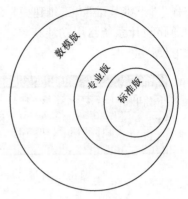

图 6.1　纬地三维道路 CAD 各功能版本

6.2.3　单机版安装

　　从纬地三维道路 CAD 系统 5.3 版软件开始，新的安装盘已将不同版本的软件集成到一个安装包中，可以选择不同的盘符和目录进行安装。在安装中用户需根据所授权的版本选择安装本系统的标准版、专业版、数模版软件。安装时，用户只需直接双击运行软件目录下的"Setup.exe"或"HintSetup.msi"，按安装向导程序提示可完成安装。一般安装程序启动后会自动搜索计算机所使用的操作系统以及 AutoCAD 的安装版本、位置和 Office 软件中的 Word 和 Excel 的安装版本和位置，以及数据支持的版本类型等，然后自动安装支持不同操作系统、不同 AutoCAD 版本以及 Excel 和数据库的支持程序和纬地系统。在安装程序的最后将自动安装系统的软件加密锁驱动程序（试用版除外）。系统安装后，在桌面和"开始"菜单自动建立对应 AutoCAD 不同版本安装的纬地系统的快捷方式图标，用户直接单击桌面（或"开始"菜单中的）纬地快捷图标启动纬地系统，也只有这样才加载纬地软件菜单环境，避免与其他 CAD 平台软件的可能冲突。

　　注意：对于 USB 软件锁（包括网络版），用户在安装软件时先不要插上软件锁，如果先插上软件锁，Windows 系统会立即给该软件锁安装其他的驱动程序，导致纬地三维道路 CAD 系统所带驱动程序不能正常安装，使软件无法运行。待程序安装完成后再插上软件锁，系统会自动搜索该软件锁的驱动程序并进行安装，然后方可开始使用。

　　网络版安装及试用版安装过程略。

6.2.4　浮动式菜单

　　纬地三维道路 CAD 系统 V4.x 以后的版本不再使用 AutoCAD 下拉式菜单。重新开发了浮动式菜单，用户可以随意移动其位置和停靠方式，也可以关闭纬地菜单或在 CAD 命令行输入"hmenu"命令并按回车键调出该菜单。这样不会影响用户使用 AutoCAD 菜单，也不会和其他运行于 AutoCAD 环境下的软件发生冲突。

6.2.5　Ribbon 功能菜单（V7.0 新增）

纬地三维道路 CAD 系统 V7.0 版本在 Auto CAD 2010 及其以上 Auto CAD 版本中新开发增加了 Ribbon 功能菜单。Ribbon 功能菜单可在 Auto CAD 的"草图与注释""三维基础""三维建模"这 3 种工作空间调出。用户可以很直观地看到纬地道路设计系统常用功能菜单，使用软件过程中对各项常用功能的选取和使用更加方便。

图 6.2　纬地三维道路 CAD 系统 V7.0 版本的功能菜单

6.2.6　系统加载运行

用户单击桌面或"开始"菜单的纬地软件快捷图标（以 V7.0 版本为例），出现图 6.3 所示的欢迎界面，系统启动 AutoCAD 并自动挂接纬地程序，任意单击纬地软件菜单中的某一项命令，纬地软件系统均会自动加载（对于网络版需要输入服务器的名称或 IP 地址以及用户登录信息），系统运行后界面如图 6.4 所示，在程序界面右下角显示出纬地软件系统名称及版本的字幕，双击该字幕可以将其关闭。另外，在运行过程中用户也可在纬地"系统"菜单下随时动态卸载纬地软件系统。

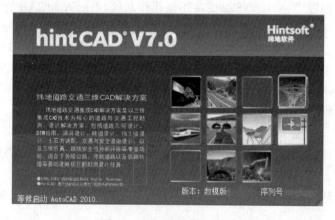

图 6.3　纬地软件欢迎界面

6.2.7　系统安装目录和文件说明

安装程序除将一些动态库安装到操作系统的系统目录下，其他所有纬地系统程序、文档、模板均安装到所在盘符的 Hint70 目录下，大小约 115MB。

　　"\Help"目录下为纬地道路系统教程的文档，客户可直接打开进行查阅，也可以执行系统菜单中的帮助文档命令打开该文档查阅。"\示例 1"目录下为利用纬地系统完成的一段高速公路设计的所有数据示例。"\示例 2"目录下为三级公路改建项目的所有数据示例（其中设有断链）。用户在学习和练习时，可参考"\示例 1"和"\示例 2"目录下的两个示例项目，了解本系统的数据文件格式。当用户安装纬地系统 V7.0 数模版后，系统目录（Hint70）下将自动生成"示例\数模"目录，其下

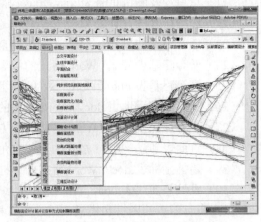

图 6.4　系统运行后的界面

又有"15t""asc-pol""dwg-dxf"和"pnt-dgx-dlx"等子目录，"15t"目录下为利用三维数模进行高速公路设计的示例，其中数据为 ASC 和 POL 文件格式；其他分别安装有系统所支持的几种三维地形数据接口的示例。纬地系统的所有图表的图框和模板均安装到所在盘符的 Hint70/模板目录下，主要有以下内容。

　　（1）Tk_hdmt.dwg，横断面设计图的图框。

　　（2）tk_pmt.dwg，平面图的图框（适用于平面裁图功能）。

　　（3）Tk_zdmt.dwg，纵断面设计图框。

　　（4）平面图框.dwg，平面图的图框（适用于平面自动分图功能）。

　　（5）低等路基表.dwg，低等级公路项目的路基设计表模板。

　　（6）低等路基表 G.dwg，低等级公路项目的路基设计表模板（断面各点高差以高程表示）。

　　（7）高等路基表.dwg，高等级公路项目的路基设计表模板。

　　（8）高等路基表 G.dwg，高等级公路项目的路基设计表模板（断面各点高差以高程表示）。

　　（9）路基表板块.dwg，路基断面包括附加板块的路基设计表模板。

　　（10）路基表板块 G.dwg，路基断面包括附加板块的路基设计表模板（断面各点高差以高程表示）。

　　（11）路基超高加宽表.xls，Excel 格式的路基逐桩超高加宽表模板。

　　（12）路面加宽表.xls，Excel 格式的路面加宽表模板。

　　（13）土方计算表.xls，Excel 格式的土方数量计算表模板。

　　（14）直曲表.xls，Excel 格式的直曲转角表模板（交点带坐标）。

　　（15）低等级直曲表.xls，Excel 格式的直曲转角表模板（不带坐标）。

　　（16）高等级直曲表.xls，Excel 格式的直曲转角表模板（坐标复杂型）。

　　（17）竖曲线表.xls，Excel 格式的纵坡竖曲线表模板。

　　（18）用地表.xls，Excel 格式的公路逐桩用地表模板。

　　（19）用地表无坐标.xls，Excel 格式的公路逐桩用地表模板（不带坐标）。

　　（20）主要经济技术指标表.xls，Excel 格式的主要经济技术指标表模板。

（21）总里程及断链桩号表.xls，Excel 格式的总里程及断链桩号表模板。

（22）边沟排水沟设计表.xls，Excel 格式的边沟、排水沟设计表模板。

（23）低等级直曲表.doc，Word 格式的直曲转角表模板。

（24）低等路基表.doc，Word 格式的低等级公路项目路基设计表模板。

（25）高等路基表.doc，Word 格式的高等级公路项目路基设计表模板。

（26）公路逐桩用地表.doc，Word 格式的公路逐桩用地表模板。

（27）土方计算表.doc，Word 格式的土方数量计算表模板。

（28）直曲表.doc，Word 格式的直曲转角表模板。

（29）逐桩坐标表.doc，Word 格式的逐桩坐标表模板。

（30）纵坡竖曲线表.doc，Word 格式的纵坡竖曲线表模板。

　　以上所有图表的图框和模板，用户均可根据实际工程项目需要修改其图框内容和表头文字，如设计单位名称、图号、编制、复核、项目名称等，但不能修改图框大小、位置以及表格行列数。在纬地系统 5.5 版以后，系统输出图表支持存放在不同路径和盘符的图框表格模板，用户只需要在纬地道路 CAD 的"系统"菜单中指定所需模板的保存路径即可。

第7章

纬地道路计算机辅助设计实例

7.1 设计项目的相关设计资料

7.1.1 设计资料及技术指标说明

本实例采用某二级公路路线的施工图设计中约 10km 的数据。路基宽度为 10m，路基各部分组成如图 7.1 所示。设计车速 60km/h，一般最小半径 200m；极限最小半径 125m；路拱横坡 2%；不设超高最小半径 1500m；缓和曲线最小长度 80m；超高横坡最大值 8%；超高渐变率：中线 1/150、边线 1/100；第二类加宽；平曲线最小长度，一般值 200m、最小值 125m；圆曲线间直线的最小长度：同向 6v；反向 2v。最大纵坡 6%；合成坡度 9.5%；最小坡长 150m；最大坡长：纵坡坡度 4%时为 1000m、纵坡坡度 5%时为 800m、纵坡坡度 6%时为 600m；竖曲线最小半径：一般值 2000、最小值 1400m；最小竖曲线长度一般值 120m，极限值 50m。车道宽度 3.5m；硬路肩宽 0.75m，土路肩宽 0.75m。

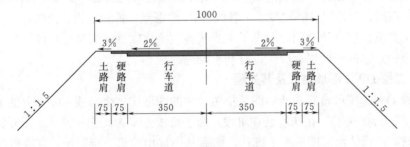

图 7.1 路基横断面

7.1.2 主要技术指标列表

主要技术指标列于表 7.1 中。

表 7.1　　　　　　　　　主 要 技 术 指 标 表

项目	技术指标	项目	技术指标
公路等级	二级公路	路基宽度/m	10
地形类别	丘陵区	行车道宽度/m	3.5
设计速度/（km/h）	60	缓和曲线最小长度/m	80

续表

项目	技术指标	项目	技术指标
竖曲线最小半径一般值/m	2000	最大纵坡/%	6
硬路肩宽/m	0.75	最短坡长/m	150
平曲线一般最小半径/m	200	停车视距/m	75
平曲线极限最小半径/m	125	竖曲线最小半径极值/m	1400
不设超高最小半径/m	1500	土路肩宽/m	0.75

7.2　数字地面模型的建立与应用

7.2.1　建立数字地形模型——二维地形图三维化

1. 何为电子地形图

我们大多时候采用的地形图为 AutoCAD 软件绘制的 DWG 或者 DXF 格式的电子地形图，根据电子地形图中等高线是否带有高程值，即是否点为三维坐标点，可分为二维电子地形图和三维电子地形图两种。电子地形图采用的坐标系统与大地测量坐标相同，一般情况下，要求采用 AutoCAD 默认的"世界坐标系统"。AutoCAD 图形中，x 坐标方向表示测量中的东（E）坐标，y 坐标方向表示测量中的北（N）坐标。图中表示各种地形特征的图形二维坐标值与实测值的精度相同，高程注记准确。电子地形图的绘图比例一般为 1:1000（测图比例可以采用 1:1000～1:5000），AutoCAD 软件的图形单位一般为毫米。地形图中的实体信息应该分图层管理，不同的地形图信息分别放在不同的图层中。按规定应该将等高线（计曲线和首曲线）、特征线（水系线、断裂线、陡坎线或山脊线等）、地形点、各种地物、管线等三维数据和图形信息分图层存放，用户通过手工或其他数字化软件（矢量化软件）所建成的三维图形信息也应分图层存放，以有利于管理。

2. 二维 DWG 图形格式及其处理

二维 DWG 图形格式的地形图是指图形中的图形实体全部或主要部分的 z 坐标为 0（即没有高程值）。在初步设计阶段，为了路线方案的比选和设计，需要将二维 DWG 图形格式的地形图进行三维化，然后从中提出地形三维数据，建立数字地面模型，通过数模内插纵断面与横断面地面线数据，为进行路线多方案的快速比选提供参考资料。采用 HintCAD 软件进行地形图三维化的步骤和方法如下。

（1）三维化前的设置。启动 HintCAD，用 HintCAD 软件打开二维地形图。将电子地形图比例放大或缩小一定比例，最好使其为 1:1000，使图上 1 个单位即 1mm 代表实际距离 1m，如本例，原比例尺为 1:10000，在地形三维化过程中将地形图放大 10 倍，这样在建立数字地形模型及以后的平纵横设计中输入输出数据时可以直接输入实际数据，如曲线半径设计为 800m，直接输入 800 即可，不用再考虑单位换算，且输出数据可以直接使用，不用再考虑单位转换的问题。

选择菜单中的"地形图"→"设置"命令，弹出图 7.2 所示的设置对话框，在"地形图三维化设置"对话框中设置等高线的等高距，选择是否由程序根据坐标判断等高线的自动跟踪，定义赋值后的等高线的颜色将发生变化。如本例"计曲线"为绿色，"首曲线"为红色。

（2）等高线的三维化。使用 HintCAD 既可以给单条等高线赋高程值，也可以进行批量赋值。在给等高线赋高程值时，一般先给其中的一条计曲线赋值，然后使用 HintCAD 的"多等高线赋值（+/−）"赋值工具进行批量赋值。

选择主菜单中的"地形图"→"等高线赋值"命令，根据命令行的提示"选取一等高线"，从图中取一条计曲线，计曲线取步长为 50 的整数值；根据 "请输入等高线高程"提示，输入所选取的计曲线的高程值，如"300"，结束该命令，此线变为绿色。

选择主菜单中的"地形图"→"多等高线赋值−"命令（或"多等高线赋值+"命令，根据地形情况进行选择），根据命令行的提示，在图中拾取两个点，构成一条直线，该直线相交的第一条等高线必须是已经赋过高程值的，且从第一点到第二点的方向为高程减少（或增加）的方向，系统根据已经设置的等高距自动为其后的多条等高线赋上相应的高程值（图 7.3）。

图 7.2　"地形图三维化设置"对话框

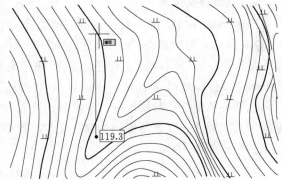

图 7.3　多等高线赋值

注意：赋值时，计曲线之间的首曲线条数应为 4；否则自动赋的高程值会出现错误。

等高线赋值可以使用"等高线高程刷"给具有相同高程值的等高线赋值，使用"智能高程线赋值"工具进行赋值。

（3）地形点三维化。给地形图中地形点赋高程值时，可以进行单个点的赋值，也可以进行批量赋值。

1）单个地形点赋值。选择菜单中的"地形图"→"地形点赋值（逐个）"命令，根据命令行中的提示"选取一个高程点"，从图中选取一个地形点（一般为圆或者填充的圆点）。

提示"选取高程标注（手工输入请按回车键）"，直接从图中选取该高程点对应的高程标注文本，程序将自动把标注中的高程赋给地形点，并将其颜色改为黄色；也可以按回车键后直接输入该点的高程值；重复上述过程，直至按 Esc 键退出。

2）地形点批量赋值。如果地形图中的地形点和其对应的高程标注文本已经连接形成了一个图块或图组，使用"点高程批量赋值（块/组）"工具一次完成所有地形点的赋值。操作步骤如下。

选择菜单中的"地形图"→"地形点赋值（块）"命令，根据命令行中的提示"选取一高程点"从图中选取一个地形点，系统自动给所有地形点赋高程值。

如果地形图地形点和高程标注文本没有组成一个图块或图组，图中每一个地形点标注都是单独的两个实体（一点和对应的高程文本），使用"智能点高程赋值"工具，系统将自动搜索每一个地形点就近的高程标注文本，自动对地形点的高程进行批量赋值。

选择菜单中的"地形图"→"智能点高程赋值"命令，根据命令行中的提示"选取一高程点"，从图中选取一个地形点。

提示"选取一高程标注"，从图中选取该地形点的高程注记文本。

根据提示"是否绘制点与标注间的连接关系［是 1/否 0］"，输入"1"或者"0"来选择是否绘制点与标注间的连接关系，见图 7.4。

7.2.2 建立数字地面模型

用 HintCAD 软件建立数字地面模型的操作过程如下。

1. 三维数据读入

HintCAD 系统支持 3 种格式的三维数据的读入，第一种是 AutoCAD 的 DWG 或 DXF 格式的图形文件；第二种是 CARD/1 软件支持的 ASC 和 POL 文本格式的三维数据；第三种是国内测绘部门提供的一种三维数据格式，由 3 种文件（后缀分别为*.pnt、*.dgx、*.dlx）组成。下面以第一种格式为例进行说明。

选择菜单中的"数模"→"三维数据读入"→"DWG 和 DXF 格式"命令，根据提示选取要读入三维数据的 DWG 文件，程序从中提取出所有的图层信息，列于图 7.5 所示的对话框中。

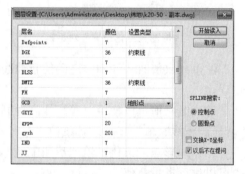

图 7.4 智能点高程赋值   图 7.5 读入 DWG 格式三维数据

单击首曲线所在的图层"DGX"，在"设置类型"列表框中选择"约束线"选项。

单击地形点所在的图层"GCD"，在"设置类型"列表框中选择"地形点"选项。

单击流水线所在的图层"SXSS"，在"设置类型"列表框中选择"约束线"选项。

单击陡坎所在的图层"DMTZ"，在"设置类型"列表框中选择"约束线"选项。

设置"SPLINE 搜索"选项为"控制点"。

单击"开始读入"按钮，程序开始从该 DWG 文件中分类提取三维地形数据。

完成后，AutoCAD 命令行中显示所提取到的三维点的总数目。

2. 数模构网

根据已经读入的三维地形数据来构建三维数字地面模型。

选择菜单中的"数模"→"三角构网"命令，程序完成三维数字地面模型的构建。

3. 数模的优化

数模的优化主要考虑在三维数据采点的密度和位置不十分理想的情况下，所形成的三角网格不能贴切反映实际地面的变化，如出现平三角形等，需要进行优化处理。

选择菜单中的"数模"→"三角网优化"命令，启动三角网优化程序，弹出对话框，如图 7.6 所示。

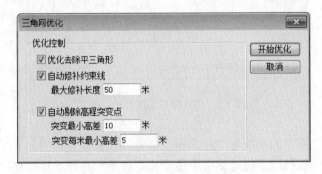

图 7.6　数模优化

单击"开始优化"按钮，系统开始对当前数模中的三角网进行优化（图 7.7）。

优化完成后将在命令行中显示优化结果。一般经优化处理后余留的平三角形以红色显示，这些平三角形都是无法避免的。

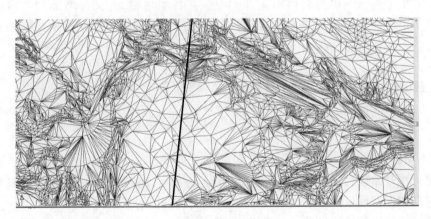

图 7.7　数模结果

4. 数模组管理与保存

如果路线里程较长，需要根据路线的里程和地形情况分为若干段分别建模。同一个公路项目可以用数模组来管理。

选择菜单中的"数模"→"数模组管理"命令，启动数模组管理功能。

单击"保存数模"按钮，保存数模。

利用数模组管理功能可以建立、删除、激活某个数模。

"数模组管理"对话框中各个按钮的功能如下（图7.8）。

"打开数模"按钮将对话框中用户指定的某一数模打开（即激活），并读入到内存中，以便对其进行编辑、显示或进行数模的高程内插应用。

图 7.8 "数模组管理"对话框

"新建数模"按钮的功能与"新数模"菜单项功能基本相同。

"保存数模"按钮用于将对话框中用户指定的某一数模进行保存。

"添加数模"按钮用于将对话框中用户指定的某一数模添加到数模组中。

"删除数模"按钮仅用于将数模组中某一数模项删去，但并不直接将保存到硬盘上的数模文件（*.dtm）删除。

"保存数模组"按钮将用户在同一个项目中建立的若干个数模的信息保存到*.gtm文件（系统中称为数模组文件）中，并自动将*.gtm文件增加到"项目管理器"中。这样用户下次重新打开项目时，便可方便地浏览到上次所建立的各个数模。

7.3 HintCAD 路线平面设计

7.3.1 项目设置

1. 项目管理

第一次开始项目之前，应先新建立项目，确定项目名称、相关文件存储路径等，退出时应该保存项目，下一次继续设计时，可打开此项目文件。

选择菜单中的"项目"→"新建项目"命令，弹出"新建纬地设计项目"对话框（图7.9）；在"新建项目名称"文本框内输入项目名称。

单击"浏览"按钮，指定项目路径以及项目文件名称（一般情况下，不需要输入项目文件名称，系统根据"新建项目名称"自动指定项目文件名称和平面线形文件名称）。

单击"确定"按钮，完成新建项目。

2. 项目设置

（1）坐标显示设置。在 AutoCAD
的绘图区域，一般默认的是数学坐标
系，X 轴表示横坐标，Y 轴表示纵坐标。

在绘图屏幕区移动鼠标，在
AutoCAD 程序界面的左下角状态栏可
看到动态显示的当前鼠标位置的坐标。
公路设计中，平面坐标一般采用大地测
量坐标，即 X 轴为北方向（N），Y 轴为
东方向（E），这与 AutoCAD 的坐标系
相反。在用 AutoCAD 绘制地形图时，
一般已经把 x、y 坐标进行互换，即
AutoCAD 程序界面的左下角状态栏显

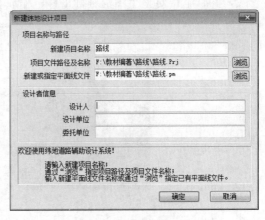

图 7.9　新建项目

示的 x、y 坐标分别表示大地测量的 E、N 方向。为了使显示的坐标与习惯一致，可
以设置平面坐标显示，操作如下。

选择菜单中的"系统"→"坐标显示"→"平面坐标"命令。

AutoCAD 程序界面的左下角状态栏显示鼠标当前位置的大地坐标值（N，E）
和在 AutoCAD 坐标系下的坐标值（x，y），如图 7.10（a）所示。

另外，在进行纵断面拉坡设计时，可以设置显示鼠标当前位置的桩号和高程（图
7.10（b））。

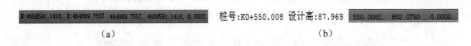

　　　　　　　（a）　　　　　　　　　　　　　　　　　　（b）

图 7.10　坐标显示

选择菜单中的"系统"→"坐标显示"→"纵面坐标"命令，在弹出对话框中
设置即可。

（2）图框表格模板设置。在生成图形和表格之前，应先设置图框中设计单位、
工程名称、比例、日期等，这样就避免了生成好图形表格后繁琐的人工修改工作，
有利于提高设计效率。

一般可以采用 HintCAD 自带的标准图框和表格模板，按照本单位的要求，对图
框、表格模板进行修改并存放在其他位置。通过如下步骤，重新指定图框和表格模
板的加载路径。

选择菜单中的"系统"→"图框表格模板设置"命令，弹出"纬地系统模块设
置"对话框（图 7.11）。

单击需要重新指定图框或表格模板的名称，如"纵断面图框"，出现按钮，单
击该按钮，选择对应的图框文件。

单击"确定"按钮，关闭对话框。

注意：①模板文件名称可以与 HintCAD 自带的标注图框和表格模板文件的名称
相同，也可以自定义；②最好在 HintCAD 自带的标准图框和表格模板的基础上进行

修改，并且不得对整个图框进行平移、缩放和旋转操作。

图 7.11　图框表格模板设置

7.3.2　路线平面定线

HintCAD 软件支持两种平面定线方法，即曲线形定线方法和直线形（交点法）定线方法。前者主要用于互通式立体交叉的平面线位设计，而后者主要用于公路主线的平面线位设计。两种方法可根据情况分别采用，且两者数据文件格式可以相互转化。

1. "主线平面线形设计"对话框界面

选择菜单中的"设计"→"主线平面设计"命令，弹出"主线平面线形设计"对话框（图 7.12）。

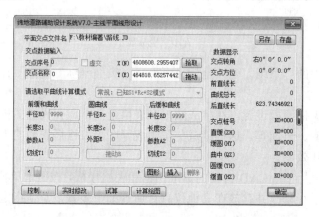

图 7.12　"主线平面线形设计"对话框

路线平面设计的主要过程都在此对话框上完成，下面简要介绍这个对话框各个部分的功能和应用。

（1）"存盘"和"另存"按钮。这两个按钮将平面交点数据保存到指定的文件中。使用时将会弹出询问对话框，询问是否将交点数据转换为平面曲线数据，一般单击"是"按钮即可。

说明：平面曲线数据是 HintCAD 的核心平面线形数据文件格式，用曲线形定线方法时，只支持此格式的平面线形数据文件。交点数据文件保存每个交点的有关数据，输出直线、曲线及转角表时必须要有交点数据文件。交点数据和平面曲线数据两种格式的数据文件可以选择"数据"→"主线平面设计"菜单命令的转换工具进行相互转换。

（2）"交点序号""交点名称"。

1）"交点序号"显示的是软件对交点的自动编号，起点为 0，依次增加。

2）"交点名称"编辑框中显示或输入当前交点的名称。交点名称自动编排，一般默认为交点的序号，可以改成其他的任何名称，如起点改为 BP，终点改为 EP。在调整路线时，如果在路线中间插入或删除交点，系统默认增减交点以后的交点名称是不改变的。

（3）"X（N）""Y（E）"编辑框。输入或显示当前交点的坐标数值。

（4）"拾取""拖动"按钮。

1）"拾取"可以从地形图上直接选取交点坐标。

2）"拖动"可以实现交点位置的实时拖（移）动修改功能。

（5）"请选取平曲线计算模式"列表。根据交点曲线的组合类型和曲线控制，选择当前交点的计算方式和各种曲线组合的切线长度反算方式，也可根据不同的需要选择合适的计算或反算方式（图 7.13）。

（6）"前缓和曲线""圆曲线""后缓和曲线"编辑框。

1）"前缓和曲线""圆曲线""后缓和曲线"编辑框用来显示和编辑修改当前交点的曲线参数及组合控制参数。

2）"半径 RO""长度 S1""参数 A1"分别显示和控制当前交点的前部缓和曲线起点曲率半径、长度和参数值；"切线 T1"控制当前交点的第一切线长度。

3）"半径 Rc""长度 Sc""外距 E"分别显示和控制当前交点圆曲线的半径、长度和外距。

4）"半径 RD""长度 S2""参数 A2"分别显示和控制当前交点的后部缓和曲线的终点曲率半径、长度和参数值；"切线 T2"控制当前交点的第二切线长度。

这些编辑框根据选择的计算或反算方式的不同而处于不同的显示状态。半径输入"9999"表示无穷大。

（7）"拖动 R"按钮。该按钮可以实现通过鼠标实时拖动修改圆曲线半径大小的功能。拖动过程中，按键盘上的"S"或"L"键来控制拖动步距。

（8）"插入""删除"按钮。

1）"插入"用来在当前交点位置之后插入一个交点。

2）"删除"用来删除当前的交点。

（9）"控制…"按钮。单击"控制…"按钮，弹出图 7.14 所示的"主线设计控制参数设置"对话框。该对话框主要控制平面线形的起始桩号和绘制平面图时的标注位置、字体高度等。根据图形的比例来设置字体的高度。

（10）"实时修改"按钮。用动态拖动的方式修改当前交点的位置和平曲线设计参数。

（11）"试算"按钮。计算包括本交点在内的所有交点的曲线组合，并将本交点数据显示于对话框右侧的"数据显示"内。

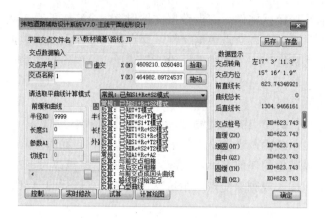

图 7.13　平曲线计算模式　　　　　　图 7.14　主线设计参数控制

（12）"计算绘图"按钮。计算并在当前图形屏幕上显示所有交点曲线线形。

（13）"确定"按钮。"确定"按钮用于关闭对话框，并记忆当前输入数据和各种计算状态。但是所有的记忆都在计算机内存中进行，如果需要将数据永久保存到数据文件，必须单击"另存"或"存盘"按钮来保存。

2. 输入交点坐标

选择菜单中的"设计"→"主线平面设计"命令，弹出"主线平面线形设计"对话框。

单击对话框上的"拾取"按钮，从图中选择路线起点位置，获得路线起点的坐标，并显示在对话框上（图 7.15），也可以在键盘上直接输入起点的坐标。

单击对话框上的"插入"按钮，从图中选择（或者键盘输入）路线其他交点的坐标（图 7.16），可以连续选择多个交点的位置，也可以只选择一个交点的位置，按 Esc 键退出交点位置的选择，返回主线平面设计对话框。

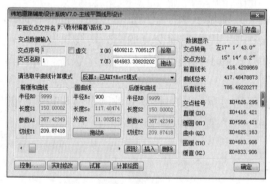

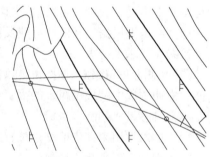

图 7.15　主线平面设计对话框　　　　　图 7.16　路线交点

3. 设置交点平曲线参数

选择菜单中的"设计"→"主线平面设计"命令，弹出"主线平面线形设计"对话框。

（1）拖动横向滚动条控制向前和向后移动，选择需要设置平曲线参数的交点。

（2）单击"请选取平曲线计算模式"右侧的 按钮，根据曲线类型选择相应的计算或者反算模式（具体的曲线组合及其计算另作详细介绍）。

（3）根据计算模式输入相应的设计参数或者采用"拖动 R"或者采用"实时修改"的方式获得平曲线设计参数。

（4）单击对话框上的"计算绘图"按钮，计算并显示平面线形。

（5）单击对话框上的"存盘"按钮，保存交点数据。

4. 单击对话框上的"确定"按钮关闭对话框

当路平面位置不合适时，需要对路线平面线形进行调整修改。对于交点法而言，调整修改路线平面线形主要有以下几个方面。

（1）调整交点。在进行路线交点调整时，可以重新拾取或实时拖动交点的位置、增加交点或删除交点。

1）移动交点位置的操作如下：

a. 滚动横向滑动条，选择要移动的交点。

b. 单击"主线平面线形设计"对话框上的"拾取"按钮（或者单击"拖动"按钮）。

c. 根据命令行提示，从图中选取新的交点位置或输入新的交点坐标。

2）实时"拖动"交点调整路线的操作如下：

a. 单击"主线平面设计"对话框上的"实时修改"按钮。

b. 据命令行提示，选取图中需要修改的交点，可选择沿"前边（Q）""后边（H）""自由（Z）"3 种方式拖动该交点，随着鼠标的移动，图中线形会实时刷新，同时屏幕左上角动态实时显示当前交点位置的相关平曲线参数。

c. 合适位置单击鼠标左键以确定交点位置，来完成该交点的调整。

3）增加交点的操作如下：

a. 滚动横向滑动条，选择要增加交点位置的前一个交点。

b. 单击"主线平面线形设计"对话框上的"插入"按钮。

c. 根据命令行提示，从图中选取新的交选位置或输入新的交点坐标。

4）删除交点的操作如下：

a. 滚动横向滑动条，选择要删除的交点。

b. 单击"主线平面线形设计"对话框上的"删除"按钮。

（2）修改曲线参数。在"主线平面线形设计"对话框中调整曲线的有关参数，如半径、缓和曲线长度等。

（3）修改曲线组合。根据曲线间的直线长度、曲线位置、曲线组合的修改要求来调整两个曲线之间的组合形式。操作时，选择 HintCAD 提供的 14 种平曲线计算和反算模式来完成曲线组合设计修改。

5. 外业平面数据的导入

对于一次定测的外业测设得到的平面数据，可根据不同的测量方式选择不同的导入方式，完成在 HintCAD 中的平面线形设计。

（1）平面数据导入。如果在外业平面设计中，采用的是经纬仪测角量距方法进行的路线测设，可在"平面数据导入/导出"对话框中输入每个交点的转角、半径、交点间距（或交点桩号）等数据。数据输入完成并存盘后，单击"导入为交点数据"按钮，保存为平面交点数据文件（*.jd）。将其添加到项目管理器后，打开"主线平面线形设计"对话框进行平面线形的计算绘图。

（2）平面交点导入。如果外业测量是采用全站仪直接测量的交点坐标，可以使用"平面交点导入/导出"功能，在该对话框中输入每一个交点的坐标、半径及缓和曲线长度等数据，然后存盘得到平面交点文件。将其添加到项目管理器后，打开"主线平面设计"对话框进行了平面线形的计算绘图。

7.3.3 平面线形组合设计

HintCAD 软件的平面设计考虑了用交点法设计时可能出现的各种组合情况，为了解决山区公路复杂的平面线形组合设计，提供了灵活、方便的计算机辅助工具：交点设置好后，可以根据交点的具体情况就每一个交点选择合适的计算方式，一个交点计算完成，滚动横向滑动条，选择下一个交点，选择另一合适的计算方式，直至所有交点计算完成。下面具体介绍每种组合设计的方法和操作步骤。

1. 单曲线

当路线既不受前后曲线的限制，也不受地形地物控制，或在路线初步布设，给每个交点敷设曲线时可采用该种模式。在这种模式下，可以设置对称单曲线或非对称单曲线。单曲线设计的要素一般有第一缓和曲线长度 Ls1（或参数 A1）、圆曲线半径 Rc、第二缓和曲线长度 Ls2（或参数 A2）；曲线控制要素主要有第一切线长度 T1、外距 E、第二切线长度 T2。曲线计算或者组合设计就是在已知上述设计和控制要素中的几个，计算或反算其他要素。

下面逐一进行介绍。

打开项目，并选择"设计"→"主线平面线形设计"菜单命令。

（1）已知 Ls1、Rc、Ls2，计算曲线的其他要素。

1）滚动横向滑动条，选择交点 1。

2）单击 ▾ 按钮，选择"常规：已知 S1+Rc+S2 模式"选项，分别输入图 7.17所示的数据。

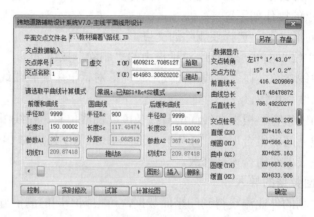

图 7.17 计算模式

3）单击"计算绘图"按钮，计算显示当前平曲线的所有要素。

（2）已知 T1=T2、Rc，反算 Ls1、Ls2（Lsl=Ls2）。

1）滚动横向滑动条，选择交点 3。

2）单击 ▾ 按钮，选择"反算：已知 T+Rc+T 模式"选项，输入图 7.18所示的数据。

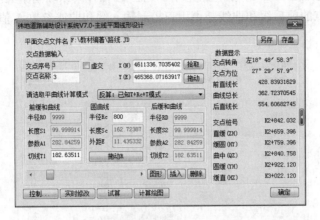

图 7.18　反算模式一

3）单击"计算绘图"按钮，计算显示当前平曲线的所有要素。

当程序通过试算后发现缓和曲线的长度太小（小于 10.0）或太大（大于 1000.0）时，会出现警告性的提示。

（3）已知 Ls1、Ls2、路线上某一点，反算 Rc。

1）滚动横向滑动条，选择交点 4。

2）单击 ▼ 按钮，选择"反算：路线穿过给定点"选项。

3）根据提示，用鼠标在屏幕上拾取曲线需穿过的某一点，或者在命令行输入给定点的坐标。

4）单击"计算绘图"按钮，计算显示当前平曲线的所有要素。

单曲线的其他反算方法和模式的操作方法与上述 3 种基本相同。

（4）计算模式 T1+Rc+S2。此方式下交点的曲线组合为非对称的曲线组合方式，即中间设置圆曲线，两端设置不同参数的缓和曲线。用户输入第一切线长度（T1）、圆曲线的半径（Rc）以及第二段缓和曲线的长度（S2）等数据，由软件反算得到其他数据。

（5）计算模式 T1+S1+Rc。此方式下交点的曲线组合为非对称的基本曲线组合方式，即中间设置圆曲线，两端设置不同参数的缓和曲线。用户输入前部切线长度（T1）、前部缓和曲线的长度（S1）以及圆曲线的半径（Rc）等数据，由软件反算得到其他数据。

（6）计算模式 S1+Rc+T2。此方式下交点的曲线组合为非对称的基本曲线组合方式，即中间设置圆曲线，两端设置不同参数的缓和曲线。用户输入前部缓和曲线的长度（S1）、圆曲线的半径（Rc）以及后部切线长度（T2）等数据，由软件反算得到其他数据。

（7）计算模式 Rc+S2+T2。此方式下交点的曲线组合为非对称的基本曲线组合方式，即中间设置圆曲线，两端设置不同参数的缓和曲线。用户输入圆曲线的半径（Rc）、后部缓和曲线的长度（S2）以及后部切线长度（T2）等数据，由软件反算得到其他数据。

（8）计算模式 A1+Rc+A2。此方式是为照顾部分设计单位在路线设计中，使用参数 A 控制（而不是长度 S）缓和曲线的习惯而增加的，其原理基本类同（S1+Rc+S2）模式，只是交点的前后缓和曲线是由用户控制输入缓和曲线参数 A 值，而不是长度值（图 7.19）。

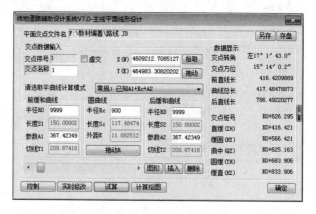

图 7.19　反算模式二

2. S 形曲线

两个反向圆曲线用两段反向缓和曲线直接连接所构成的组合形式为 S 形曲线。在这种情况下，一般先设计好一个曲线的相关参数，然后根据交点间距、一个曲线的切线长度，并给定第二曲线的缓和曲线长度，反算第二曲线的圆曲线半径。

（1）以图 7.17 确定交点 1 的相关参数，滚动横向滑动条，选择交点 2。

（2）输入交点 2 的两侧缓和曲线长度（图 7.20）。

（3）单击 ▼ 按钮，选择"反算：与前交点相接"选项。

（4）单击"计算绘图"按钮，反算当前平曲线的圆曲线半径和所有要素（图 7.21）。当无法反算时，软件会给出无法反算的原因提示。

注意：当与后一曲线构成 S 形曲线时，选择"反算：与后交点相接"选项；构成 S 形曲线的两个曲线不一定都是单线，也不一定是对称的曲线。

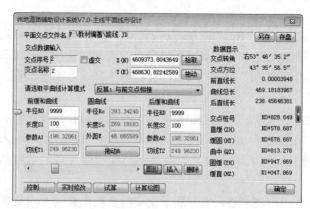

图 7.20　反算 S 曲线第二曲线半径

3. 复曲线

复曲线是两个同向的圆曲线直接连接的组合形式。

（1）滚动横向滑动条，选择交点 4。

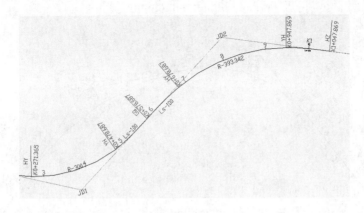

图 7.21　S 曲线

（2）设置交点 4 的曲线要素，交点 4 的后缓和曲线长度应输入"0"（图 7.22（a））。

（3）滚动横向滑动条，选择交点 5。

（4）输入交点 5 的第二缓和曲线长度，交点 5 的前缓和曲线长度为 0（图 7.22（b））。

（5）单击 ▼ 按钮，选择"反算：与前交点相接"选项。

（6）单击"计算绘图"按钮，反算当前平曲线的圆曲线半径和所有要素（图 7.22（c））。

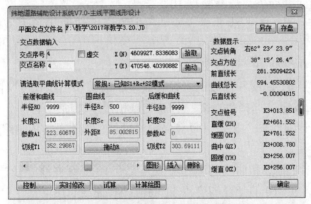

（a）设置复曲线第一曲线参数

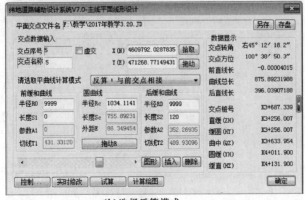

（b）选择反算模式

图 7.22（一）　反算复曲线第二曲线半径

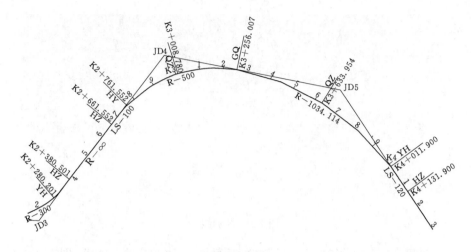

（c）复曲线

图 7.22（二）　反算复曲线第二曲线半径

当无法反算时，软件会给出无法反算原因提示。

4. 卵形曲线

卵形曲线是指两个同向的圆曲线间用缓和曲线连接的组合形式。

（1）滚动横向滑动条，选择交点 10。

（2）设置交点 10 的曲线要素，交点 10 的后缓和曲线长度应输入"0"（图 7.23（a））。

（3）滚动横向滑动条，选择交点 11。

（4）输入交点 11 前缓和曲线的半径和长度、后缓和曲线长度（图 7.23（b））。

（5）单击 ▼ 按钮，选择"反算：与前交点相接"选项。

（6）单击"计算绘图"按钮，反算当前平曲线的圆曲线半径和所有要素，见图 7.23（c）。

注意：交点 11 前缓和曲线的半径值应为交点 10 的圆曲线半径；当不能完成反算时，需要调整交点 10 的半径和交点 11 的前缓和曲线长度。

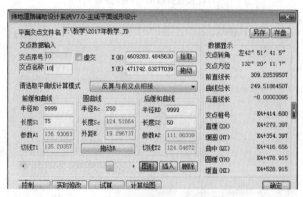

（a）设置卵形曲线第一曲线参数

图 7.23（一）　反算卵形曲线第二曲线半径

（b）选择反算模式

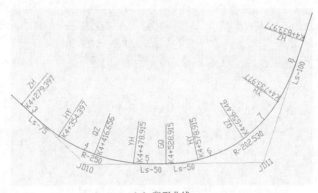

（c）卵形曲线

图 7.23（二）　反算卵形曲线第二曲线半径

5. 回头曲线

（1）如拟在交点 8 和交点 9 间设置回头曲线，则滚动横向滑动条，选择交点 8；输入交点 8 的前缓和曲线长度，后缓和曲线长度应输入"0"（图 7.24（a））。

（2）滚动横向滑动条，选择交点 9。

（3）输入交点 9 后缓和曲线长度（图 7.24（b））。

（4）单击 ▼ 按钮，选择"反算：与前交点成回头曲线"选项。

（5）单击"计算绘图"按钮，反算当前平曲线的圆曲线半径（图 7.24（c））。

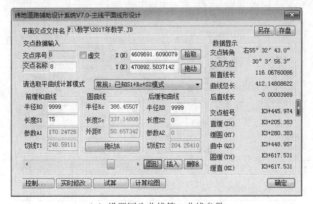

（a）设置回头曲线第一曲线参数

图 7.24（一）　反算回头曲线半径

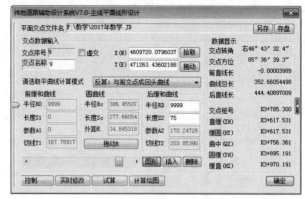

（b）选择反算模式

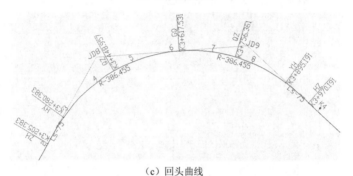

（c）回头曲线

图 7.24（二） 反算回头曲线半径

6. 虚交点曲线

利用交点法实地定线测量时，由于地形的限制，对于交点转角较大、交点过远或交点落空的情况，往往采用虚交点法来进行平面线形的设计。HintCAD 中虚交点曲线的具体设计方法如下。

（1）如图 7.25（c）所示，有交点 2、交点 3（图中 JD3-1～JD3-3）、交点 4，如图 7.25（a）所示，滚动横向滑动条，选择交点 3。

（2）选中"虚交"复选框，单击其下方出现的"虚交设置"按钮，弹出图 7.25（b）所示"虚交设置"对话框。

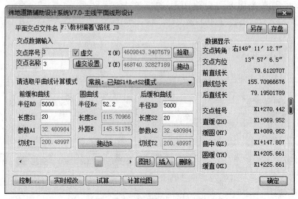

（a）设置虚交点参数

图 7.25（一） 虚交点曲线半径

（b）"虚交设置"对话框　　　　　（c）用虚交点设置回头曲线

图 7.25（二）　虚交点曲线半径

（3）单击对话框中"虚交点 0"表格，使其处于激活状态，单击"插入"按钮，则会增加一个虚交点，输入各个虚交点的名称和坐标（或单击"拾取"按钮在屏幕图形中拾取坐标），如插入虚交点 1，并单击"拾取"按钮在屏幕中拾取图 7.25（c）中的 JD3-2 点，再插入虚交点 2，并单击"拾取"按钮在屏幕中拾取图 7.25（c）中的 JD3-3 点；单击"完成"按钮，回到交点 1 参数设置对话框，输入参数。

（4）单击"计算绘图"按钮，计算当前平曲线的所有曲线要素。

注意：所有虚交点只能算一个交点，第一个虚交点的坐标可以由对话框上的"拾取"按钮输入，其余均用"虚交设置"对话框输入，前面所述反算模式均适用于虚交点，虚交点可用于设置回头曲线。

7.4　设计向导及控制参数

7.4.1　设计向导

在平面定线完成后，在其他设计开始前，应使用 HintCAD 的"设计向导"进行设置其他设计标准和参数。通过设计向导，软件根据项目的等级和标准自动设置超高与加宽过渡区间以及相关数值，设置填挖方边坡、边沟排水沟等设计控制参数。因此部分参数设计较简单，不再图示。

选择菜单中的"项目"→"设计向导"命令，弹出"纬地设计向导（第一步）"对话框。

（1）设置本项目设计起、终点范围。

（2）设置项目标识、选择桩号数据精度。

（3）单击"下一步"按钮，弹出"纬地设计向导（分段 1 第一步）"对话框。

注意：项目标识为项目桩号前的标识，如输入"A"，则所有图表的桩号前均冠以字母"A"。

（4）在"纬地设计向导（分段 1 第一步）"对话框中输入项目第一段的分段终点桩号，软件默认为平面设计的终点桩号。如果设计项目分段采用不同的公路等级和设计标准，可逐段输入每个分段终点桩号并分别进行设置。本实例项目不分段，即只有一个项目分段，则不修改此桩号。

（5）选择"公路等级"。

（6）选择"设计车速"。

（7）单击"下一步"按钮，弹出"纬地设计向导（分段 1 第二步）"对话框。

（8）在"纬地设计向导（分段 1 第二步）"对话框中选择断面类型（即车道数）；选择或者输入路幅宽度数据；对于城市道路，可在原公路断面的两侧设置左右侧附加板块。

（9）为路幅每个组成部分设置详细数据，包括宽度、坡度、高出路面的高度；设置完成后，单击"检查"按钮来检查设置是否正确。

（10）单击"下一步"按钮，弹出"纬地设计向导（分段 1 第三步）"对话框（图 7.26）。

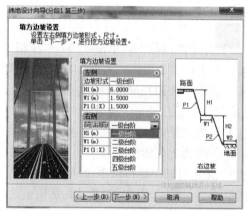

图 7.26　分段 1 第三步

注意：左侧行车道宽度包含左侧路缘带宽度，不包含右侧路缘带；路槽深度指路幅各个部分的路面厚度，设置该值是为计算路基土石方时考虑路面厚度的影响。

（11）在"纬地设计向导（分段 1 第三步）"对话框中设置项目典型填方边坡的控制参数，根据需要设置填方任意多级边坡台阶参数。

（12）单击"下一步"按钮，弹出"纬地设计向导（分段 1 第四步）"对话框。

（13）在该对话框中设置项目典型挖方边坡的控制参数，根据需要设置挖方任意多级边坡台阶参数。

（14）单击"下一步"按钮，弹出"纬地设计向导（分段 1 第五步）"对话框。

（15）在"纬地设计向导（分段 1 第五步）"对话框中设置项目路基两侧典型边沟的尺寸。

（16）单击"下一步"按钮，弹出"纬地设计向导（分段 1 第六步）"对话框，进入项目分段设置第六步；在"纬地设计向导（分段 1 第六步）"对话框中设置项目路基两侧典型排水沟的尺寸。

（17）单击"下一步"按钮，弹出"纬地设计向导（分段 1 第七步）"对话框，进入项目设置第七步（图 7.27）。

（18）在"纬地设计向导（分段 1 第七步）"对话框中设置路基设计采用的超高和加宽类型、超高旋转方式、超高渐变方式及外侧土路肩超高方式、曲线加宽类型、加宽位置、加宽渐变方式项。

1）常用超高方式。无中间带公路常

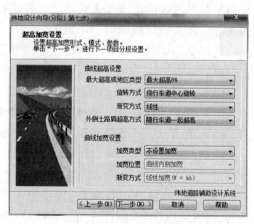

图 7.27　分段 1 第七步加宽超高设置

用绕行车道中心旋转和绕未加宽未超高的内侧路面边缘旋转。前者适用于旧路改建，后者适用于新建公路。有中间带公路常用绕中央分隔带边缘旋转和绕各自行车道中心线旋转。第一种方法适用于各种宽度的有中间带的公路，第二种方法适用于车道数大于 4 的公路或分离式断面的公路。

2）曲线加宽类型。二级公路、三级公路、四级公路的圆曲线半径小于或等于 250m 时，应设置加宽；二级以及设计车速为 40km/h 的三级公路有集装箱半挂车通行时，圆曲线加宽类别应采用第 3 类加宽值；不经常通行集装箱半挂车时，可采用第 2 类加宽值；四级公路和设计车速为 30km/h 的三级公路可采用第 1 类加宽值。

（19）在"纬地设计向导（最后一步）"对话框中单击"自动计算超高加宽"按钮，系统根据前面所有项目分段的设置，结合项目的平面线形文件，计算每个曲线的超高和加宽过渡段。

（20）单击"下一步"按钮，弹出"纬地设计向导（结束）"对话框。

（21）在"纬地设计向导（结束）"对话框中可以修改输出的 4 个设置文件名称；设置桩号文件中输出的桩号序列间距。

（22）单击"完成"按钮，完成项目的有关设置。

最后系统生成路幅宽度文件（*.wid）、超高设置文件（*.sup）、设计参数控制文件（*.ctr）和桩号序列文件（*.sta），并将这 4 个数据文件添加到纬地项目管理器中。

说明：由设计向导自动生成的设置超高与加宽过渡区间、填挖方边坡、边沟排水沟等设计控制参数只是项目典型参数，并不能完全满足设计的需要，用户需要根据项目的实际情况，在控制参数输入或纬地数据编辑器中对有关设置参数进行分段设置或添加、删除等修改。

7.4.2 项目管理器

项目管理器用来管理某个工程设计项目的所有数据文件及与项目相关的其他属性（如项目名称、公路等级、超高加宽方式、断链设置等），以高效管理工具。必须注意：只有项目管理器中正确包含了设计所需要的数据文件，并正确设置了项目属性，才能完成项目的设计计算，正确地生成图形和表格。

1. 项目管理器中包含的文件

一个完整的公路设计项目，项目管理器中一般需要包含设计数据文件、设计参数文件、外业基础数据文件、中间成果数据文件 4 种类型的数据文件。

（1）设计数据文件。具体包括以下文件：

1）平曲线数据文件（*.pm）。

2）平面交点数据文件（*.jd）。

3）纵断面设计文件（*.zdm）。

（2）设计参数文件。具体包括以下文件：

1）超高渐变数据文件（*.sup）。

2）路幅宽度数据文件（*.wid）。

3）桩号序列数据文件（*.sta）。

4）设计参数控制文件（*.ctr）。

5）左边沟纵坡文件（*.zbg，该文件可以不需要）。

6）右边沟纵坡文件（*.ybg，该文件可以不需要）。

7）挡土墙设计文件（*.dq，设置了挡土墙的情况下需要）。

（3）外业基础数据文件。具体包括以下文件：

1）纵断面地面线文件（*.dmx）。

2）横断面地面线文件（*.hdm）。

3）三维数模组文件（*.gtm，有数字地面模型，且需要内插纵断面和横断面地面线数据时才需要）。

4）路基左边线地面高程（*.zmx，该文件在进行沟底纵坡设计时需要）。

5）路基右边线地面高程（*.ymx，该文件在进行沟底纵坡设计时需要）。

（4）中间成果数据文件。具体包括以下文件：

1）路基设计中间数据文件（*.lj）。

2）土石方中间数据（*.tf）。

3）横断面三维数据文件（*.3dr，该文件在绘制总体布置图或输出路线三维模型时需要）。

2. 在项目管理器中添加数据文件

有些数据文件在用户设计中或者使用 HintCAD 专用数据录入工具输入后，软件会自动将其添加到项目管理器中，有些数据文件则需要用户自已添加到项目管理器中。用户也可以重新指定某些数据文件到项目管理器中。向项目管理器中添加数据文件的步骤如下：

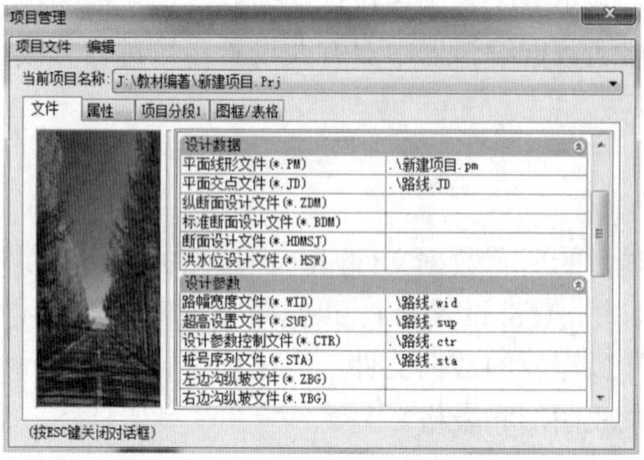

图 7.28　"项目管理"管理数据文件

（1）选择菜单中的"项目"→"项目管理器"命令，弹出图 7.28 所示"项目管理"对话框。

（2）选取对话框中"文件"选项卡，出现项目中的所有数据文件列表，见图 7.28。

（3）单击列表中要添加或重新指定的数据文件，单击右侧出现的 ▼ 按钮，弹出"文件浏览"下拉列表框。

（4）选择相应的数据文件，完成添加数据文件或重新指定数据文件。

3. 编辑数据文件

编辑数据文件的方法有以下 3 种。

（1）项目管理器中的"编辑"菜单。具体操作步骤如下：

1）单击列表中要编辑的数据文件。

2）选取对话框中的"编辑"菜单，软件以文本格式打开该文件，用户可以进行查看和编辑。

（2）双击文件的类型名称。在文件列表中，直接双击该文件的类型名称，便可进行文件的编辑处理。

（3）使用 HintCAD 数据编辑器。具体操作步骤如下：

1）选择菜单中的"项目"→"数据编辑器"命令，弹出 HintCAD 数据管理编辑器。

2）打开需要编辑的数据文件进行编辑，完后存盘。

（4）使用纬地项目中心。纬地项目中心的使用见后面的相关介绍。

4. 设置项目的属性

在"项目管理"对话框（图 7.29）中可以设置或修改项目名称及路径、公路等级类别、超高旋转方式、加宽渐变方式、断链位置（有断链时）等项目属性。

断链的添加也在属性选项中进行设置，单击"编辑"菜单中的"添加断链""删除断链""前移断链"和"后移断链"等命令，可进行任意多个断链的添加和修改。

图 7.29　设置项目属性

说明：断链的设置宜在进行平面设计时进行，以便系统自动判别后续录入或生成数据文件的断链桩号标识。

7.4.3　纬地项目中心

HintCAD 软件在 V5.6 版本以后增加了"纬地项目中心"的功能，使用该工具可以对设计项目中所有的数据文件进行编辑管理。"纬地项目中心"提供了表格化和图形可视化编辑修改功能，以表格形式进行设计参数输入、修改，同时提供了动态的直观图形显示工具，实时显示数据修改后的图形，该工具提高了项目设置和数据修改的效率。

（1）选择菜单中的"项目"→"纬地项目中心"命令，弹出图 7.30 所示的"纬地项目中心"窗口。

图 7.30　纬地项目中心

（2）选取"纬地项目中心"窗口中的"项目文件"，右侧以表格形式列出了该项目文件的内容，同时下方显示对应的图形。修改完成后需进行存盘。

7.4.4　设计控制参数

1.　控制参数输入和修改界面

HintCAD 的控制参数均保存在控制参数文件（*ctr）中，该文件由 HintCAD 的设计向导产生。控制参数文件的格式比较复杂，一般宜采用软件提供的"控制参数输入"工具（图 7.30）或者"纬地项目中心"输入或修改。

选择菜单中的"数据"→"控制参数输入"命令，弹出"设计参数控制数据文件"对话框，根据需要单击对话框中的选项，在图 7.31 所示的输入框中输入控制数据。

2.　设计控制参数输入

HintCAD 中设计控制参数包含了纵断面绘图中的标注、横断面设计的控制和标注参数等重要的控制数据。

（1）填挖边坡分段数据。填方和挖方边坡坡度及其坡高分段数据用于控制横断面戴帽设计时路基左右两侧的填、挖方边坡的坡度与坡高设计，是横断面设计中重要的控制数据。以右侧挖方边坡为例，说明填挖边坡分段数据的输入。

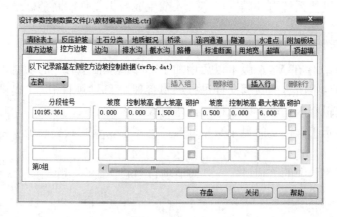

图 7.31　设计控制参数管理

启动"控制参数输入"界面，单击界面中的"挖方边坡"按钮（图 7.31），在"分段桩号"框中输入边坡发生变化的断面，分别填入坡度、控制坡高、最大坡高，选择是否砌护。

一级边坡为一组，通过坡度、控制坡高、最大坡高来控制，有多少级边坡（或碎落台或护坡道）就有多少组。图 7.31 中的边坡（实线）共有 4 组。

"坡度"为 1:m 的形式，只输入 m 值，且有正、负之分。正值表示坡度方向向上，负值表示坡度向下；当坡度为 0 时，表示从中央水平向外（即碎落台或护坡道，此时最大坡高表示碎落台或护坡道的宽度）；坡度为 9999 和−9999 时，表示垂直向上和向下。

"最大坡高"是指该级边坡的最大高度。当边坡高度大于第一级边坡的最大坡高时，开始设置第二级边坡。如果第二级边坡中的控制坡高是非零的一个坡高值，软件根据这个控制坡高值继续按第一级坡度试放坡，然后判断第一级边坡的最大坡高，增加了控制坡高后能否与地面线相交：如果相交，则第一级边坡就直接交于地面线；

如果不能相交，则在第一级边坡的最大坡高处开始进行第二级边坡的绘制。当第二级边坡的高度大于最大坡高时，需考虑第三级边坡的控制坡高设置，依此类推。在图 7.32（a）中，第三组的控制坡高为 0；在图 7.32（b）中，第三组的控制坡高为 1.5m。

注意：前一个"分段桩号"至当前"分段桩号"间的边坡按当前的边坡设置进行横断面设计；第一级边坡中的控制坡高没有实际意义。

（2）排水沟尺寸和分段数据。控制横断面戴帽设计时路基左、右侧排水沟的断面形状、尺寸以及设置段落情况。

（3）边沟尺寸和分段数据。控制横断面戴帽设计时路基左、右侧边沟的断面形状、尺寸以及设置段落。

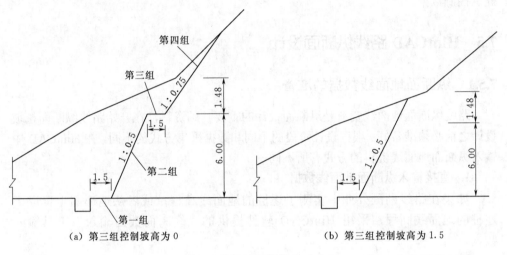

图 7.32　边坡（单位：m）

（4）挖方土石分类分段数据。控制挖方数量中不同的土石分类和分段情况。

（5）桥梁构造物数据。为路线纵断面图、总体布置图和路线三维模型等绘制时提供需要标注的桥涵构造物的数据，同时为土方计算时扣除大中桥的土方提供数据。

（6）涵洞、通道构造物数据。为纵断面图、总体图等绘制时提供需要标注的涵洞、通道构造物的数据。桥梁构造物数据和涵洞、通道等构造物数据所描述的构造物并无严格界限，用户可以根据标注内容需要灵活调整。另外，还可输入分离式立交、天桥以及管道等资料。

（7）路槽厚度及分段数据。控制路基土方数量计算时应扣除路槽面积、厚度及分段的具体情况。

（8）路基标准断面分段数据。控制路基左右侧标准断面的分段变化。

（9）填方路基超宽填筑及分段数。计算路基土石方时，控制填方路基左右侧超宽填筑部分的宽度和分段变化的起止段落。

（10）顶面超厚填筑及分段数据。计算路基土石方时，控制填方路基顶面超厚填筑部分的厚度和分段情况。

（11）填方路基清除表土数据。计算路基土石方数量时，控制填方路基断面清除表层土的宽度和分段情况。

（12）沿线地质概况分段数据。该数据用来描述公路沿线地质概况分段情况，在纵断面绘图时调用。

（13）截水沟尺寸及分段数据。控制挖方横断面坡顶设置截水沟时其尺寸和分段变化数据。

（14）隧道数据。用于描述纵断面图、横断面图、总体图和路线三维模型等绘制时所需标注的隧道数据，土方计算时根据该数据扣除隧道的土石方。

（15）水准点数据。为绘制纵断面图提供需要标注的水准点数据。

（16）附加用地宽度数据。为路基左右侧附加用地宽度的数据，控制用地界碑距挖方坡口（或截水沟外边缘）的水平距离，以及用地界碑距填方坡脚（或排水沟外边缘）的水平距离。为在横断面图中绘出用地界碑和绘制公路用地图及逐桩用地表提供控制数据。

7.5　HintCAD 路线纵断面设计

7.5.1　纵断面地面线数据的准备

路线纵断面地面线资料是纵断面设计的重要基础资料，在开始路线纵断面拉坡设计之前必须准备好。根据设计阶段的不同和数据采集方式的不同，在 HintCAD 中输入纵断面地面线资料的方式有所不同。

1.　直接输入纵断面地面线数据

如果在路线勘测外业中实测了逐桩的地面线高程，或者从地形图上读取了逐桩的地面线高程，采用 HintCAD 软件提供的"纵断面数据输入"工具输入数据。

（1）选择菜单中的"数据"→"纵断面数据输入"命令，弹出图 7.33 所示的"纵断面地面线数据编辑器"。

（2）单击"纵断面地面线数据编辑器"窗口中的"文件"→"设置桩号间距"菜单命令，设定按固定间距自动提示下一个要输入的桩号。

（3）在"纵断面地面线数据编辑器"对应的"桩号"和在"纵断面地面线数据编辑器"对应的"桩号"和"高程"列表里输入桩号和对应的地面高程。

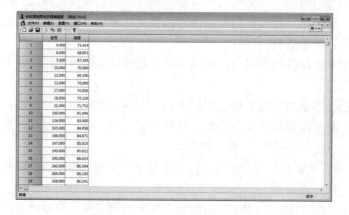

图 7.33　纵断面地面线数据输入

（4）输完所有数据后，在"纵断面地面线数据编辑器"的工具栏上单击"存盘"按钮，系统将地面线数据写入到指定的数据文件中，并自动添加到项目管理器中。

说明：

（1）每输入完一个数据后要按回车键确认输入的数据。输入高程数据后按回车键，软件自动向下增加一行，光标也调至下一行，同时按设定的桩距自动提示桩号。

（2）也可以用写字板、Edit、Word 及 Excel 等文本编辑器输入或修改纵断面地面线数据，但数据的格式为 HintCAD 要求的格式，并且存盘时必须保存为纯文本格式，最后向项目管理器中添加纵断面地面线数据文件。

2. 数字地面模型（DTM）内插纵断面地面线数据

这是快速获得路线纵断面地面线数据的方法，在路线方案优化设计中应用广泛。操作步骤如下。

（1）选择菜单中的"数模"→"数模组管理"命令，弹出"数模组管理"对话框；选择已经建立的数模文件，单击对话框右侧的"打开数模"按钮，打开已经建立的数模。

（2）单击对话框右侧的"关闭"按钮，关闭"数模组管理"对话框。

（3）选择菜单中的"数模"→"数模应用"→"纵断面插值"命令，弹出图 7.34 所示的"从数模内插纵断面地面线"对话框。

（4）输入"桩号范围"，并选择"插值控制"中的选项。

说明："插值控制"中的"路面左边线"和"路面右边线"控制中桩插值时，是否同时内插路基左右侧边线的对应地面高程，这主要为路基横断面设计和支挡构造物设计提供设计参考。只需要路线中线纵断面地面线时，不选中"路面左边线"和"路面右边线"复选框，一般应该选中"包含地形变化点"复选框。

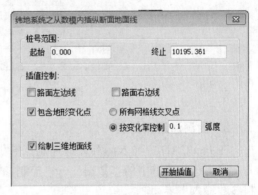

图 7.34　内插纵断面地面线

（5）单击"开始插值"按钮，弹出"请指定纵断面地面线文件名称"对话框，输入文件名（*.dmx）后系统开始进行插值计算。

说明："桩号范围"的默认值为路线的总长度，需根据当前数模的边界范围重新输入插值的起终点桩号范围；否则有些桩无法内插地面高程。如果项目中已存在该文件，软件会提示是否覆盖原地面线文件。

7.5.2　纵断面控制点数据

纵断面控制点是指影响路线纵坡设计的高程控制点，在纵断面设计之前应该输入控制点的数据，以便在纵断面纵坡设计时显示在图形中，为设计提供参考。在 HintCAD 中可以输入以下高程控制点。

1. 桥梁控制点

桥梁控制点包括与主线相交的其他道路、铁路、河流等需要控制的高程。当主线上跨时，设计线应该在这类控制高程之上，以保证被交线有足够的净空高度；当主线下穿时，设计线应该在控制高程之下，以保证主线有足够的净空高度。在HintCAD 中输入桥梁控制点的步骤如下。

（1）选择菜单中的"数据"→"控制参数输入"命令，弹出图 7.35 所示的"控制参数输入"对话框。

（2）单击对话框中的"桥梁"按钮。

（3）单击"插入"按钮，添加新的桥梁，并输入该桥梁的详细数据。

说明："标注桩号"是桥梁的中心桩号；"角度"为桥梁与被交线或河流的交角；"控制标高"指桥面的控制高程；"控制类型"是指路线纵坡在控制高程以上或以下。"跨径分布"填写格式为数字格式，如"50+3×70+50m"。

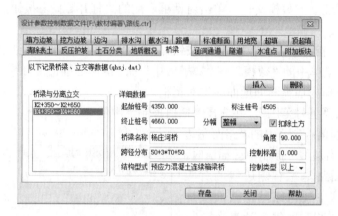

图 7.35　输入桥梁控制参数

2. 涵洞通道控制点

在 HintCAD 中输入涵洞通道控制点的步骤如下：

（1）选择菜单中的"数据"→"控制参数输入"命令，弹出图 7.36 所示的"控制参数输入"界面。

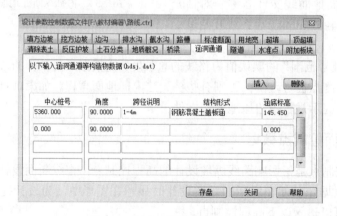

图 7.36　输入涵洞通道控制参数

（2）单击对话框中的"涵洞通道"选项。

（3）单击"插入"按钮，添加新的涵洞通道，并输入该涵洞通道的详细数据。

说明："角度"为涵洞通道与被交线或沟渠的交角；"涵底高程"指涵洞通道底高程。

3. 其他高程控制

其他高程控制如沿线洪水和地下水水位控制高程、特殊条件下路基控制高程等数据无法用 HintCAD 输入，需要设计人员根据控制的里程和高程在 AutoCAD 图形中手工标注出来，为设计提供参考。

说明：其他高程控制点可以在桥梁控制参数数据中输入，输入时桩号为控制点的桩号，"桥梁名称"输入为控制点的名称，"跨径分布"和"结构形式"输入一个空格；"控制高程"输入控制点的控制高程，选择合适的"控制类型"。最后输出图形和表格时，应删除这些数据。

7.5.3　交互式纵断面设计与修改

1. 纵断面设计对话框

路线纵断面设计对话框是纵断面拉坡设计的一个重要的对话框，纵断面设计的主要过程全部在此对话框中完成，下面介绍其各部分功能和应用。

选择菜单中的"设计"→"纵断面设计"命令，弹出图 7.37 所示的"纵断面设计"对话框。

此对话框启动后，如果项目中存在纵断面设计数据文件（*.zdm），软件将自动读入纵断面变坡点数据，并进行计算和显示相关信息。

（1）"纵断面数据文件"编辑框。用来输入纵断面变坡点的数据文件路径和名称，一般情况下不需要在此输入任何信息，软件根据项目的设置自动显示数据文件的名称。

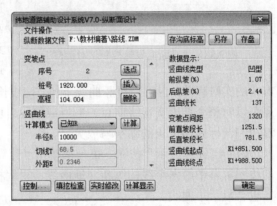

图 7.37　"纵断面设计"对话框

（2）"存盘"和"另存"按钮。将修改后变坡点及竖曲线的数据保存到数据文件中。

（3）"桩号"文本框。输入当前变坡点的里程桩号。

（4）凹显"高程"按钮及编辑框。凹显"高程"按钮右侧的编辑框用来直接输入当前变坡点的设计高程。为了使路线纵坡的坡度在设计和施工中便于计算和掌握，软件支持在对话框中直接输入坡度值。鼠标单击凹显高程按钮，右侧数据框中的变坡点高程值会转换为前（或后）纵坡度，并可输入该变坡点前后纵坡坡度值。

（5）"选点"按钮。用于在屏幕上直接拾取当前需要设计的变坡点的位置。

（6）"插入"和"删除"按钮。"插入"按钮用于通过鼠标选取的方式在屏幕上直接插入（增加）一个变坡点，并且直接从屏幕上获取该变坡点的数据。"删除"按钮用于删除在屏幕上通过鼠标选取需要删除的变坡点。

（7）"计算模式"下拉列表。"计算模式"包含 5 种竖曲线的计算模式，即常规的"已知 R"（竖曲线半径）控制模式、"已知 T"（切线长度）控制模式、"已知 E"（竖曲线外距）控制模式、与前竖曲线相接、与后竖曲线相接等。

（8）"计算"按钮。当用户选择好"计算模式"并输入相应的数据后，单击"计算"按钮完成竖曲线的计算，并将计算结果显示在右侧的"数据显示"中。

（9）"竖曲线半径""曲线切线""曲线外距"文本框。根据不同的"计算模式"，对话框中的"竖曲线半径""曲线切线""曲线外距"3 个文本框呈现不同的状态，亮显时为可编辑修改状态；否则仅为显示状态。

（10）"控制"按钮。用来控制在纵断面拉坡图中的绘图选项及显示参考等。单击"控制"按钮后，将出现图 7.38 所示的对话框。

图 7.38　"纵断面设计控制"对话框

（11）"填挖检查"按钮。实时显示当前鼠标位置所在桩号处的填挖高度、设计高程、地面高程以及坡度。设计时，使用该功能可查看填挖高度。

（12）"实时修改"按钮。为用户进行交互式纵断面设计提供了一个高效的设计工具，利用"实时修改"功能，可以对变坡点的位置进行沿前坡、后坡、水平、垂直、自由拖动等方式的实时移动，也可以对竖曲线半径、切线长及外距进行控制性动态拖动。另外，还可以对整个坡段实现绕前点、后点或整段自由拖动的实时修改。其中，"S""L"键控制鼠标拖动步长的缩小与放大。

（13）"计算显示"按钮。第一次单击"计算显示"按钮时，程序将在 AutoCAD 的绘图屏幕中绘出全线的纵断面地面线、里程桩号和平曲线变化，同时绘图屏幕下方也会显示平曲线。

"计算显示"按钮用于重新计算所有变坡点数据，将计算后的结果显示在对话框中，同时刷新拉坡图中的纵断面设计线（图 7.39）。

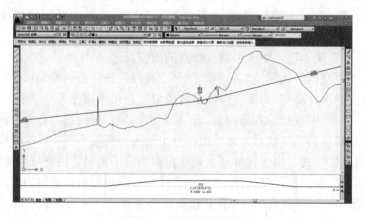

图 7.39　纵断面设计图

在拉坡设计过程中，系统在 AutoCAD 的图形屏幕左上角会出现一个动态数据显示框，见图 7.40，主要显示变坡点、竖曲线、坡度、坡长的数据变化，随着鼠标的移动，框中数据也随之变动。

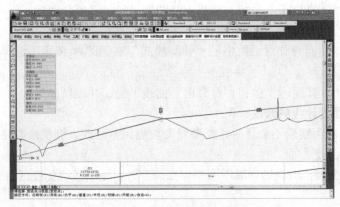

图 7.40 纵断面设计拉坡图

（14）"数据显示"。显示与当前变坡点有关的其他数据信息，以供设计时参考。

（15）"确定"按钮。保存纵断面设计对话框中的数据，并关闭对话框。

2. 设置变坡点

（1）选择菜单中的"设计"→"纵断面设计"命令，弹出纵断面设计对话框（图 7.37）。

（2）输入路线起点桩号和设计高程。

（3）单击纵断面设计对话框中的"插入"按钮，可以连续增加新的变坡点或在两个变坡点之间插入变坡点。根据提示，在屏幕上直接选取变坡点，也可以通过键盘修改变坡点的桩号和高程。

3. 设置竖曲线

通过滚动上下滑动块选择要设置竖曲线的变坡点。HintCAD 提供了 5 种竖曲线的设置模式。

（1）已知竖曲线半径 R。

1）选择纵断面设计对话框"计算模式"右侧的 ▼ 按钮，选择"已知 R"选项。

2）输入竖曲线半径值。

3）单击"计算"按钮，完成竖曲线半径的设置。

（2）已知竖曲线切线长度 T。

1）单击"纵断面设计"对话框中的"计算模式"右侧的 ▼ 按钮，选择"已知 T"选项。

2）输入竖曲线切线长度。

3）单击"计算"按钮，反算出竖曲线半径。

（3）已知竖曲线外距 E。

1）单击"纵断面设计"对话框中的"计算模式"右侧的 ▼ 按钮，选择"已知 E"选项。

2）输入竖曲线外距控制值。

3）单击"计算"按钮，反算出竖曲线半径。

（4）与前一个竖曲线直接衔接。

1）单击"纵断面设计"对话框中的"计算模式"右侧的▼按钮，选择"与前竖曲线连接"选项。

2）单击"计算显示"按钮，反算出竖曲线半径，并刷新图形。

（5）与后一个竖曲线直接衔接。

1）单击纵断面设计对话框中的"计算模式"右侧的▼按钮，选择"与后竖曲线连接"选项。

2）单击"计算显示"按钮，反算出竖曲线半径，并刷新图形。

4. 纵断面设计线的修改

当路线纵断面线形不合适时，需要对变坡点调整修改。调整修改路线纵断面线形主要是以下几个方面。

（1）调整变坡点。在进行纵断面变坡点调整时，可以移动变坡点的位置，增加、删除变坡点。

1）移动变坡点位置。

a．单击"纵断面设计"对话框中的"实时修改"按钮。

b．根据命令行提示，从图中选取需要修改的变坡点（图中变坡点上的小圆圈）。

c．根据命令行提示，选择合适的修改方式，对变坡点进行修改；对坡度线或竖曲线进行实时修改。

d．移动鼠标到合适位置后单击左键确定变坡点新的位置。

说明：纵断面设计的"填挖检查"功能和"实时修改"功能可以交互使用，随着鼠标的移动，图中的变坡点、竖曲线或坡度线会实时计算刷新，同时屏幕左上角参数框动态显示当前变坡点的相关参数。

2）增加变坡点。

a．单击"纵断面设计"对话框中的"插入"按钮。

b．根据命令行提示，从图中选取新增加的变坡点位置（可以连续插入多个变坡点）。

c．按键盘上的 Esc 键返回"纵断面设计"对话框。

3）删除变坡点。

a．单击"纵断面设计"对话框上的"删除"按钮。

b．根据命令行提示，从图中选取需要删除的变坡点（图中变坡点上的小圆圈）。

c．单击"计算显示"按钮，刷新图形。

（2）修改竖曲线参数。在"纵断面设计"对话框中根据计算模式可以编辑修改竖曲线的半径、切线长度或外距（使用实时拖动功能，可进行竖曲线的设置和修改）。

7.6　HintCAD 路线横断面设计

7.6.1　横断面地面线数据的准备

1. 直接输入横断面地面线数据

通过路线勘测外业实测得到的逐桩横断面地面线数据，采用 HintCAD 软件提供的"横断面数据输入"工具输入。

（1）选择菜单中的"数据"→"横断面数据输入"命令，弹出图 7.41 所示的"添加数据桩号提示"对话框。

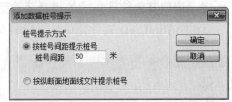

（2）如果已经输入了纵断面地面线数据，则应该选中"按纵断面地面线文件提示桩号"单选按钮，这种提示方式可以避免出现纵、横断面数据不匹配的情况；否则选中"按桩号间距提示桩号"单选按钮，并在"桩号间距"文本框中输入桩距。

图 7.41　"添加数据桩号提示"对话框

（3）单击"添加数据桩号提示"对话框中的"确定"按钮，弹出横断面地面线数据输入工具（图 7.42）。

在图 7.42 所示的横断面地面线输入界面中，每 3 行为一组，分别为桩号、左侧数据、右侧数据。

（4）软件根据所选的桩号提示方式自动提示桩号，在确认或输入桩号后按回车键，光标自动跳至第二行开始输入左侧地面线数据，每组数据包括两项，即平距和高差。左侧输入完毕后，直接按两次回车键，光标便跳至第三行，输入右侧地面线数据，如此循环输入。

	平距1	高差	平距2	高差	平距3	高差	平距4	高差	平距5	高差	平距6	高差
桩号1		0.000										
左侧	1.305	0.109	5.016	0.477	3.960	0.478	4.228	0.522	3.012	0.347	5.397	0.653
右侧	4.920	-0.414	0.779	-2.754	4.625	1.844	0.651	-0.090	0.560	-0.856	4.281	-3.019
桩号2		6.000										
左侧	0.699	1.023	0.319	1.126	0.439	0.037	10.133	0.963	8.003	0.965	0.285	0.035
右侧	2.645	-2.027	5.841	3.176	5.261	-2.648	1.741	-1.227	4.140	1.101	3.486	0.441
桩号3		7.000										
左侧	0.822	3.571	1.003	-0.054	0.563	0.175	0.407	0.044	9.675	0.919	7.602	0.917
右侧	3.160	-0.061	4.994	2.716	6.232	-3.136	1.048	-0.739	2.492	0.663	2.098	0.265
桩号4		10.000										
左侧	3.764	0.101	3.661	1.140	2.648	0.284	5.003	0.475	3.932	0.474	2.686	0.284
右侧	2.745	0.450	1.957	-1.785	2.455	1.335	5.091	-2.562	1.175	-0.235	0.115	0.159
桩号5		11.000										
左侧	1.599	0.810	2.189	0.000	0.613	0.000	0.897	0.112	3.848	1.197	3.393	0.364
右侧	3.933	1.105	1.282	-1.170	1.610	0.875	3.337	-1.680	1.965	-0.392	0.193	0.266
桩号6		12.000										
左侧	3.339	0.000	1.633	0.000	2.393	0.298	3.468	1.080	4.140	0.442	1.891	0.180
右侧	2.501	0.000	2.621	0.140	0.608	-0.555	0.763	0.415	1.582	-0.796	2.755	-0.550
桩号7		17.000										

图 7.42　横断面地面线数据输入

（5）输完数据后，在工具栏上单击"存盘"按钮，将横断面地面线数据写入到指定的数据文件，并自动添加到项目管理器中。

注意：

（1）横断面地面线输入界面里的平距和高差既可以相对于前一地形变化点，也可以相对于中桩。

（2）最终的横断面地面线数据里的平距和高差必须是相对于前一地形变化点。

（3）如果输入时每个地形变化点的平距和高差是相对于中桩的，则输入完成后，必须通过菜单中的"数据"→"横断面地面线"→"相对中桩-相对前点"命令进行转化。

（4）也可以用写字板、Edit、Word 及 Excel 等文本编辑器输入或修改横断面地面线数据，但数据的格式为 HintCAD 要求的格式，并且存盘时必须保存为纯文本格式，最后向项目管理器中添加横断面地面线数据文件。

2. 读取其他软件格式的横断面地面线数据

利用 HintCAD 软件提供的"横断面数据导入"工具可以导入图 7.43 所示的 11 种格式的横断面地面线数据。如果有其他格式的横断面数据格式，还可通过创建或修改 fmt 文件来增加新的文件格式来进行横断面数据的自动转换。fmt 文件是纯文本文件，位于 HintCAD 安装目录的"其他横断面格式"文件夹中。

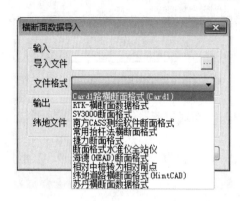

图 7.43　横断面数据导入格式

（1）选择菜单中的"数据"→"横断面数据导入"命令，弹出"横断面数据导入"对话框。

（2）单击该对话框中的"导入文件"右侧的┅按钮，选择输入要导入的其他格式横断面地面线数据。

（3）单击对话框中"文件格式"右侧的▼按钮，选择导入的地面线数据文件的格式。

（4）在对话框中"纬地文件"右侧，选择或输入最终的横断面地面线数据文件名称。

（5）单击对话框中"导入"按钮，完成其他格式横断面地面线数据的输入。

3. 数字地面模型（DTM）内插横断面地面线数据

利用数字地面模型可以快速内插出路线横断面地面线数据，这为山区公路路线方案的优化和比选提供了方便、快捷的支持。

（1）打开数模（步骤与内插纵断面地面线相同）。

（2）选择菜单中的"数模"→"数模应用"→"横断面插值"命令。

（3）弹出图 7.44 所示的"横断面插值"对话框。

（4）选择"插值方式"，一般选择所有地形变化点。

（5）输入"两侧宽度"，确定内插左右两侧横断面地面线的宽度范围。

（6）设定"输出格式"，一般采用系统默认的方式即可。

（7）输入"桩号范围"。

（8）单击"开始插值"按钮，指定横断面地面线数据文件名称，系统进行插值计算。

图 7.44　内插横断面地面线

说明：如果项目中已存在该文件，软件会提示是否覆盖原地面线文件，插值完成后自动将文件添加到项目管理器中。

4. 横断面补测

当应用数模插值或者实地测量的横断面地面线数据宽度不足时，可应用横断面补测功能，输入左右侧横断面补测后的总宽度，单击"开始补测"按钮，软件自动在原始地面线数据外侧添加补测的横断面数据。

说明：软件会提示是否覆盖原地面线文件，单击"否"按钮，可以另名保存补测后的横断面地面线数据文件。

7.6.2　路幅宽度、超高及控制参数数据

1. 路幅宽度数据

HintCAD 路幅宽度数据存储在路幅宽度文件（*.wid）中，用来描述整个路线左、右路幅各组成部分的分段变化情况，特别是加宽变化的段落。一般情况下，该数据文件由"设计向导"生成，且生成时已经根据路线的平曲线半径，参考国家规范对平曲线加宽和加宽过渡段的设置进行了分段。如果没有特殊情况，一般不需要修改该文件，当路幅宽度发生变化时或者设置宽度渐变段时，需要修改路幅宽度数据。若修改路幅宽度数据，建议采用"纬地项目中心"进行。

（1）选择菜单中的"项目"→"纬地项目中心"命令，打开"纬地项目中心"数据管理工具。

（2）单击"项目文件"列表框下"数据文档"左侧的"+"按钮，展开后单击"左路幅宽度"（或"右路幅宽度"），如图 7.45 所示。

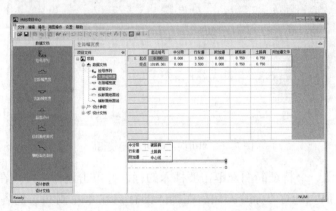

图 7.45　纬地项目中心修改路幅宽度

（3）该窗口的右侧出现左侧（或右侧）路幅宽度数据，直接编辑需要修改的数据。

说明：路幅宽度数据以两行为一组，描述该分段起、终点的路幅宽度。要插入一组数据，单击"起点"所在行或"终点"的下一行，右击，在弹出的快捷菜单中选择"插入一行"命令，然后输入路幅组成数据。

2. 超高数据

超高数据用来描绘路线左右幅超高过渡的特征位置处的具体超高情况，一个特征断面用一组数据描述。该数据文件由"设计向导"生成，且生成时已经根据路线的平曲线半径、缓和曲线长度、超高渐变率初步确定了超高过渡段，并参考国家规

范规定的超高值对平曲线的超高进行了分段设置。

特殊情况下，需要根据曲线组合情况（如 S 形曲线）、缓和曲线的长度等条件来修改该文件，使超高设计更加合理。超高数据宜采用"纬地项目中心"数据管理工具修改。

选择菜单中的"项目"→"纬地项目中心"命令，打开"纬地项目中心"数据管理工具（图 7.45）。

单击"项目文件"列表框下"数据文档"左侧的"+"按钮，展开后单击"超高设计"（图 7.46），对话框的右侧出现超高数据，直接编辑需要修改的数据即可。

为了直观显示超高图，单击图形显示区，使用工具条中的放大按钮来放大和缩小图形。调整图形长度时，按下鼠标左键水平左右移动；调整显示高度时按下鼠标左键垂直上下移动，采用平移按钮对图形在显示区的位置进行平移。

说明：

（1）列表中的数据为"−"，表示可以忽略此数据。横坡渐变至此位置时，软件会跳过此数据的计算继续进行横坡的超高渐变。

（2）横坡值有正负之分。

图 7.46　纬地项目中心修改超高

（3）要插入一个特征断面，单击要插入的行，并单击鼠标右键，在弹出的快捷菜单中选择"插入一行"命令，然后在插入的行内输入左侧和右侧各个部分的横坡值。

（4）也可采用纬地数据编辑器直接打开超高数据文件进行修改。

7.6.3　支挡防护工程数据录入

在进行横断面设计时，有些路段需要设置路基支挡防护工程，如护坡、衡重式路肩墙、衡重式路堤墙、仰斜式路肩墙、仰斜式路堤墙、路堑挡土墙、护面墙、护脚墙等。在横断面戴帽子时必须将路基沿线左右侧设置的路基支挡防护工程形式及其段落数据录入到 HintCAD 系统中。系统在横断面设计绘图时，可以直接绘制出支挡防护构造物的断面图，并准确计算路基填挖的土方面积和数量。

1. 设置支挡防护构造物的几何尺寸

HintCAD 系统提供了部分标准挡墙的形式及其尺寸。但在实际设计项目中，系统提供的标准挡墙可能无法满足设计的需要，此时可将设计项目特殊的挡土墙形式和尺寸添加到标准挡墙库中，以满足工程设计需要。

（1）选择菜单中的"设计"→"支挡构造物处理"命令，打开"挡土墙设计工具"窗口（图7.47）。

（2）单击树窗口内展开的"标准挡墙"下的"左侧标准挡墙"，单击鼠标右键，在弹出的快捷菜单中选择"新增挡墙"命令（如果用户需要新建一组不同高度的标准挡墙，选择"新增目录"命令）。

（3）属性窗口修改新建挡墙的名称。

（4）在图形窗口中用鼠标绘制出该挡墙的大致断面形式，完成后单击鼠标右键（图7.47）。

（5）在属性窗口修改新建的挡墙名称。

（6）单击树窗口内展开的"标准挡墙"下的"左侧标准挡墙"左侧的"－"按钮，变成"＋"按钮后再单击该"＋"按钮展开"左侧标准挡墙"，这样软件自动刷新属性窗口的数据。

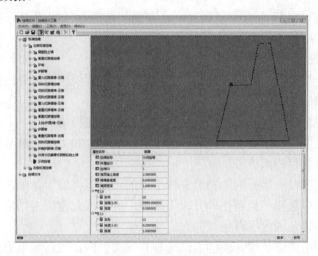

图 7.47　挡土墙设计工具

（7）单击树窗口内新建的"示例挡墙"。

（8）在属性窗口输入该新建标准挡墙的"墙顶填土高度"墙身高度""墙底埋深"等属性，并修改挡墙断面各边的尺寸，输入准确数据（图7.47）。

（9）选中树窗口内新建的"示例挡墙"，单击鼠标右键，在弹出的快捷菜单中选择"设置填土线"命令，启动"设置填土线"对话框（图7.48）。"填土线"是挡墙断面中与路基填土相接触的一条或几条连续的边。如图 7.49 所示，挡墙断面中 L5 为填土线，A 点是近路面点（L0 为线段的起点），也就是挡墙断面的插入点。软件将在横断面设计时自动搜索断面填土线，从而与横断面地面线相交，准确计算在设置挡墙情况下的路基土石方面积。

说明：其中，坡度为 0 时，表示垂直方向（|）；坡度为 9999 时，表示水平（－）方向，且坡度大于 0 表示向右倾斜（/），小于 0 表示向左（\）倾斜；高度大于 0 表示向右或者向上，小于 0 表示向左或者向下。

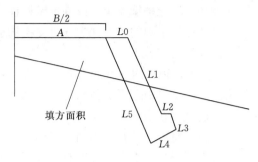

图 7.48　设置墙背填土线；　　　　　图 7.49　墙背填土线

（1）添加"右侧标准挡墙"的方法与左侧相同；也可直接选择"左侧标准挡墙"中的挡墙，然后拖放到"右侧标准挡墙"中，选取该挡墙，单击鼠标右键，选择快捷菜单中的"垂直镜像挡墙"命令，软件自动将其镜像为右侧的标准挡墙断面。

（2）可以通过鼠标拖动或复制某一已有的挡墙断面，然后进行挡墙属性的修改，得到新的标准挡墙。

2.　为当前设计项目设计挡墙

设置好标准挡墙后，根据设计路段支挡工程的设置情况为每个段落选择挡墙形式，并设置挡墙属性。

（1）单击树窗口内展开的"挡墙文件"下的"左侧挡墙"。

（2）在属性窗口输入"左侧挡墙"的"起点桩号"和"终点桩号"，一般直接将其设定为路线的起终点桩号。

（3）单击树窗口内展开的"挡墙文件"下的"左侧挡墙"，单击鼠标右键，从弹出的快捷菜单中选择"新增挡墙分段"命令，并修改此范围内挡墙的名称"所有的护坡"，输入该范围内所有挡墙的起、终点桩号。

说明：可以用建立挡墙分段的方法管理相同类型的挡墙；如果当前工程项目中的挡墙形式单一、数量不多，可以省略此步骤。

（4）在树窗口中，从"左侧标准挡墙"中选择某一类型的挡墙，拖放到"挡墙文件"下新建的"左侧挡墙分段"或"挡墙文件"下的"左侧挡墙"中（图7.50）。

（5）在属性窗口输入该段挡墙的起、终点桩号。

（6）单击该挡墙并右击，在弹出的快捷菜单中选择"自动变换墙高度"命令，横断面设计绘图时，系统会针对每个断面不同的填土高度自动在该侧同类型标准挡墙中调用不同墙高的挡墙进行横断面戴帽。对于路堤挡墙，在弹出菜单中可以设置"自动变换墙高度"或"自动变换填土高度"两种变化形式。在挡墙的外侧设置排水沟时，在弹出菜单中选择"墙外设置排水沟"。

说明：设置完毕后分别单击"左、右侧挡墙"，单击鼠标右键，选择弹出菜单的"排序"命令，对各段挡墙按桩号自动进行排序处理。若排序时系统未提示出错信息，说明挡墙设置基本正确。

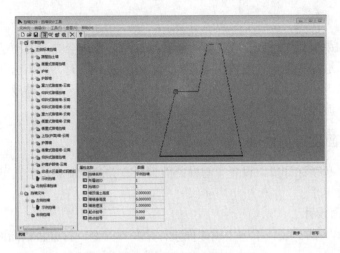

图 7.50 拖放标准挡墙到挡墙文件

7.6.4 路基设计计算

路基设计计算主要是计算指定桩号区间内的每一桩号的超高横坡值、设计高程、地面高程以及路幅参数，计算路幅各相对位置的设计高差，并将以上所有数据按照一定格式写入路基设计中间数据文件，为生成路基设计表及计算绘制横断面准备数据。

注意：在进行路基设计计算之前必须完成对超高与加宽的设置工作，并保证超高与加宽的正确性。

HintCAD 中路基设计计算的操作步骤如下。

（1）选择菜单中的"设计"→"路基设计计算"命令，打开"路基设计计算"对话框（图 7.51）。

（2）单击对话框右侧的 按钮，指定路基设计中间数据文件的名称和路径。

（3）输入"计算桩号区间"或单击"搜索全线"按钮，指定计算整个路段。

（4）单击"项目管理"按钮打开项目管理器，检查当前项目的超高与加宽文件以及其他设置是否正确。

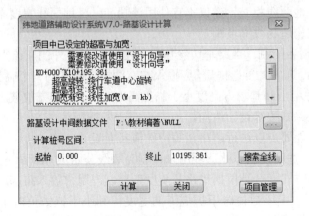

图 7.51 路基设计计算

（5）单击"计算"按钮完成路基计算。

注意：如果项目中已经存在路基设计数据文件，系统会提示询问是否覆盖文件或在原文件后追加数据。一般情况下，如果没有分段计算时，应该选择覆盖原来的数据；每次修改了设计项目的类型、超高旋转位置与方式、加宽类型与加宽方式、超高和加宽过渡段等内容后，必须重新进行路基设计计算。

7.6.5　横断面设计与修改

在完成路基设计计算，设置了与横断面设计有关的控制参数后，可进行横断面的设计和修改工作。

1. 横断面设计

选择菜单中的"设计"→"横断面设计绘图"命令，打开"横断面设计绘图"界面（图7.52）。

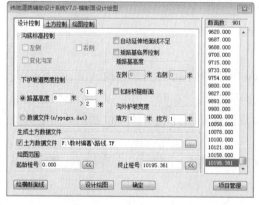

图 7.52　"横断面设计控制"对话框

界面中包含了"设计控制""土方控制""绘图控制"3个选项卡，下面介绍3个选项卡的功能。

（1）"设计控制"选项卡。

1）左右侧沟底高程控制。只有进行路基排水沟的纵坡设计，并在项目管理器中添加了左右侧沟底高程设计数据文件，"沟底标高控制"中的"左侧"和"右侧"选项才可使用。在绘制横断面图时，可选择是否按排水沟的设计纵坡进行排水沟的绘制，且可选择是否按照变化的沟深进行设计（默认方式为固定沟深）。

2）自动延伸地面线不足。当横断面地面线测量宽度不够，会导致戴帽子时边坡线与地面线无法相交，不能计算填挖面积。选中"自动延伸地面线不足"复选框时，系统可自动按地面线最外侧一段的坡度延伸，直到边坡线与地面线相交。

注意：当最外侧的地面线垂直时，即使选中"自动延绅地面线不足"复选框也无法使边坡线与地面线相交。建议不宜使用该功能，当地面线宽度不够时，应该补测或者设置支挡构造物收缩坡脚。

3）矮路基临界控制。当路基边缘填方高度较小时，外侧应该直接按照挖方路段一样设置边沟。选中此复选框后，应输入左右侧填方路基的一个临界高度数值（一般为边沟的深度），当路基填方高度小于临界高度时，不按填方放坡之后再设计排水沟，而是直接在路基边缘设计边沟。

利用此项功能还可以进行超路基等特殊横断面设计。

4）下护坡道宽度控制。此选项用来控制高等级公路填方断面下护坡道的宽度。其支持两种控制方式：一是根据"路基高度"控制，用户输入路基填土高度后，再指定当路基高度大于该数值时下护坡道的宽度值和小于该数值时下护坡道的宽度（图7.53）；二是根据"数据文件"控制，软件根据设计控制参数中路基左右侧排水沟的尺寸控制。

　　如果采用第二种控制方式，路基左右侧排水沟数据的第一组数据必须是下护坡道的数据，且其坡度值为 0。如果采用第一种控制方式，系统会自动忽略左右侧排水沟数据中的下护坡道控制数据。

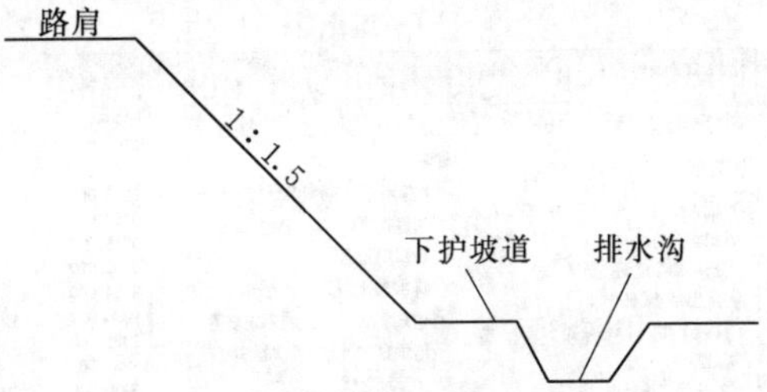

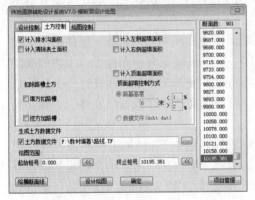

图 7.53　下护坡道示意图

　　5）扣除桥隧断面。用户选择此项后，软件将不绘制桥隧桩号范围内横断面图。

　　6）沟外护坡宽度。此项用来控制戴帽子时排水沟（或边沟）的外缘平台宽度，用户可以分别设置沟外护坡平台位于填方或挖方区域的宽度。当沟外侧的边坡顺坡延长 1 倍沟深后，判断是否与地面相交，如果延长后沟外侧的深度小于设计沟深的 2 倍时，直接延长沟外侧坡度与地面线相交；反之则按原设计边沟尺寸绘图，在沟外按用户指定的护坡平台宽度生成平台，最后继续判断平台外侧填挖，并按照控制参数文件中填挖方边坡的第一段非平坡坡度开始放坡交于地面线。

　　（2）"土方控制"选项卡（图 7.54）。

　　1）计入排水沟面积。计算横断面的挖方面积时，控制是否记入排水沟的土方面积。

　　2）计入清除表土面积。计算横断面的面积时，控制是否计入清除表土面积。清除表土的具体分段数据、宽度以及厚度由控制参数文件中的数据来控制。

　　3）计入左、右侧超填面积。计算横断面面积时，控制是否计入填方路基左、右侧超宽填筑部分的土方面积。左、右侧超填的具体分段数据和宽度见设计参数控制文件。

图 7.54　横断面土方控制

　　4）计入顶面超填面积。主要用于某些路基沉降较为严重，需要在路基土方中考虑因地基沉降而引起的土方数量增加的项目。顶面超填也分为"路基高度"和"文件控制"两种方式。路基高度控制方式，即按路基高度大于或小于某一指定临界高度分别考虑顶面超填的厚度（路基高度的百分数）。

　　5）扣除路槽土方。计算横断面面积时，控制是否扣除路槽部分土方面积。对于填方段落，可以选择是否扣除路槽面积和挖方段落，是否加上路槽面积。路基各个不同部分（行车道、硬路肩、土路肩）路槽的深度，可在控制参数数据中确定。

　　（3）"绘图控制"选项卡（图 7.55）。

　　1）选择绘图方式。根据不同设计单位的设计文件格式以及其他需要，可以选择不同的绘图方式及绘图比例。其中，"自由绘图"一般用于横断面设计检查和为路基支挡工程设计时提供参考的情况，在仅需要土方数据或横断面三维数据等情况下，采用"不绘出图形"方式。

2）插入图框。在横断面设计绘图时，控制是否自动插入图框。图框模板为 HintCAD 安装目录下的 "Tk_hdmt.dwg" 文件，也可以根据项目需要修改图框内容。

图 7.55　横断面绘图控制

3）中线对齐。在横断面绘图时，控制是否以中线对齐的方式来对齐，以图形居中的方式排列为默认方式。

4）每幅图排放列数。指定每幅横断面排放的列数，一般用于低等级公路横断面宽度较窄的情况。

5）自动剪断地面线宽度。在横断面绘图时，根据指定宽度将地面线左右水平距离超出此宽度的多余部分裁掉，保持图面的整齐。

说明：当设计边坡后的坡脚到中线的宽度大于此宽度时，软件将保留设计线及其以外一定的地面线长度。

6）绘出路槽图形。在横断面绘图时，控制是否绘出路槽部分图形。

7）绘制网格。在横断面设计绘图时，控制是否绘出方格网；需要绘制方格网时，可以指定格网的大小。

8）"标注"部分。根据需要选择在横断面图中标注不同的内容，包括路面上控制点高程及标注形式、沟底高程及精度控制、坡口坡脚距离和高程、排水沟外缘距离和高程、边坡坡度、横坡坡度、用地界与用地宽度以及横断地面线每一个转折点的高程等。每个横断面的断面数据的标注，可以选择"标注低等级表格""标注高等级表格"和"标注数据"3 种方式。

9）输出相关数据成果部分。在横断面设计绘图时，选择输出横断面设计"三维数据"和路基的"左右侧沟底高程"，其中"三维数据"用于结合数模数据建立公路三维模型。"左右侧沟底高程"数据输出的临时文件为 HintCAD 安装目录下的"*Lst*zgdbg.tmp"和"*Lst*ygdbg.tmp"文件，可以为公路的边沟、排水沟沟底纵坡设计提供地面线参考。利用 HintCAD 的纵断面设计功能进行边沟或排水沟的设计，完成后选择保存为"沟底高程"，再次进行横断面设计，并按沟底纵坡控制模式重新进行横断面设计。

（4）生成土方数据文件。选择是否需要生成土方数据文件，如果选择生成土方数据文件，需要指定数据文件名称和路径。

（5）绘图范围。从右侧显示的断面桩号列表中选择起点桩号，单击"起始桩号"文本框后的按钮；选择终点桩号，单击"终止桩号"文本框后的按钮，完成绘图范围的指定。

（6）设计绘图。单击"设计绘图"按钮，可进行横断面设计和绘图。

2. 横断面修改

因地形和地质条件的复杂多变，不管采用什么辅助设计系统，无论把系统做得多么完善，总会有一些不符合实际的设计断面出现，需要设计者进行修改，出现这种情况的唯一解决方法就是提供功能强大的修改功能。HintCAD 提供了基于 AutoCAD 图形界面的横断面修改功能。由于 AutoCAD 软件是一般使用者都熟悉的软件，利于对横断面的修改。

（1）打开或用"横断面设计绘图"功能生成横断面图。

（2）在 AutoCAD 中，将横断面图中的"sjx"图层设置为当前层。

（3）用 AutoCAD 的 EXPLODE 命令"炸开"整条连续的设计线，并对其进行修改。

（4）在完成修改后选择"设计"→"横断面修改"菜单命令，按照提示选择修改过设计线的横断面图中心线，软件开始重新搜索修改后的设计线并计算填挖方面积、坡口坡脚距离以及用地界等，同时弹出"横断面修改"对话框（图 7.56）。

（5）根据需要修改对话框中各个选项的内容，修改完成后单击"修改"按钮，软件将刷新项目中土方数据文件（*.tf）里该断面的所有信息和横断面图形，实现数据和图形的联动。

注意：

（1）修改横断面设计线一定要在设计线图层（sjx）上进行，不要将与设计线无关的文字、图形绘制到设计线图层中，以免影响系统对设计线数据的快速搜索计算。

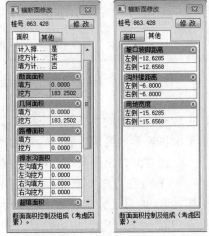

图 7.56　"横断面修改"对话框

（2）修改后的设计线必须是连续的，且与地面线相交；否则无法完成横断面修改。

（3）截水沟也在设计线图层上修改，系统不将截水沟的土方计入断面面积中，但会自动将用地界计算到截水沟以外。

（4）横断面修改功能所搜索得到的填挖方面积只是纯粹的设计线与地面线相交所得到的面积，并未考虑路槽、清表等。

7.7　设计图和表格的输出

HintCAD 软件提供了丰富的道路工程图纸和表格输出功能。图纸和表格满足公路工程设计图表的格式、要求和惯例，并且可以根据需要对标准的图表模板进行修改，以满足特殊要求。在输出设计成果之前，需要修改软件提供的标准图表模板中的设计单位、工程名称、比例、日期等，也可以对图框标题栏重新划分栏目及样式。

7.7.1　平面设计成果输出

平面设计成果既可以在平面设计完成后输出，也可以在项目所有的设计完成后输出。平面设计的有些成果则必须在其他设计都完成后才能输出，如公路用地图、路线总体设计图等，必须在路线纵断面和横断面设计完成后才能输出。下面介绍在平面设计完成后可以直接输出的主要成果。

1. 生成直线、曲线及转角表

（1）打开"主线平面线形设计"对话框，单击"计算绘图"按钮绘制出平面线形。

图 7.57　生成直线、曲线及转角表

（2）选择菜单中的"表格"→"输出直曲转角表"命令，弹出图 7.57 所示对话框。

（3）根据需要选择"表格形式"中的选项，单击"计算输出"按钮，程序启动 Excel 程序，生成直线、曲线及转角表。

注意：计算机上必须安装 Excel 软件。

2. 生成平面图

选择菜单中的"绘图"→"平面自动分图"命令，弹出图 7.58 所示对话框，根据平面图绘制的要求设置"分图比例与裁剪""图形设置""页码设置"。

单击"开始出图"按钮，软件在布局内生成每张平面图。

该种分图方法并未将模型空间地形图裁开，而只是分别设置了若干个布局窗口显示每页图纸，以方便设计和修改，且可保持原有图纸的坐标和位置。

3. 生成逐桩坐标表

（1）选择菜单中的"表格"→"输出逐桩坐标表"命令，弹出"逐桩坐标表计算与生成"对话框。

（2）根据逐桩的桩号数据来源情况选择"桩号来源"，根据输出文件格式选择"输出方式"，单击"输出"按钮，

图 7.58　平面自动分图

程序根据用户选择的"输出方式"启动相应的软件，生成逐桩坐标表。

注意：由于没有输入纵断面地面线数据，也没有用设计向导生成或者直接指定桩号序列文件，因而"桩号来源"选择中的"项目的地面线数据文件"和"项目的桩号序列文件"选项不可用。

4. 绘制总体布置图

绘制总体图前，必须完成横断面设计，并输出土方数据文件和横断面三维数据文件。

绘制总体布置图时，需要从土方数据文件中读取路基填挖方情况以及两侧坡口或坡脚到中桩距离等数据。

（1）选择菜单中的"绘图"→"绘制总体布置图"命令，弹出图 7.59 所示对话框。

（2）选择左侧或右侧"绘图位置"绘制左、右侧的总体布置图。

（3）需要绘制路基外侧边缘线时，选择"路基边线步长"选项，根据总体图的出图比例输入"路基边线步长"和"示坡线步长"。

（4）需要标注边沟和排水沟的排水方向时，选中"标注排水方向"复选框，并

输入"箭头长度"值。如果项目有桥
梁和隧道的信息，可以选中"扣除桥
梁范围图形"和"扣除隧道范围图形"
两个复选框。

（5）输入"路幅宽度变化分段区
间"的起始桩号和终止桩号。

（6）单击"计算绘图"按钮，开
始在当前图形窗口绘制总体布置图。

说明：如果项目缺少横断面三维
数据，则不能绘制出填挖方边坡的护
坡道、示坡线等线形。总体图绘制完

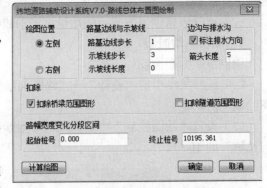

图 7.59　绘制总体布置图

成后，可使用"构造物标注"命令在图上进行桥涵构造物等的标注。

5. 绘制公路用地图

绘制公路用地图前也必须完成横断面设计，并输出土方数据文件。

（1）选择菜单中的"绘图"→"绘制公路用地图"命令图 7.60 所示对话框。

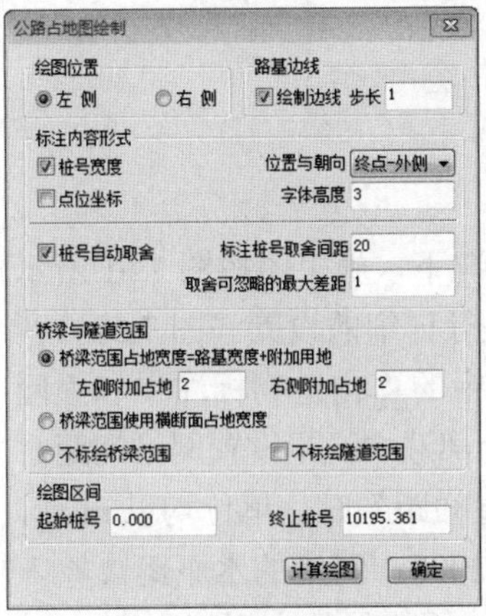

（2）选择左侧或右侧"绘图位置"分别绘制左、
右侧的公路用地图。

（3）需要绘制路基外侧边缘线时，选择"路基边
线"选项，根据公路用地图的比例输入"步长"值。

（4）设置标注内容形式。

（5）根据标注的要求，可以选中标注"桩号宽度"
或"点位坐标"复选框或两者都标注，并设置标注字
体的大小。

（6）设置桥梁和隧道范围内用地图的绘制。

说明：桥梁、隧道范围内用地图的生成有以下 3
种方式。

1）选择"桥梁范围占地宽度=路基宽度+附加用
地"选项，并输入左、右侧的附加占地宽度。

图 7.60　公路占地图绘制

2）选择"桥梁范围使用横断面占地宽度"选项，根据生成的土方文件中桥隧横
断面图的占地宽度来绘制。

3）选中"不标绘桥梁范围"复选框，则不绘制桥梁范围内的用地图；选中"不
标绘隧道范围"复选框，则不绘制隧道范围内的用地图。

（7）输入"绘图区间"的起始桩号和终止桩号。

（8）单击"计算绘图"按钮，软件根据以上设置在当前的图形窗口绘出用地图。

7.7.2　纵断面设计成果

纵断面设计成果既可以在纵断面设计完成后输出，也可以在项目所有的设计完
成后输出。

1. 输出纵坡竖曲线表

（1）选择菜单中的"表格"→"输出竖曲线表"命令，弹出纵坡竖曲线计算表

输出方式选择对话框。

（2）选择表格输出方式，输出纵坡竖曲线表。

2. 绘制纵断面图

绘制纵断面图的操作步骤如下。

（1）选择菜单中的"设计"→"纵断面绘图"命令，弹出图 7.61 所示"纵断面图绘制"对话框。

（2）设置"绘图控制"中的选项，一般情况下设置的"纵向比例"应该为"横向比例"的 10 倍。

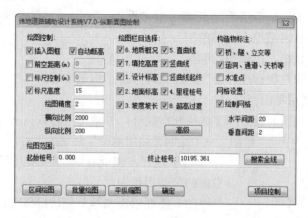

图 7.61　绘制纵断面图

（3）设置"绘图栏目选择"控制中的选项，一般情况下，施工图按图 7.61 所示的设置即可，单击"高级"按钮可以为每个绘图栏目进行详细的设置（图 7.62）。

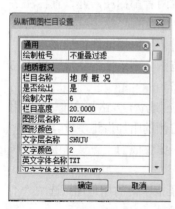

图 7.62　"纵断面图栏目设置"
对话框

（4）设置纵断面图中的"构造物标注"和"网格设置"，一般情况下全部选中。在设置网格间距时的"水平间距"和"垂直间距"时，单位均以 m 计，如果图纸横向比例为 1:2000，网格的水平距离输入 20m，则打印输出的图纸中网格线的水平间距为 1cm。

（5）设置"绘图范围"，绘制全线的纵断面图时，单击"搜索全线"按钮，软件自动搜索出全线的起始桩号和终止桩号。

（6）绘制纵断面图，单击"批量绘图"按钮分幅绘制纵断面图，根据提示输入起止页码和图形插入点。

（7）单击"区间绘图"按钮不分幅绘制纵断面图，根据提示只需要输入图形插入点即可。

7.7.3　横断面设计成果输出

1. 路基设计表

（1）选择菜单中的"表格"→"输出路基设计表"命令，弹出图 7.63 所示对话框。

（2）选择"表格形式"。

（3）选择路基设计"输出方式"，一般情况下，建议使用"CAD 图形"的输出方式。

（4）设置路基设计表中是否标注"高程"值和输出高程或高差值时小数点后保留的小数位数，不选择的情况下，输出横断面上各高程点与设计高程之高差。

（5）输入"绘图区间"的起始桩号和终止桩号。

（6）单击"计算输出"按钮，在当前图形的模型空间或布局窗口中自动分页输出路基设计表。

2. 路基横断面设计图

横断面图的输出与横断面设计界面相同。

3. 路基土石方数量表和路基每公里土石方数量表

（1）选择菜单中的"表格"→"输出土方计算表"命令，弹出图 7.64 所示对话框。

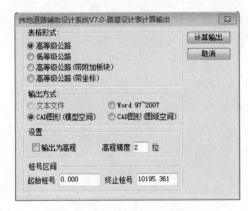
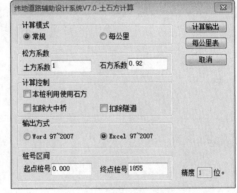

图 7.63　输出路基设计表　　　　　　图 7.64　输出土石方计算表

（2）选择"计算模式"，若选中"每公里"单选按钮，在土石方计算表输出时会每公里作一次断开，便于查询统计每公里土石方计算表。

（3）输入土方和石方的"松方系数"，该系数是指压实方与自然方之间的换算系数。

（4）单击"计算控制"按钮，可以选择在输出土石方计算表时是否扣除大中桥、隧道的土方数量，本桩填方是否利用本桩挖方中的石方。

（5）选择"输出方式"，选择土石方计算表为 Word 格式还是 Excel 格式。

（6）单击"计算输出"按钮，输出路基土石方数量计算表。

说明：输出路基土石方数量表之前，需要在控制参数输入中分段输入土石分类比例。如果要对土石方数量进行详细的调配处理，建议使用纬地土石方可视化调配系统（HintDP）。HintDP 可方便完成土石方的调配处理，并输出带有调配图的路基土石方数量计算表。

HintCAD 还提供了其他图表的输出，如逐桩用地表、超高加宽表、路面加宽表、总里程及断链桩号表、主要技术指标表等，这里不作详细介绍。

第 4 部分

桥梁工程计算机辅助设计

第 8 章

桥梁博士(Dr. Bridge)计算机辅助设计系统

8.1 桥梁博士（Dr. Bridge）V3.1 系统的基本介绍

Dr.Bridge 系统是一个集可视化数据处理、数据库管理、结构分析、打印与帮助于一体的综合性桥梁结构设计与施工计算系统。系统的编制完全按照桥梁设计与施工过程进行，密切结合桥梁设计规范，充分利用现代计算机技术，符合设计人员的习惯。对结构的计算充分考虑了各种结构的复杂组成与施工情况。计算更精确；同时在数据输入的容错性方面做了大量的工作，提高了用户的工作效率。

8.2 历史概述

该系统自 1995 年投向市场以来，设计计算了钢筋混凝土及预应力混凝土连续梁、刚构、连续拱、桁架梁、斜拉桥等多种桥梁。在设计过程中充分发挥了程序实用性强、可操作性好、自动化程度较高等特点，对于提高桥梁设计能力起到了很好的作用。在设计应用过程中，通过实践校核及与其他软件的比较，桥梁博士进行了完善和扩充，进一步得到了稳定。

8.2.1 系统的基本功能

1. 直线桥梁

（1）能够计算钢筋混凝土、预应力混凝土、组合梁以及钢结构的各种结构体系的恒载与活载的各种线性与非线性结构响应。其中非线性包括的内容如下：

1）结构的几何非线性影响。

2）结构混凝土的收缩徐变非线性影响。

3）组合构件截面不同材料对收缩徐变的非线性影响。

4）钢筋混凝土、预应力混凝土中普通钢筋对收缩徐变的非线性影响。

5）结构在非线性温度场作用下的结构与截面的非线性影响。

6）受轴力构件的压弯非线性和索构件的垂度引起的非线性影响。

（2）对于带索结构可根据用户要求计算各索的一次施工张拉力或考虑活载后估算拉索的面积和恒载的优化索力。

（3）活载的类型包括公路汽车、挂车、人群、特殊活载、特殊车列、铁路中-

活载、高速列车和城市轻轨荷载。

（4）可以按照用户的要求对各种构件和预应力钢束进行承载能力极限状态和正常使用极限状态及施工阶段的配筋计算或应力和强度验算，并根据规范限值判断是否满足规范。

2. 斜、弯和异形桥梁

（1）采用平面梁格系分析各种平面斜、弯和异形结构桥梁的恒载与活载的结构响应。

（2）系统考虑了任意方向的结构边界条件，自动进行影响面加载，并考虑了多车道线的活载布置情况，用于计算立交桥梁岔道口等处复杂的活载效应。

（3）最终可根据用户的要求，对结构进行配筋或各种验算。

3. 基础计算

（1）整体基础。进行整体基础的基底应力验算、基础沉降计算及基础稳定性验算。

（2）单桩承载力。计算地面以下各深度处单桩允许承载力。

（3）刚性基础。计算刚性基础的变位及基础底面和侧面土应力。

（4）弹性基础。计算弹性基础（m 法）的变形、内力及基底和侧面土应力；对于多排桩基础可分析各桩的受力特征。

4. 截面计算

（1）截面特征计算。可以计算任意截面的几何特征，并能同时考虑普通钢筋、预应力钢筋以及不同材料对几何特征的影响。

（2）荷载组合计算。对本系统定义的各种荷载效应进行承载能力极限状态荷载组合 I～III 和正常使用极限状态荷载组合 I～VI 共 9 种组合的计算。

（3）截面配筋计算。可以用户提供的混凝土截面描述和荷载描述进行承载能力极限状态荷载组合 I～III 和正常使用极限状态荷载组合 I～III 的荷载组合计算，并进行 6 种组合状态的普通钢筋或预应力钢筋的配筋计算。

（4）应力验算。可根据用提供的任意截面和截面荷载描述进行承载能力极限状态荷载组合 I～III 和正常使用极限状态荷载组合 I～VI 共 9 种组合的计算，并进行 9 种组合的应力验算及承载能力极限强度验算；其中强度验算根据截面的受力状态按轴心受压、轴心受拉、上缘受拉偏心受压、下缘受拉偏心受压、上缘受拉偏心受拉、下缘受拉偏心受拉、上缘受拉受弯、下缘受拉受弯 8 种受力情况分别给出强度验算结果。

5. 横向分布系数计算

能运用杠杆法、刚性横梁法或刚接（铰接）板梁法计算主梁在各种活载作用下的横向分布系数。

6. 输入

（1）采用标准界面人机交互进行，并配有强大的数据编辑和自动生成工具，使原始数据的输入更加明了和方便。

（2）输入数据的过程中可同步以图形或文本查看输入数据的信息。

（3）新加了单元、截面、钢束与 CAD 的互导模块，使得输入更加方便。

（4）新增的引用参考线，大大简化了曲线钢束的输入。

（5）系统对原始数据采用三级检错以帮助用户确保原始数据的可靠性。

7. 输出

（1）系统对计算结果的输出采用详尽的思想，通过分类整理，可以按照用户的要求一次或多次输出，便于用户分析中间数据结果或整理最终数据文档。

（2）输出的方式有图形、表格及可编辑的文本。

（3）配有专门的图形结果后处理系统，便于用户打印出图纸规格化的计算结果图形。

（4）新增报表输出，用户可自定义输出报告格式模板，各种计算数据、效应图形按用户设定自动输出。

8. 打印与帮助系统

（1）系统输出的各种结果，都可以随时在各种 Windows 支撑的外围设备上打印输出，并提供打印预览功能，使用户在正式打印之前能够预览打印效果。

（2）Dr.Bridge 系统提供了几百个条文的帮助，共计 10 万余汉字，对 Dr.Bridge 系统的各种功能都有相应的帮助系统。Dr.Bridge 系统的帮助系统与 Windows 帮助系统严格一致，使用十分方便。

8.2.2　系统的特色功能

1. 材料库

（1）材料库根据材料的类型、规范的定义，做了相应的分类，并提供了比较全面的材料数据。用户在此基础上可自定义各种规范的材料类型，建立用户材料库，方便后续项目的应用。

（2）材料在设计运用时可以根据材料库中相应部分内容的调整而变化，从而使内容更全面、使用更方便、更新、更便捷。

2. 自定义截面

（1）可以自己定义一种几何图形以及描述该图形的几何参数。以后，可以在图形输入时使用它，就如系统提供的一样。

（2）对于比较特殊的界面，一经构造，一劳永逸。并且可以交流使用自定义的界面信息，大大提高了用户的工作效率。

3. 自定义报告输出

（1）新增加一种输出方式，通过指定的数据检索信息读取 Dr.Bridge 相对应的数据，能够指定到所有的 Dr.Bridge 原有输出内容。

（2）以表格的形式输出，可以对数据、格式、图形进行编排和二次加工。

（3）形成固定模式后，可反复使用，可以交换模板，快速地生成计算书。

4. 与 AutoCAD 交互

（1）一种新的数据输入输出方式，简洁的输入、节约数据处理时间是本功能最大特点。

（2）可以把原始数据输出后直接引用，方便数据的交换和修改。

5. 调束工具

（1）可以在调整钢束的同时，看到预应力混凝土结构由此产生的应力变化过程。

（2）原来需要反复修改钢束坐标、重新计算并查看效应图的过程大大简化，从而缩短了设计时间。

6. 调索工具

（1）可进一步缩短拉索施工张拉力的确定过程。

（2）与配套调束工具使用，完成斜拉桥的设计计算就不再令人感到棘手了。

7. 脚本的输入输出

（1）提供了一个方便、简单的输入输出方法。

（2）通过脚本可以高效率地修改原始数据，清晰、全面地掌握所有的设计数据。

（3）通过脚本，可以方便地进行交流讨论，这是图形界面无法比拟的优点。

8.3　桥梁博士（Dr. Bridge）V3.1 的安装和启动

安装过程提供系统安装光盘一张，进入 Windows 操作系统以后，需将软件光盘放入光驱中，安装系统自动启动，弹出图 8.1 所示窗口。

8.3.1　安装 Windows Installer

（1）单击"安装 Windows Installer"按钮，将出现图 8.2 所示界面。如果用户系统已经安装了提供的 Windows Installer 的更高版本，安装过程将被终止，用户可开始"安装桥梁博士 V3.1"。

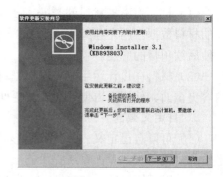

图 8.1　欢迎安装界面　　　　　图 8.2　Windows Installer 安装向导

（2）单击"下一步"按钮，进入图 8.3 所示界面。

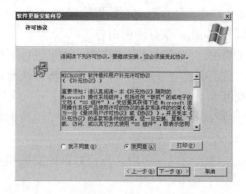

图 8.3　Windows Installer 许可证协议

（3）选中"我同意"单选按钮，单击"下一步"按钮，进入图 8.4 所示界面。

（4）图 8.4 所示对话框的安装程序完成后，将弹出图 8.5 所示对话框，单击"完成"按钮，结束程序安装，返回到图 8.1 所示对话框。

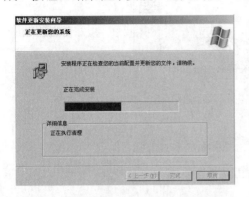

图 8.4　Windows Installer 安装过程界面

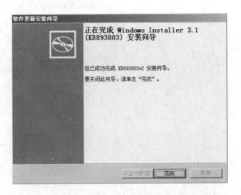

图 8.5　Windows Installer 安装完成界面

8.3.2　安装桥梁博士 V3.1

（1）在图 8.1 中，单击"安装桥梁博士 V3.1"按钮，将出现图 8.6 所示界面。本安装程序是文件扩展名为.msi 的 Microsoft Windows Installer 安装软件包。

（2）单击"下一步"按钮，进入图 8.7 所示界面。在图 8.7 界面中，选中"我接受许可证协议中的条款"单选按钮，单击"下一步"按钮，进入图 8.8 所示界面，提示输入用户名及单位名称。

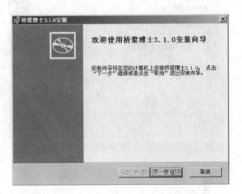

图 8.6　欢迎安装界面

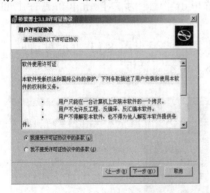

图 8.7　安装类型选择界面

图 8.8　客户信息输入界面

（3）单击"下一步"按钮，进入图 8.9 所示界面。有 3 个单选项，含义如下。

1）典型：程序将自动设置安装目录"C：\Program Files\tonghao\DoctorBridge31"。

2）定制：用户可自选定安装路径并选择安装内容，选中它，单击"下一步"按钮，将弹出图 8.10 所示对话框，选择安装功能："主要程序"指标准程序的安装；"工程样例"指程序提供的实例项目安装。

3）全部：程序将自动设置安装目录"C：\Program Files\tonghao\DoctorBridge31"。

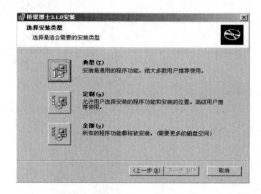

图 8.9　安装类型选择界面

图 8.10　定制安装类型界面

图 8.11　安装向导就绪界面

（4）在图 8.9 或图 8.10 中，选择相应安装方式，将弹出图 8.11 所示对话框，此时可以单击"安装"按钮进行正式安装，或者单击"上一步"按钮重新进行上面的设置。

（5）图 8.12 所示对话框的安装程序完成后，将弹出图 8.13 所示对话框，单击"完成"按钮，结束程序安装。返回到图 8.1 所示对话框。

图 8.12　安装程序状态界面

图 8.13　安装程序结束

8.4　桥梁博士（Dr. Bridge）V3.1 的用户界面

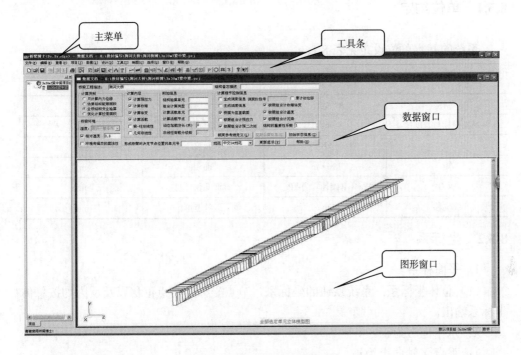

图 8.14　桥梁博士的用户界面

各窗口都支持鼠标右键菜单，可切换或操作一些特定命令。

8.4.1　图形窗口

1. 窗口放大

按住鼠标左键拖动鼠标可以拉开一个矩形框，系统根据该框的大小按比例放大至窗口有效区域大小。

2. 窗口恢复

（1）使用 Alt+鼠标左键双击可恢复至最近一次放大窗之前的状态。

（2）Ctrl+鼠标左键双击——全图显示。

3. 切换图形

（1）鼠标右击，弹出菜单切换图形类型。

（2）双击鼠标左键在各图形窗口间切换（右击无菜单时）。

4. 图形显示设置

（1）按 F9 键打开"显示信息设置"窗口。

（2）按 F11、F12 键打开或关闭单元号、节点号的显示。

8.4.2　数据窗口

鼠标右击，弹出菜单切换输入数据类型。

8.5　系统的基本约定

8.5.1　单位约定

系统的基本单位设定见表 8.1。

表 8.1　　　　　　　　　　　　　桥梁博士的基本单位体系

名称	单位	名称	单位
结构坐标与长度	m	角位移	rad
力	kN	角度	(°)
矩	kN·m	面积	m^2
应力	MPa（基础计算为 kPa）	截面几何信息	mm
线位移	m	裂缝宽度	mm

8.5.2　坐标系

1. 平面杆系

（1）总体坐标系：系统默认的坐标系，节点坐标、节点位移以及反力均按总体坐标系输出。

X：水平向右为正。

Y：垂直 X 轴向上为正。

（2）单元局部坐标系：单元内力和应力均按单元局部坐标系输出。

X：沿构件的纵轴线方向，以左节点到右节点方向为正。

Y：垂直 X 轴向上为正。

（3）截面局部坐标系：系统默认的坐标系，用来确定截面控制点的位置关系。

X：水平向右为正。

Y：垂直 X 轴向上为正。

（4）钢束局部坐标系：向结构总体坐标系的映射，钢束局部坐标系在结构总体坐标系中的角度，如果钢束局部坐标系是结构总体坐标系经逆时针转动一个角度而形成，则该角度为正值；反之为负值。

X：钢束局部坐标系原点在结构总体坐标系中的 x 坐标。

Y：钢束局部坐标系原点在结构总体坐标系中的 y 坐标。

2. 空间网格

（1）总体坐标系：系统默认的坐标系，节点坐标、节点位移以及反力均按总体坐标系输出。

X、Y、Z 轴：由右手螺旋法则决定。

（2）单元局部坐标系：单元内力和应力均按单元局部坐标系输出。

X：沿构件的纵轴线方向，以左节点到右节点方向为正。

Y 轴、Z 轴方向与总体坐标系相似，满足右手法则。

（3）截面局部坐标系：系统默认的坐标系，用来确定截面控制点的位置关系。

X：水平向右为正。

Y：垂直 X 轴向上为正。

（4）钢束局部坐标系：向结构总体坐标系的映射，钢束局部坐标系在结构总体坐标系中的角度，如果钢束局部坐标系是结构总体坐标系经逆时针转动一个角度而形成，则该角度为正值；反之为负值。

X 轴、Y 轴方向与总体坐标系相似，满足右手法则。

Z：钢束局部坐标系原点在结构总体坐标系中的 Z 坐标。

8.5.3　荷载方向

系统约定所有荷载方向与结构总体坐标系一致为正；反之为负。荷载的矢量输入只能输入总体坐标系下的分量。具体如下。

1. 平面杆系

（1）水平力：沿整体坐标的 X 方向向右为正。

（2）竖直力：沿整体坐标的 Y 方向向上为正。

（3）弯矩：依右手螺旋法则，垂直于整体坐标系向外（向用户方向）为正。

2. 空间网格

（1）P_x：沿总体坐标系 X 正方向为正。

（2）P_y：沿总体坐标系 Y 正方向为正。

（3）P_z：沿总体坐标系 Z 正方向为正。

（4）M_x：绕沿 X 轴，满足右手法则，大拇指指向 X 轴正方向时为正。

（5）M_y：绕沿 Y 轴，满足右手法则，大拇指指向 Y 轴正方向时为正。

（6）M_z：绕沿 Z 轴，满足右手法则，大拇指指向 Z 轴正方向时为正。

8.5.4　效应方向

（1）轴力：使单元受压为正，受拉为负。

（2）剪力：由单元底缘向顶缘方向为正；反之为负。

（3）弯矩：使单元底缘受拉为正，上缘受拉为负（平面）。

（4）弯矩：符合右手法则，与总体坐标系一致为正；反之为负（空间）。

（5）位移：与总体坐标系一致为正；反之为负。

（6）正应力（法向应力）：压应力为正，拉应力为负。

（7）剪应力：由截面底缘向顶缘方向为正；反之为负。

（8）主应力：正表示压，负表示拉。

（9）强度：受弯构件的强度为 MR，单位为 kN•m，其他构件强度为 NR。

（10）结构支承反力：与总体坐标系一致为正；反之为负。

8.5.5　数据填写便捷格式

1.（–/）表达式

格式为 A-B/C（A′-B′/C′），其中 A、B、C、A′、B′、C′皆为正整数，C、C′为增量值，默认为 1，括号内的表达式表示去除的号码，如 1-10/2 表示 1、3、5、7、9，如 1-10/2（5-7）表示 1、3、9，其中 5 和 7 已被去除。

2.（*）表达式

格式为（n*d...）*m，括号里有多项时，用空格分开。其中 d 为实数，n 表示数字 d 的重复次数，m 表示括号内数字的重复次数。例如，在单元节段划分时，单元的分段长度表达为（2*3.0 4.0 2*5.0）*3，表示 3.0、3.0、4.0、5.0、5.0、3.0、3.0、4.0、5.0、5.0、3.0、3.0、4.0、5.0、5.0。

第 9 章

桥梁博士（Dr. Bridge）V3.1 设计实例

9.1 桥梁概况

狗河大桥位于狗河主流上，上部结构采用 12m×30m 预应力混凝土 T 梁（先简支后结构连续），全桥长 366m，桥面全宽：净 10.5m+2×0.5m 防撞墙=11.5m，设计角度 90°，中心桩号 K17+300。

上部采用 3×30m 一联（共四联）预应力混凝土先简支后结构连续 T 梁的结构形式，3 号墩、6 号墩、9 号墩顶设 160 型伸缩缝各一道，0 号台、12 号台顶设 80 型伸缩缝各一道。

9.1.1 主要技术指标

（1）公路等级：二级公路。

（2）荷载等级：公路——Ⅰ级。

（3）环境类别：Ⅱ类。

（4）设计安全等级：二级，结构重要性系数：1.0。

（5）设计洪水频率：1/100。

（6）地震基本烈度：桥位区地震基本烈度为Ⅵ度。

（7）桥面全宽：净 10.5m+2×0.5m 防撞墙。

9.1.2 计算原则

（1）执行《公路桥涵设计通用规范》（JTG D60—2004）和《公路钢筋混凝土及预应力混凝土桥涵设计规范》（JTG D62—2004）。

（2）10cm 厚现浇 C40 混凝土桥面铺装不参与结构受力，仅作为恒载施加。

（3）构件类型：按 A 类构件设计。

9.1.3 主要材料及配筋说明

（1）T 梁材料选用 C50 混凝土。

（2）钢材。

1）预应力钢绞线。采用ϕ^S15.2 钢绞线，高强度低松弛钢绞线，公称直径 15.2mm，公称面积 140mm^2，抗拉强度标准值为 f_{pk}=1860MPa，弹性模量 E_p=1.95×10^{5}MPa。预应力钢筋与管道壁的摩擦系数 μ=0.15，管道每米局部偏差对摩擦的影响系数 κ=0.0015，张拉端锚具变形、钢筋回缩和接缝压缩值：Δ_l=12mm（两端）。

　　2）普通钢筋。普通钢筋采用现行国家标准《钢筋混凝土用热轧带肋钢筋》（GB 1499.2—2007）中的 HRB335 钢筋和现行国家标准《钢筋混凝土用热轧光圆钢筋》（GB 1499.1—2008）中的 HPB235。

　　3）锚具参考 OVM.M 锚固体系设计，必须符合国家标准《预应力筋用锚具、夹具和连接器》（GB/T 14370—2007）、交通部行业标准《公路桥梁预应力钢绞线用锚具、连接器试验方法及检验规格》（JT 329.2—97）的要求。

　　（3）张拉及锚固设施。根据 OVM.M 锚固体系产品进行设计，T 梁正弯矩钢绞线及墩盖梁钢绞线采用配套千斤顶 YCW-250B 型。负弯矩钢绞线采用扁锚整体张拉千斤顶 YDB100N-150 型。

　　（4）预应力管道采用预埋塑料波纹管，ϕ^S15.2-8（9）：外径 9.3cm、内径 8.0cm；ϕ^S15.2-10：外径 9.8cm、内径 8.5cm。负弯矩钢绞线 ϕ^S15.2-5：预埋 90mm×23mm 扁锚波纹管；ϕ^S15.2-3：预埋 60×22mm 扁锚波纹管。

　　（5）横截面预应力钢筋和普通钢筋的布置如图 9.1 至图 9.10 所示（其中图 9.4 和图 9.5 详见文后插页）。

9.1.4　几何尺寸及配筋图

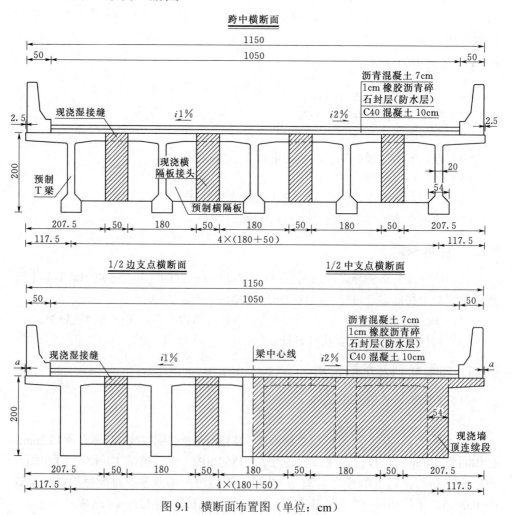

图 9.1　横断面布置图（单位：cm）

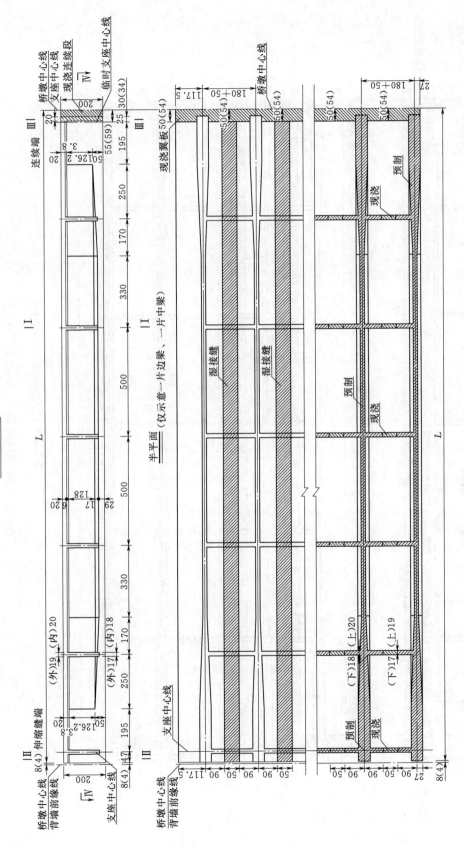

图 9.2 T 梁一般构造图（一）（单位：cm）

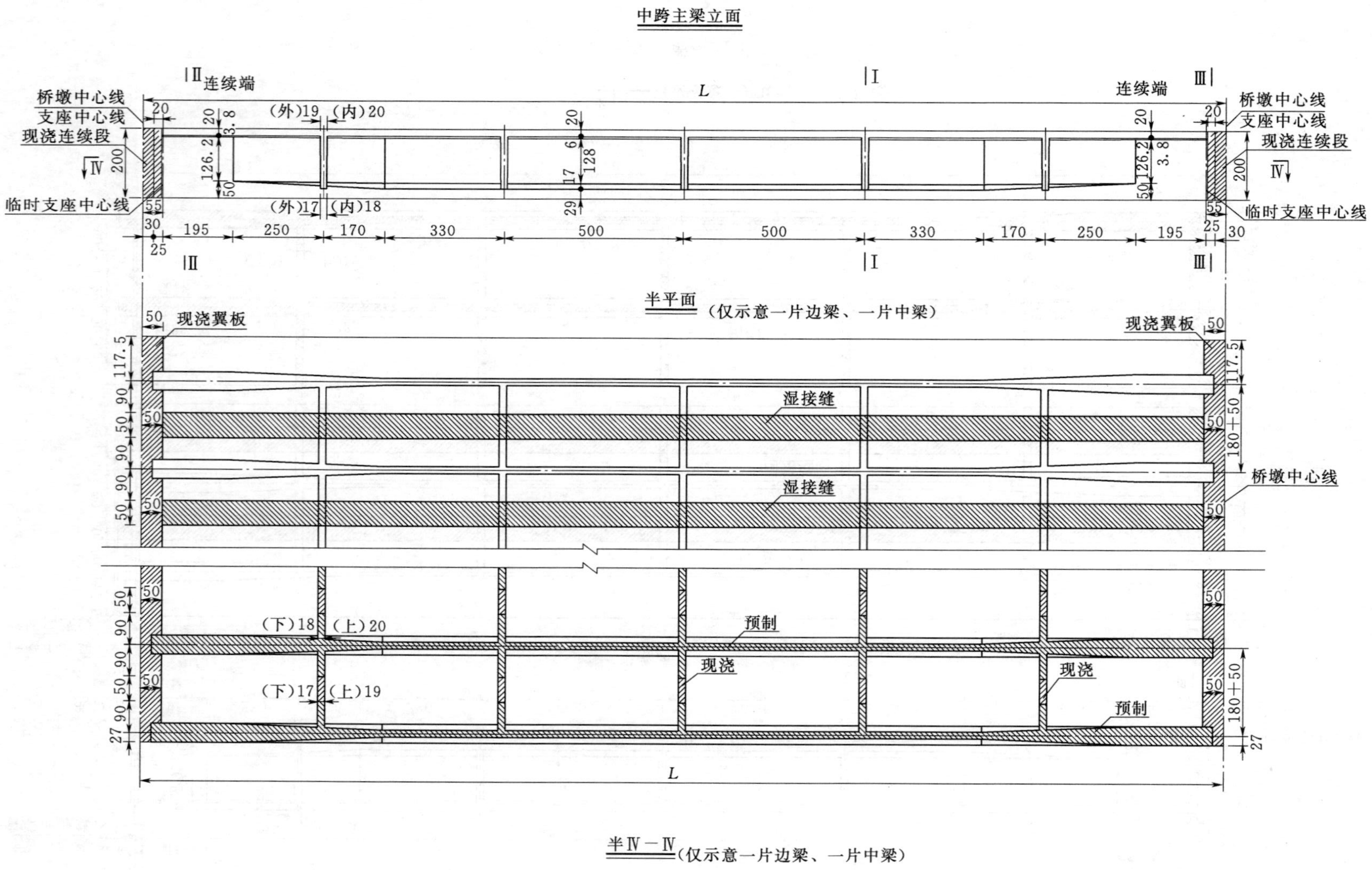

中跨主梁立面

图 9.3 T 梁一般构造图（二）（单位：cm）

半平面（仅示意一片边梁、一片中梁）

半IV—IV（仅示意一片边梁、一片中梁）

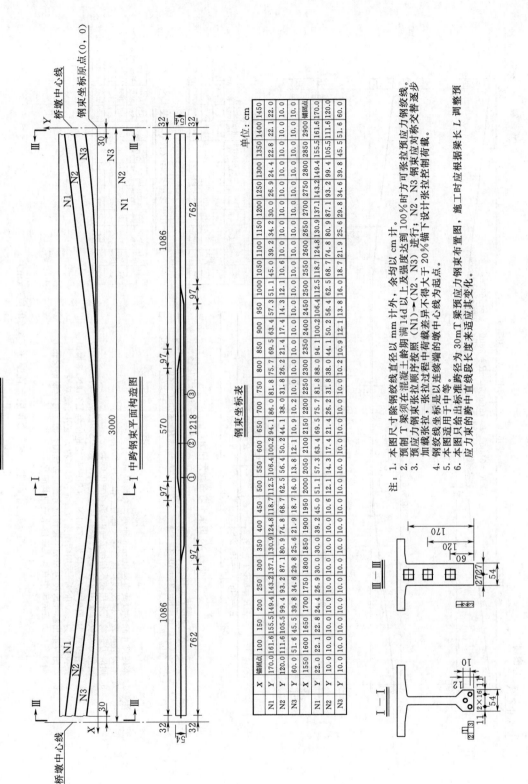

图 9.6　中跨主梁预应力钢束布置图（一）（单位：cm）

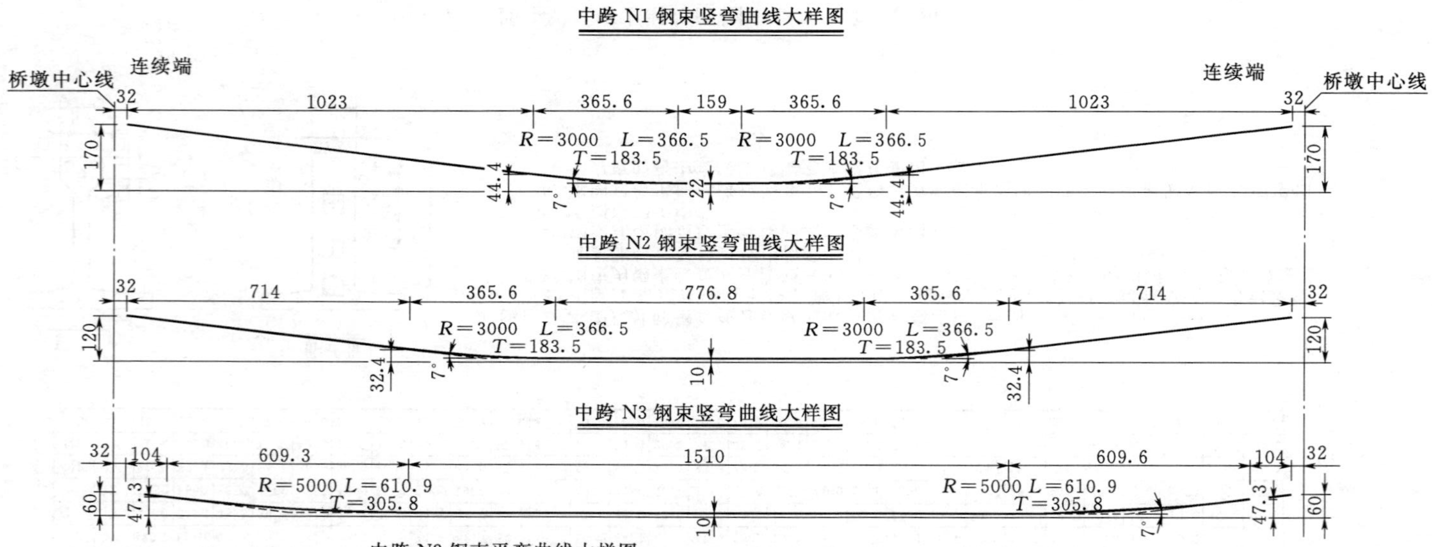

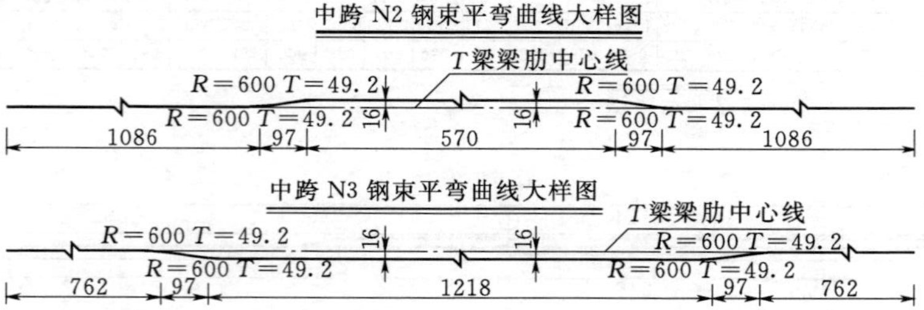

图 9.7 中跨主梁预应力钢束布置图（二）（单位：cm）

一片中跨边梁钢绞线数量表

钢束号	直径 /mm	单根钢束长 /cm	每根钢绞线股数	钢束长度 /m	钢束质量 /kg	合计质量 /kg	波纹管 内径 长度 /cm		锚具 （规格/套）
N1		3094	8	247.52	272.52		18.7	8.0 2954	15—8/2
N2	φS15.2	3089	10	308.90	340.10	951.8	18.4	8.5 2949	15—10/2
N3		3081	10	308.10	339.22		18.0	8.5 2941	15—10/2

一片中跨中梁钢绞线数量表

钢束号	直径 /mm	单根钢束长 /cm	每根钢绞线股数	钢束长度 /m	钢束质量 /kg	合计质量 /kg	波纹管 内径 长度 /cm		锚具 （规格/套）
N1		3094	8	247.52	272.52		18.7	8.0 2954	15—8/2
N2	φS15.2	3089	9	278.01	306.09	883.9	18.4	8.0 2949	15—9/2
N3		3081	9	277.29	305.30		18.2	8.0 2941	15—9/2

注：
1. 本图尺寸除钢绞线直径以 mm 计外，余均以 cm 计。
2. 工程数量表中钢绞线长度已计入每端工作长度 70cm。
3. 预应力钢绞线采用技术指标 μ=0.15，κ=0.0015。
4. 预应力钢绞线采用 φˢ15.2（7φ5）规格，f_pk=1860MPa，σ_con=1250MPa。
5. 当钢绞线 10 股时张拉吨位为 1750kN，9 股时张拉吨位为 1575kN，8 股时张拉吨位为 1400kN，采用两端张拉，张拉时应根据梁长与引伸量双控。
6. 本图只给出标准跨径为 30mT 梁预应力钢束布置图，施工时应根据梁长 L 调整预应力束的跨中直线段长度来适应其变化。

边跨钢束立面构造图

边跨钢束平面构造图

钢束坐标表　　　　单位：cm

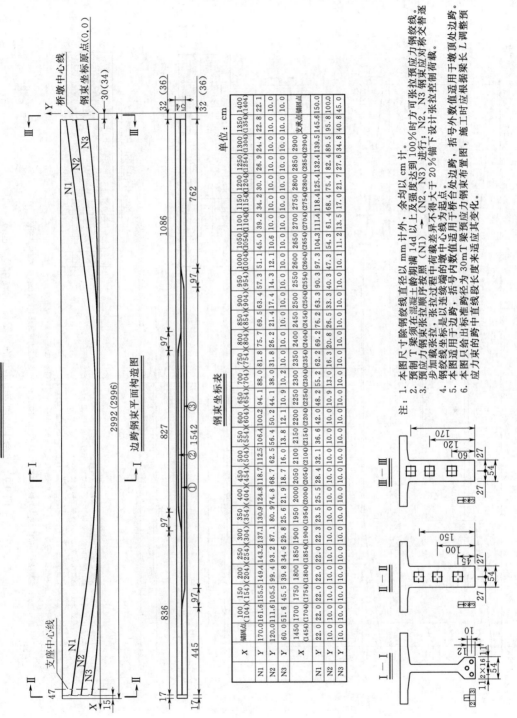

		100(104)	150(154)	200(204)	250(254)	300(304)	350(354)	400(404)	450(454)	500(504)	550(554)	600(604)	650(654)	700(704)	750(754)	800(804)	850(854)	900(904)	950(954)	1000(1004)	1050(1054)	1100(1104)	1150(1154)	1200(1204)	1250(1254)	1300(1304)	1350(1354)	1400(1404)
N1	X	端坐标																										
	Y	170.0	161.6	155.5	143.2	137.1	130.9	124.8	118.7	112.5	106.4	100.2	94.1	88.0	81.8	75.7	69.5	63.4	57.3	51.1	45.0	39.2	34.2	30.0	26.9	24.4	22.8	22.1
N2	Y	120.0	111.6	105.5	93.2	87.1	80.9	74.8	68.7	62.5	56.4	50.2	44.1	38.0	31.8	26.2	21.4	17.4	14.3	12.1	10.6	10.0	10.0	10.0	10.0	10.0	10.0	10.0
N3	Y	60.0	51.6	45.5	34.6	29.8	25.6	21.9	18.7	16.0	13.8	12.1	10.9	10.2	10.0	10.0	10.0	10.0	10.0	10.0	10.0	10.0	10.0	10.0	10.0	10.0	10.0	10.0
N1	X	1450(1454)	1700(1704)	1750(1754)	1800(1804)	1850(1854)	1900(1904)	1950(1954)	2000(2004)	2050(2054)	2100(2104)	2150(2154)	2200(2204)	2250(2254)	2300(2304)	2350(2354)	2400(2404)	2450(2454)	2500(2504)	2550(2554)	2600(2604)	2650(2654)	2700(2704)	2750(2754)	2800(2804)	2850(2854)	2900(2904)	支承点端坐标
	Y	22.0	22.0	23.5	25.5	28.4	32.1	36.6	42.0	48.2	55.2	62.2	69.2	76.2	83.3	90.3	97.3	104.3	111.4	118.4	125.4	132.4	139.5	145.6	150.0			
N2	Y	22.0	22.0	22.3	23.5	25.6	28.4	32.0	36.3	41.1	47.3	54.3	61.4	68.4	75.4	82.4	89.5	95.8	100.0									
N3	Y	10.0	10.0	10.0	10.1	11.2	13.5	17.0	21.7	27.6	34.8	40.8	45.0															

Ⅰ—Ⅰ　Ⅱ—Ⅱ　Ⅲ—Ⅲ

注：1. 本图尺寸除钢绞线直径以 mm 计外，余均以 cm 计。
2. 预制 T 梁预应力钢束张拉顺序接期满 14d 以上及强度达到 100%时方可张拉预应力钢绞线。
3. 预应力钢束张拉，张拉应以连续梁端（N1）→（N2，N3）进行，N2、N3 锚下张拉对称支撑座。
4. 钢绞线坐标是以连续梁端的墩中心线为起点，异异不得大于 20%设计锚下张拉控制荷载。
5. 本图适用于边跨、拆号端适用于桥台处及边跨，拆号外数值适用于墩顶处边跨。
6. 应力束应在跨中直线段长度来适应其变化。本图只给出标准跨径为 30mT 梁预应力钢束布置图，施工时应根据梁长 L 调整预应力束。

图 9.8　边跨主梁预应力钢束布置图（一）（单位：cm）

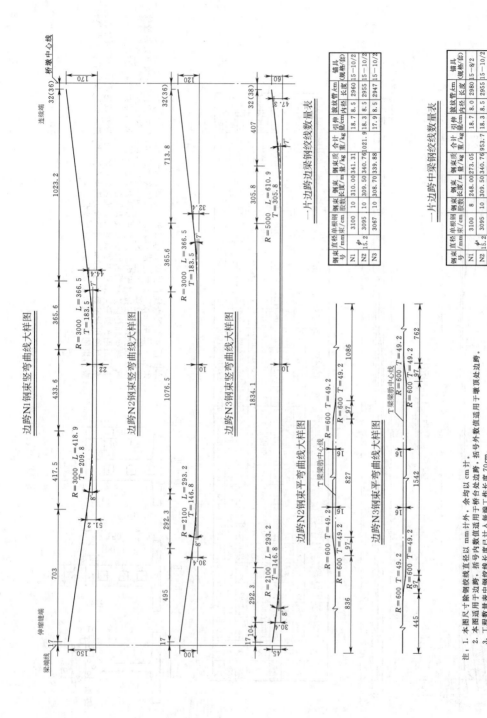

图 9.9 边跨主梁预应力钢束布置图（二）（单位：cm）

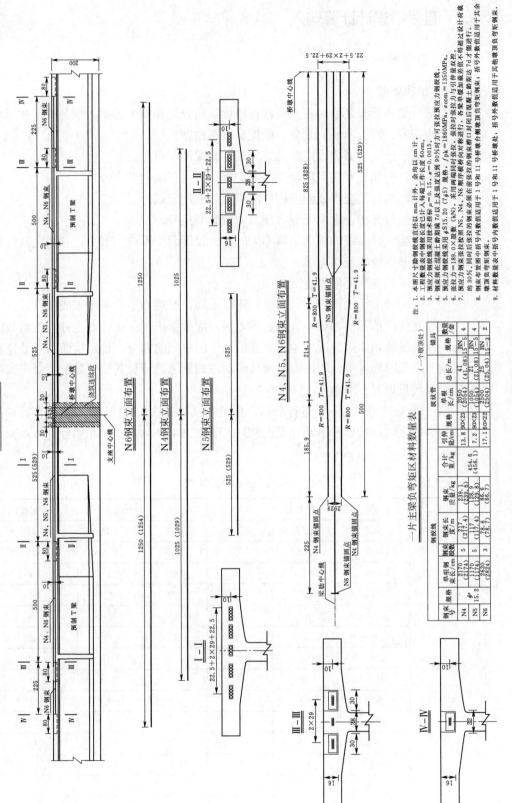

图 9.10　墩顶现浇连续段负弯矩预应力钢束布置图（单位：cm）

9.2　直线桥设计计算输入

9.2.1　数据准备

1. 结构离散

在进行结构计算之前,首先要根据桥梁结构方案和施工方案,划分单元并对单元和节点编号,对于单元的划分一般遵从以下原则。

(1) 对于所关心截面设定单元分界线,即编制节点号。

(2) 构件的起点和终点以及变截面的起点和终点编制节点号。

(3) 不同构件的交点或同一构件的折点处编制节点号。

(4) 施工分界线设定单元分界线,即编制节点号。

(5) 当施工分界线的两侧位移不同时,应设置两个不同的节点,利用主从约束关系考虑该节点处的连接方式。

(6) 边界或支承处应设置节点。

(7) 不同号单元的同号节点的坐标可以不同,节点不重合系统形成刚臂。

(8) 对桥面单元的划分不宜太长或太短,应根据施工荷载的设定并考虑活载的计算精度统筹兼顾。因为活载的计算是根据桥面单元的划分,记录桥面节点处位移影响线,进而得到各单元的内力影响线经动态规划加载计算其最值效应。对于索单元一根索应只设置一个单元。

以一联 3m×30m 为示例进行分析,根据图 9.4 和图 9.5 中主梁的结构布置和上述结构离散原则进行划分单元,设置 95 个节点,94 个单元。单元划分具体数据见表 9.1。

表 9.1　　　　　　　　　　　单 元 划 分 数 据 表

孔号	分区	分区长度	单元数	单元长度	长度表达式	控制点起始距离
第一跨	横梁	0.55	1	0.55	0.55	0
	横梁	0.95	1	0.95	0.95	0.55
	横梁	1	1	1	1	1.5
	渐变段	2.5	2	1.25	2×1.25	2.5
	渐变段	0.7	1	0.7	0.7	5
	渐变段	1	1	1	1	5.7
	跨中	3.3	3	1.1	3×1.1	6.7
	跨中	10	10	1	10×1	10
	跨中	3.3	3	1.1	3×1.1	20
	渐变段	1	1	1	1	23.3
	渐变段	0.7	1	0.7	0.7	24.3
	渐变段	2.5	2	1.25	2×1.25	25
	横梁	1	1	1	1	27.5
	横梁	0.95	1	0.95	0.95	28.5

续表

孔号	分区	分区长度	单元数	单元长度	长度表达式	控制点起始距离
第一跨	横梁	0.25	1	0.25	0.25	29.45
	横梁	0.3	1	0.3	0.3	29.7
第二跨	横梁	0.3	1	0.3	0.3	30
	横梁	0.25	1	0.25	0.25	30.3
	横梁	0.95	1	0.95	0.95	30.55
	横梁	1	1	1	1	31.5
	渐变段	2.5	2	1.25	2×1.25	32.5
	渐变段	0.7	1	0.7	0.7	35
	渐变段	1	1	1	1	35.7
	跨中	3.3	3	1.1	3×1.1	36.7
	跨中	10	10	1	10×1	40
	跨中	3.3	3	1.1	3×1.1	50
	渐变段	1	1	1	1	53.3
	渐变段	0.7	1	0.7	0.7	54.3
	渐变段	2.5	2	1.25	2×1.25	55
	横梁	1	1	1	1	57.5
	横梁	0.95	1	0.95	0.95	58.5
	横梁	0.25	1	0.25	0.25	59.45
	横梁	0.3	1	0.3	0.3	59.7
第三跨	横梁	0.3	1	0.3	0.3	60
	横梁	0.25	1	0.25	0.25	60.3
	横梁	0.95	1	0.95	0.95	60.55
	横梁	1	1	1	1	61.5
	渐变段	2.5	2	1.25	2×1.25	62.5
	渐变段	0.7	1	0.7	0.7	65
	渐变段	1	1	1	1	65.7
	跨中	3.3	3	1.1	3×1.1	66.7
	跨中	10	1	10	10×1	70
	跨中	3.3	3	1.1	3×1.1	80
	渐变段	1	1	1	1	83.3
	渐变段	0.7	1	0.7	0.7	84.3
	渐变段	2.5	1	2.5	2×1.25	85
	横梁	1	1	1	1	87.5
	横梁	0.95	1	0.95	0.95	88.5
	横梁	0.55	1	0.55	0.55	89.45
单元	0.55 0.95 1 2×1.25 0.7 1 3×1.1 10×1 3×1.1 1 0.7 2×1.25 1 0.95 0.25 0.3 0.3 0.25 0.95 1 2×1.25 0.7 1 3×1.1 10×1 3×1.1 1 0.7 2×1.25 1 0.95 0.25 0.3 0.3 0.25 0.95 1 2×1.25 0.7 1 3×1.1 10×1 3×1.1 1 0.7 2×1.25 1 0.95 0.55					

续表

孔号	分区	分区长度	单元数	单元长度	长度表达式	控制点起始距离
横隔梁节点位置	2、6、11、16、21、26、38、43、48、53、58、70、75、80、85、90、94					
现浇段单元	31、32、63、64					
墩顶上缘加强钢筋单元	18-45、50-77					
支座约束位置（成桥）	2、32、64、94					
简支约束位置（临时）	2、30、34、62、66、94					

2. 施工分析

（1）划分施工阶段，确定施工周期。

（2）各施工阶段的具体操作，包括安装的单元号、张拉的钢束号、添加的外力荷载、本阶段的内部、外部约束条件、挂篮的操作步骤、拉索单元的索力调整等。

（3）桥梁结构不同的施工方法将导致结构的最终成桥内力不同。施工阶段的划分，对于结构设计有很大的影响。

上部结构主要施工过程：T 梁采用预制场预制，龙门架出坑，架桥机架设安装。T 梁设计主要施工顺序：预制主梁，存梁一个月→架设主梁（同一跨内由中至两边对称落梁）→浇筑横桥向横隔板→浇筑横向湿接缝→浇筑墩顶连续段→张拉负弯矩预应力钢束（按照先中间跨、后边跨顺序进行）→更换支座→桥面铺装→防撞墙→成桥。

T 梁的施工共划分为 7 个阶段，各阶段工作内容见表 9.2。

表 9.2　　　　　　　　　　　　T 梁施工阶段划分说明

施工阶段	施工天数/d	工作内容说明
CS1	28	T 梁预制
CS2	5	张拉钢束 1～9
CS3	30	存梁 30d
CS4	14	浇筑横隔板、湿接缝、墩顶连续段
CS5	5	张拉负弯矩预应力钢束、更换支座
CS6	30	桥面铺装、防撞墙
CS7	3650	考虑 10 年的收缩徐变影响

9.2.2　项目的建立

1. 步骤一

选择"文件"菜单中的"新建项目组"或"打开项目组"命令，如图 9.11 所示；

2. 步骤二

选择"项目"菜单中的"创建项目"命令，或者在项目组管理窗口，通过右键菜单来选择"创建项目"命令，如图 9.12 所示。输入项目名称，通过单击"浏览"按钮来选择存储路径，在下拉列表框中选择项目类型。创建项目后，程序出现了图 9.13 所示的界面。

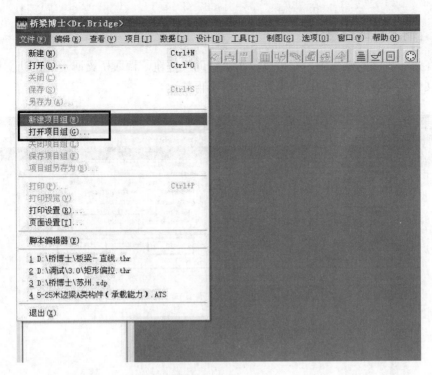

图 9.11　新建项目组

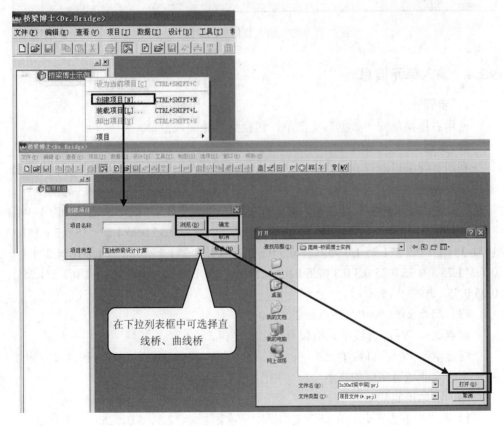

图 9.12　创建项目

9.2.3　输入总体信息

在每一步骤的操作中，都可以单击"帮助"按钮，调取桥梁博士的帮助文件。帮助文件包含各项内容的详细解释，本书不再赘述。

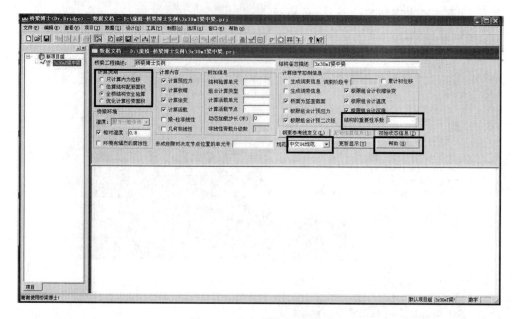

图 9.13　输入总体信息窗口

9.2.4　输入单元信息

1. 步骤一

使用右键菜单或"数据"主菜单，切换到单元输入窗口。

2. 步骤二

利用直线编辑器建立模型。单击快速编辑器的直线编辑器，在"直线单元编辑器"窗口输入单元信息。

（1）在"编辑内容"选项组内把 4 个复选框都勾选上。"编辑单元号"为 1–94，"左节点号"为 1-94，"右节点号"为 2-95，"分段长度"为 0.55 0.95 1 2*1.25 0.7 1 3*1.1 10*1 3*1.1 1 0.7 2*1.25 1 0.95 0.25 0.3 0.3 0.25 0.95 1 2*1.25 0.7 1 3*1.1 10*1 3*1.1 1 0.7 2*1.25 1 0.95 0.25 0.3 0.3 0.25 0.95 1 2*1.25 0.7 1 3*1.1 10*1 3*1.1 1 0.7 2*1.25 1 0.95 0.55，如图 9.15 所示。

（2）起点 x=0、y=0，终点 x=1、y=0。

起点 X=、Y=：直线单元组起点 X、Y 坐标。

终点 X=，Y=：直线单元组终点 X、Y 坐标，仅供确定直线方程和直线方向使用，不一定非填写实际的终点坐标，如图 9.15 所示。

（3）添加控制截面。

1）在"控制点距起点距离"文本框中依次添加 0、2.5、5.0、25.0、27.5、32.5、35、55、57.5、62.5、65、85、87.5、90，如图 9.16 所示。

（a）"数据"主菜单　　　　　　　　　　　（b）右键菜单

图 9.14　输入单元信息窗口

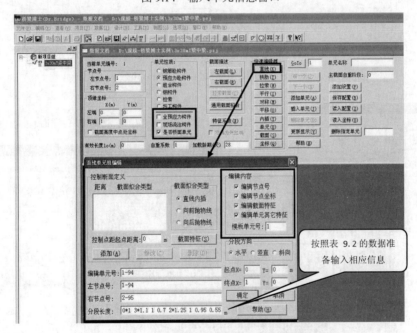

图 9.15　利用直线编辑器输入单元信息

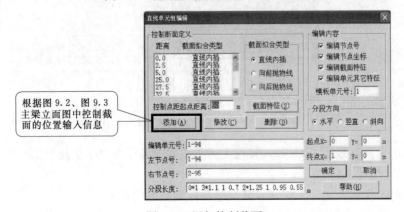

图 9.16　添加控制截面

2）选定控制截面 0m 处，依次单击"截面特征"按钮、单击"图形输入"按钮、双击选择"T 型"截面，按照窗口提示信息输入相应的几何参数。单击"存入文件"按钮，保存"中梁支点截面"的截面特征信息，以备其他相同特征截面使用，如图 9.17 和图 9.18 所示。

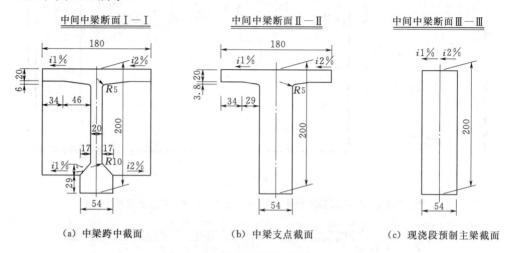

（a）中梁跨中截面　　　　　（b）中梁支点截面　　　　　（c）现浇段预制主梁截面

图 9.17　中梁横断面图（单位：cm）

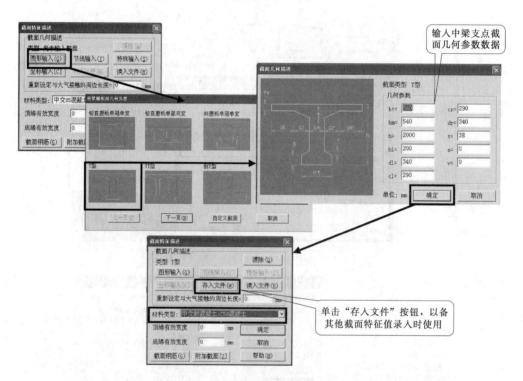

图 9.18　中梁支点截面几何信息输入

3）选定控制截面 5.0m 处，按照上述方式输入并保存"中梁跨中截面"的截面特征信息，如图 9.19 所示。

4）单击"读入文件"按钮，依次修改控制截面的截面特征。2.5（支点）、25.0（跨中）、27.5（支点）、32.5（支点）、35（跨中）、55（跨中）、57.5（支点）、62.5

（支点）、65（跨中）、85（跨中）、87.5（支点）、90（支点）如图 9.20 所示。

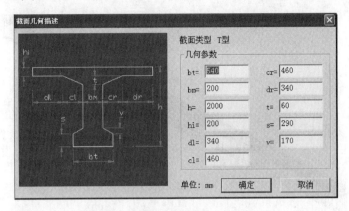

图 9.19　中梁跨中截面几何信息输入

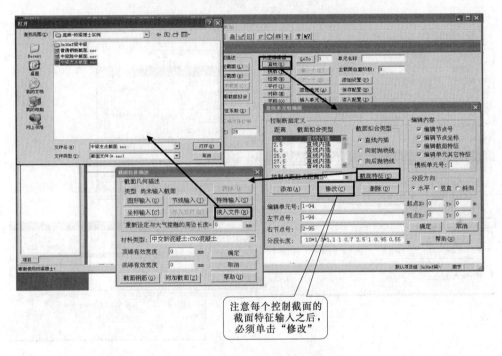

图 9.20　通过读入文件修改截面特征

（4）单击"确定"按钮，生成桥梁模型，如图 9.21 所示。

3. 步骤三

修改截面普通钢筋信息。

单击快速编辑器中的"截面"按钮，在"截面组修改"对话框中，选中"修改截面普通钢筋信息"复选框，在"编辑单元号"文本框中输入需要修改的单元号，单击"模板截面"按钮，在弹出对话框中再单击"截面钢筋"按钮，输入截面普通钢筋信息，如图 9.22 所示。

截面钢筋输入时，钢筋的高度为正值表示距截面底缘的距离，为负值时表示距截面顶缘的距离。注意：此处只输入顶板和底板处的主要受力钢筋，其他构造钢筋无需输入。

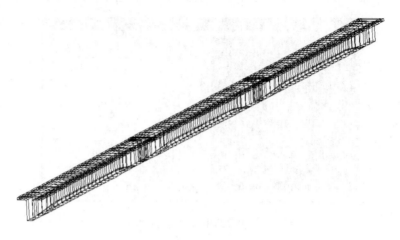

图 9.21　在图形窗口查看桥梁模型

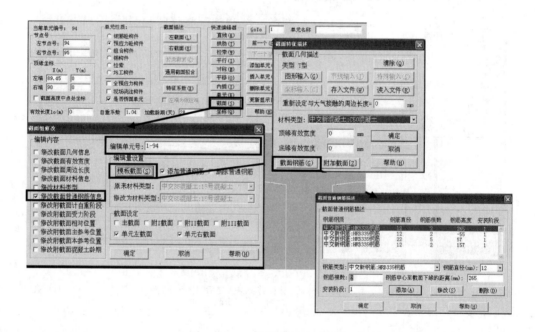

图 9.22　修改截面普通钢筋信息

9.2.5　输入钢束信息

1. 步骤一

使用右键菜单或"数据"主菜单，切换到钢束输入窗口。

2. 步骤二

钢束基本信息录入。

本示例为 3×30m 一联预应力混凝土先简支后结构连续 T 梁。根据图 9.6 至图 9.10，对钢束进行表 9.3 的编号。

表 9.3　　　　　　　　　　　钢 束 编 号 信 息

位置		钢束名称	钢束编号	编束根数	张拉控制应力	成孔面积
第一跨	N1	1-N1	1	ϕ^S15.2-8	1395	6793
	N2	1-N2	4	ϕ^S15.2-10	1395	7543
	N3	1-N3	7	ϕ^S15.2-10	1395	7543
第二跨	N1	2-N1	2	ϕ^S15.2-8	1395	6793
	N2	2-N2	5	ϕ^S15.2-9	1395	6793
	N3	2-N3	8	ϕ^S15.2-9	1395	6793
第三跨	N1	3-N1	3	ϕ^S15.2-8	1395	6793
	N2	3-N2	6	ϕ^S15.2-10	1395	7543
	N3	3-N3	9	ϕ^S15.2-10	1395	7543
第一跨与第二跨之间墩顶	N4	1-N4	10	ϕ^S15.2-5	1350	2070
	N5	1-N5	12	ϕ^S15.2-5	1350	2070
	N6	1-N6	14	ϕ^S15.2-3	1350	1320
第二跨与第三跨之间墩顶	N4	2-N4	11	ϕ^S15.2-5	1350	2070
	N5	2-N5	13	ϕ^S15.2-5	1350	2070
	N6	2-N6	15	ϕ^S15.2-3	1350	1320

预应力钢筋与管道壁的摩擦系数 $\mu=0.15$，管道每米局部偏差对摩擦的影响系数 $\kappa=0.0015$，张拉端锚具变形、钢筋回缩和接缝压缩值 $\varDelta_l=12$mm（两端）。

张拉控制应力：抗拉强度标准值为 $f_{pk}=1860$MPa 的 0.75 倍，即 1395MPa。

成孔面积：预应力管道采用预埋塑料波纹管，ϕ^S15.2-8（9）：外径 9.3cm、内径

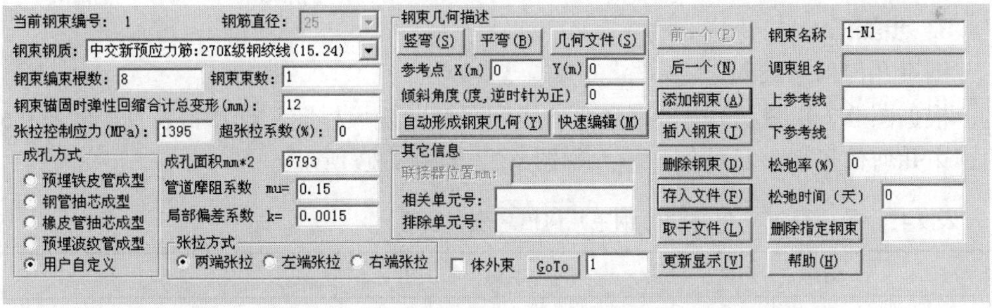

图 9.23　1 号钢束（1-N1）基本信息输入

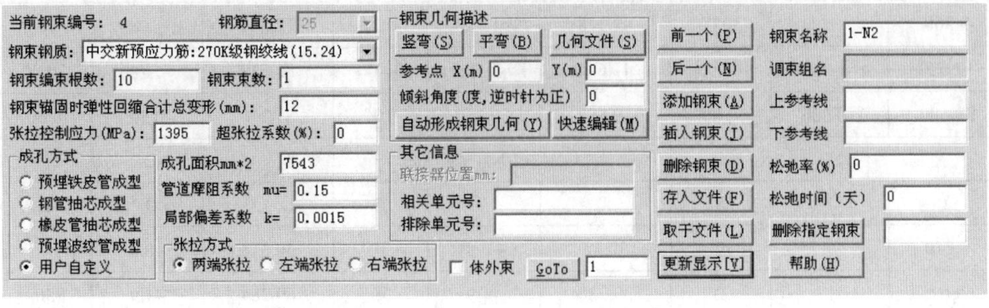

图 9.24　4 号钢束（1-N2）基本信息输入

8.0cm；ϕ^S15.2-10：外径 9.8cm、内径 8.5cm。成孔面积以外径计算。负弯矩钢绞线 ϕ^S15.2-5：预埋 90mm×23mm 扁锚波纹管；ϕ^S15.2-3：预埋 60mm×22mm 扁锚波纹管。按外径计算，ϕ^S15.2-8（9）：6793mm^2；ϕ^S15.2-10：7543mm^2；ϕ^S15.2-5：2070 mm^2；ϕ^S15.2-3：1320mm^2。具体设置如图 9.23 至图 9.26 所示。

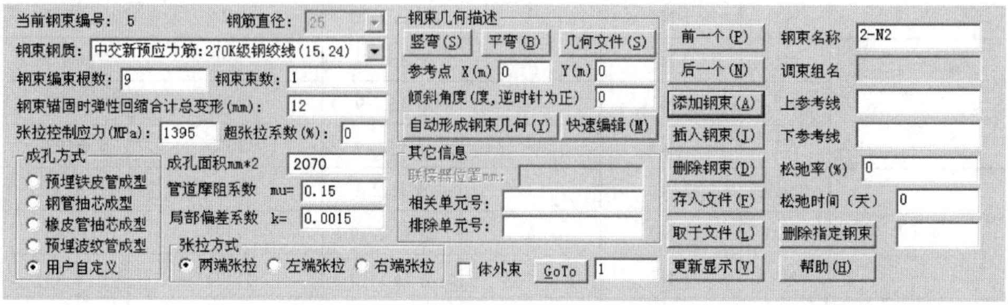

图 9.25　5 号钢束（2-N2）基本信息输入

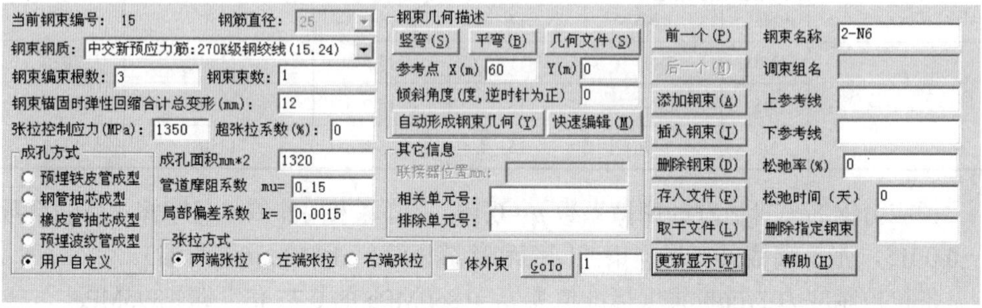

图 9.26　15 号钢束（2-N6）基本信息输入

3.　步骤三

钢束几何信息录入。

根据图 9.7 和图 9.9 中钢束竖弯曲线和平弯曲线大样图，计算得表 9.4 至表 9.6 的钢束几何信息表。具体信息输入如图 9.27 至图 9.33 所示。

表 9.4　钢束几何信息表（竖弯）

1-N1			2-N1			3-N1		
X	Y	R	X	Y	R	X	Y	R
0.250	−0.500	0.00	30.320	−0.300	0.00	60.320	−0.300	0.00
9.368	−1.780	30.00	42.378	−1.780	30.00	72.380	−1.780	30.00
17.620	−1.780	30.00	47.624	−1.780	30.00	80.632	−1.780	30.00
29.680	−0.300	0.00	59.682	−0.300	0.00	89.750	−0.500	0.00
1-N2			2-N2			3-N2		
X	Y	R	X	Y	R	X	Y	R
0.250	−1	0	30.32	−0.8	0	60.318	−0.8	0
6.6615	−1.9	21	39.288	−1.9	30	69.284	−1.9	30
20.716	−1.9	30	50.712	−1.9	30	83.3385	−1.9	21

续表

1-N2			2-N2			3-N2		
29.682	−0.8	0	59.68	−0.8	0	89.75	−1	0

1-N3			2-N3			3-N3		
X	Y	R	X	Y	R	X	Y	R
0.250	−1.55	0	30.32	−1.4	0	60.318	−1.4	0
2.7515	−1.9	21	34.4065	−1.9	50	65.917	−1.9	50
24.083	−1.9	50	55.5995	−1.9	50	87.2485	−1.9	21
29.682	−1.4	0	59.686	−1.4	0	89.75	−1.55	0

表 9.5　　　　　　　　　　　　　　钢束几何信息表（平弯）

1-N2			2-N2			3-N2		
X	Z	R	X	Z	R	X	Z	R
0.25	0	0	30.32	0	0	60.32	0	0
8.61	0	6	41.18	0	6	71.18	0	6
9.58	0.16	6	42.15	−0.16	6	72.15	0.16	6
17.85	0.16	6	47.85	−0.16	6	80.42	0.16	6
18.82	0	6	48.82	0	6	81.39	0	6
29.68	0	0	59.68	0	0	89.75	0	0

1-N3			2-N3			3-N3		
X	Z	R	X	Z	R	X	Z	R
0.25	0	0	30.32	0	0	60.32	0	0
4.7	0	6	37.94	0	6	67.94	0	6
5.67	0.16	6	38.91	−0.16	6	68.91	0.16	6
21.09	0.16	6	51.09	−0.16	6	84.33	0.16	6
22.06	0	6	52.06	0	6	85.3	0	6
29.68	0	0	59.68	0	0	89.75	0	0

表 9.6　　　　　　　　　　　　　　钢束几何信息表（平弯）

1-N4		
X	Z	R
−10.25	0.29	0
−8.391	0.29	8
−6.25	0.515	8
6.25	0.515	8
8.391	0.29	8
10.25	0.29	0

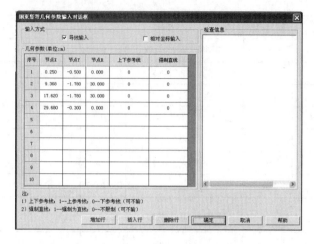

图 9.27　1 号钢束（1-N1）竖弯几何信息输入

图 9.28　4 号钢束（1-N2）竖弯几何信息输入

图 9.29　4 号钢束（1-N2）平弯几何信息输入

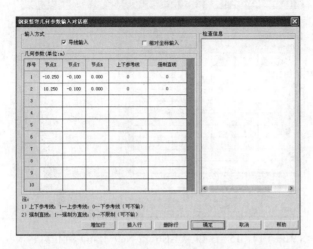

图 9.30　10、11 号钢束（1-N4、2-N4）竖弯几何信息输入

图 9.31　10、11 号钢束（1-N4、2-N4）平弯几何信息输入

图 9.32　12、13 号钢束（1-N5、2-N5）竖弯几何信息输入

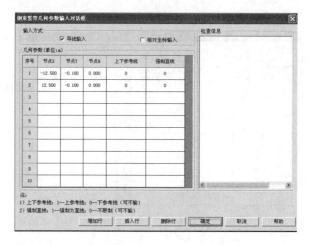

图 9.33　14、15 号钢束（1-N6、2-N6）竖弯几何信息输入

9.2.6　输入施工信息

1. 步骤一

使用"数据"主菜单中的"输入施工阶段信息"命令或鼠标右键弹出右菜单来切换到施工阶段信息输入窗口。

2. 步骤二

施工阶段 CS1 的信息输入。

（1）基本信息输入。

安装杆件号：除现浇连续段 31、32、63、64 外的其他单元，如图 9.34 所示。

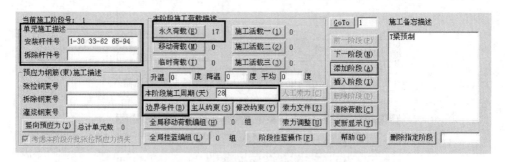

图 9.34　施工阶段 CS1 的基本信息输入

（2）本阶段施工荷载描述。

在图 9.34 中单击"永久荷载"按钮，出现图 9.35 所示对话框，单击"集中荷载"按钮，在横隔梁对应的节点位置添加集中荷载 15.2kN。荷载值为横隔梁体积×重度。

（3）边界条件输入。

在图 9.34 中，单击"边界条件"按钮，出现图 9.39 所示对话框。在节点 2、节点 33、节点 66 处输入水平刚性和竖向刚性的边界约束信息，其余节点处输入竖向刚性的边界约束信息，如图 9.36 所示。

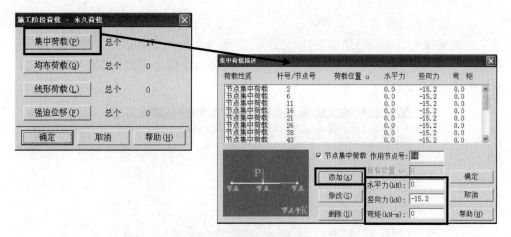

图 9.35　横隔梁荷载输入

图 9.36　施工阶段 CS1 的边界条件输入

（4）查看施工阶段工作结构图，检查输入信息是否正确。

如图 9.37 所示，现浇单元 31、32 处空缺，各节点边界约束条件输入正确，符合阶段工作实际情况。

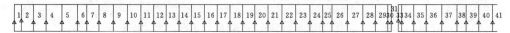

图 9.37　施工阶段 CS1 工作结构图

3. 步骤三

施工阶段 CS2 的信息输入。

（1）基本信息输入，如图 9.38 所示。

图 9.38　施工阶段 CS2 的基本信息输入

（2）边界条件输入。

在图 9.38 中，单击"边界条件"按钮，出现图 9.39 所示对话框。在节点 2、节点 33、节点 66 处输入水平刚性和竖向刚性的边界约束信息，其余节点处输入竖向刚性的边界约束信息。

图 9.39　施工阶段 CS2 的边界条件输入

（3）查看施工阶段工作结构图，检查输入信息是否正确。

如图 9.40 所示，现浇单元 31、32 处空缺，各节点边界约束条件输入正确，阶段钢束图形可见，符合阶段工作实际情况。

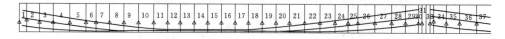

图 9.40　施工阶段 CS2 工作结构图

4. 步骤四

施工阶段 CS3 的信息输入。

（1）基本信息输入，如图 9.41 所示。

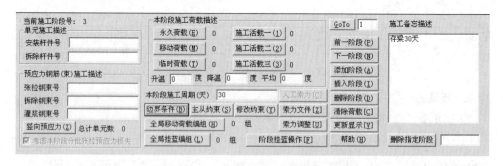

图 9.41　施工阶段 CS3 的基本信息输入

（2）边界条件输入。

在图 9.41 中，单击"边界条件"按钮，出现图 9.39 所示对话框。在节点 2、节点 33、节点 66 处输入水平刚性和竖向刚性的边界约束信息，其余节点处输入竖向刚性的边界约束信息。与 CS1、CS2 相同。

5. 步骤五

施工阶段 CS4 的信息输入。

（1）基本信息输入，如图 9.42 所示。

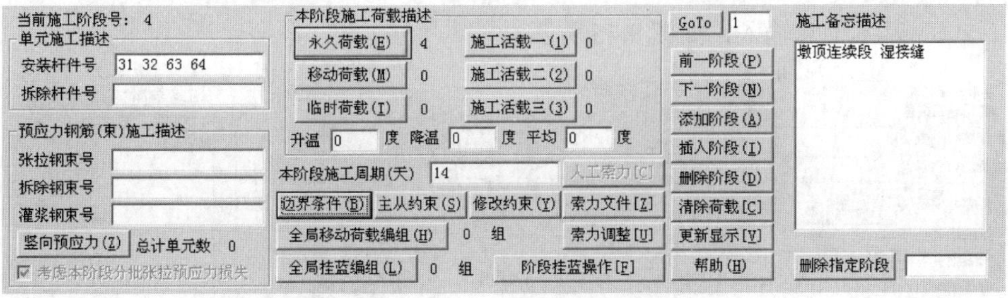

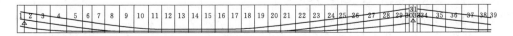

图 9.42　施工阶段 CS4 的基本信息输入

（2）本阶段施工荷载描述。

单击"永久荷载"按钮，单击"均布荷载"按钮，在湿接缝对应的单元位置添加均布荷载 82.4kN/m，如图 9.43 所示。

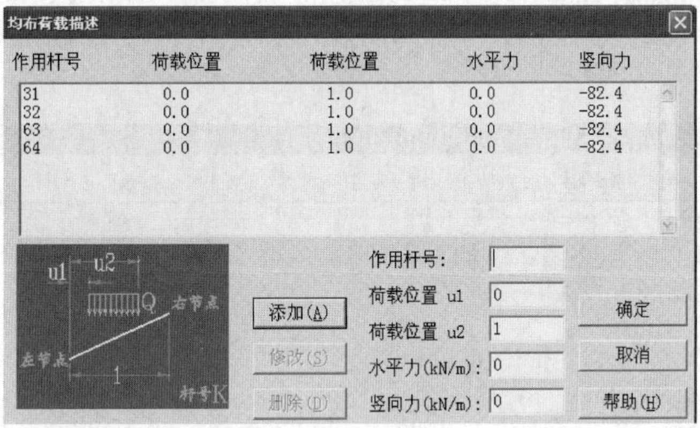

图 9.43　横隔梁荷载输入

（3）边界条件输入。

单击"边界条件"按钮，在节点 2、节点 33、节点 66 处输入水平刚性和竖向刚性的边界约束信息，其余节点处输入竖向刚性的边界约束信息。与前述施工阶段相同。

注意：虽然本阶段的实际工作是除支座节点外，其他各节点处无边界约束，但是经过多次计算验证，在本施工阶段仍需保留各个节点处边界约束条件不变，待张拉负弯矩预应力钢束、更换支座阶段，统一修改边界约束条件。

（4）查看施工阶段工作结构图，检查输入信息是否正确。

如图 9.44 所示，现浇单元 31、32 已生成，各节点边界约束条件输入正确，符合阶段工作实际情况。

图 9.44　施工阶段 CS4 工作结构图

6. 步骤六

施工阶段 CS5 的信息输入。

（1）基本信息输入，如图 9.45 所示。

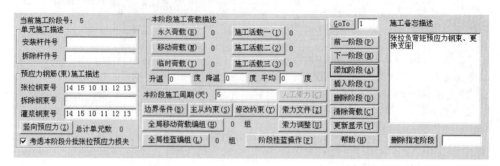

图 9.45　施工阶段 CS5 的基本信息输入

（2）边界条件输入。

单击"边界条件"按钮，在节点 32 处输入水平刚性和竖向刚性的边界约束信息，在节点 2、节点 32、节点 64、节点 94 处输入竖向刚性的边界约束信息，如图 9.46 所示。

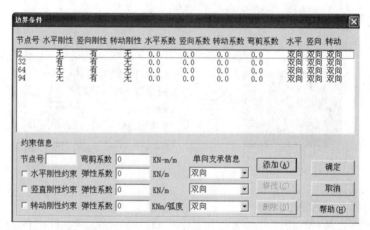

图 9.46　施工阶段 CS5 的边界条件输入

（3）查看施工阶段工作结构图，检查输入信息是否正确，如图 9.47 所示。

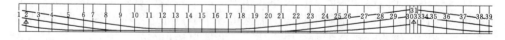

图 9.47　施工阶段 CS5 工作结构图

7. 步骤七

施工阶段 CS6 的信息输入。

（1）基本信息输入，如图 9.48 所示。

（2）本阶段施工荷载描述。

单击"永久荷载"按钮，单击"均布荷载"按钮，在所有节点位置添加均布荷载 10.2kN/m，如图 9.49 所示。均布荷载值为桥面铺装体积×材料重度。

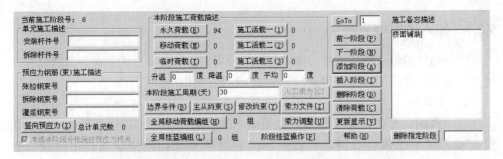

图 9.48　施工阶段 CS6 的基本信息输入

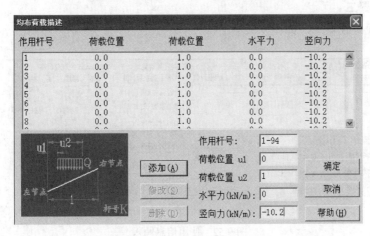

图 9.49　桥面铺装荷载输入

（3）边界条件输入：与上一施工阶段相同

8. 步骤八

施工阶段 CS7 的信息输入。

（1）基本信息输入，如图 9.50 所示。

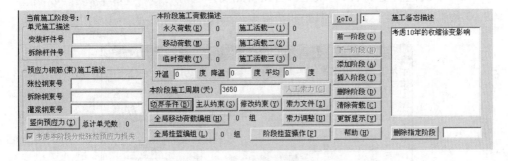

图 9.50　施工阶段 CS7 的基本信息输入

（2）边界条件输入。与上一施工阶段相同。

（3）查看施工阶段工作结构图，检查输入信息是否正确，如图 7.51 所示。

图 9.51　施工阶段 CS7 工作结构图

9.2.7　输入使用信息

在使用阶段输入结构在施工结束后有效使用期内可能承受的各种外荷载信息，使用阶段的计算结构模型采用最后一个施工阶段的计算模型。

1. 步骤一

命令调用。可以选择"数据"主菜单下的"输入使用阶段信息"命令，或在数据输入区单击鼠标右键，通过弹出的右键菜单来切换到输入使用阶段信息窗口。

2. 步骤二

其他静荷载输入，如图 9.52 所示。

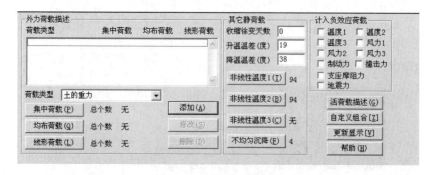

图 9.52　使用信息输入

（1）收缩徐变天数。根据《公路钢筋混凝土及预应力钢筋混凝土桥涵设计规范》（JT G D62—2004）的编制理念，使用阶段的收缩徐变时间应为"0"d，而将结构的收缩徐变考虑到施工阶段中，即添加一个较长施工周期，用以完成结构的收缩徐变，而不在使用阶段考虑。

（2）非线性温度 1（T）。根据《公路桥涵设计通用规范》（JTG D60—2015）第 4.3.10 条第 3 款规定，定义正温差和负温差，如图 9.53 所示。

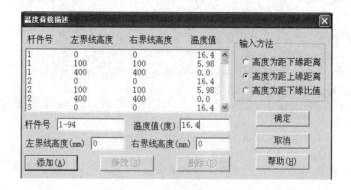

图 9.53　非线性温度 1（T）

（3）非线性温度 2（B），如图 9.54 所示。

3. 步骤三

活荷载描述，如图 9.55 和图 9.56 所示。

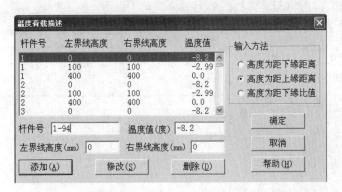

图 9.54 非线性温度 2（B）

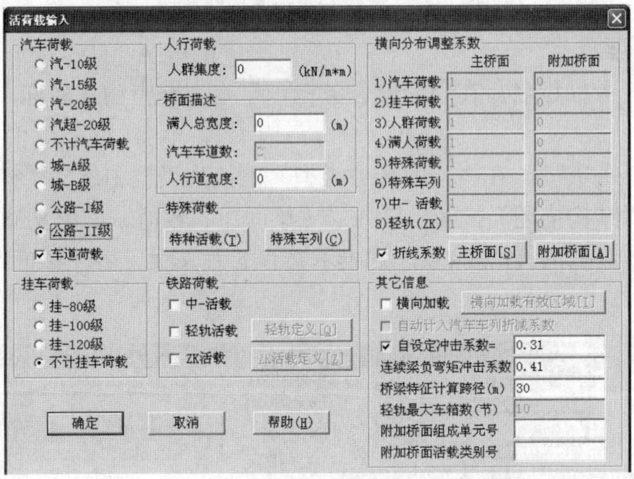

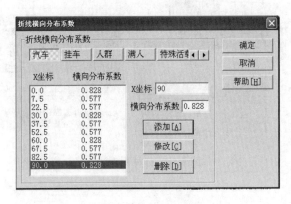

图 9.55 活荷载输入

图 9.56 横向分布系数输入

9.2.8 横向分布系数计算

1. 新建或打开横向分布文档

选择"设计"菜单下的"横向分布"命令；选择已有的文档名称或输入一个新文档名称，则出现图 9.57 所示的窗口。文件后缀名为 sdt。

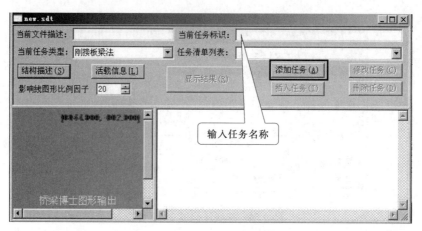

图 9.57 横向分布系数计算窗口

2. 杠杆原理法

（1）设置任务标识名。在"当前任务标识"本文框中输入名称，单击"添加任务"按钮。

（2）选择任务类型。在"当前任务类型"下拉列表框中选择"杠杆法"选项。

（3）单击"结构描述"按钮，输入"主梁间距"数值，如图 9.58 所示。系统支持（*）表达式。例如，输入 4*2，则表示共有 5 片主梁，各主梁间距都为 2m，如图 9.59 所示。

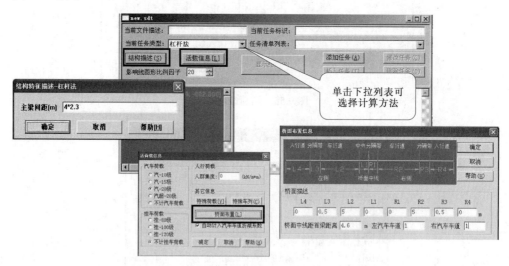

图 9.58 杠杆原理法

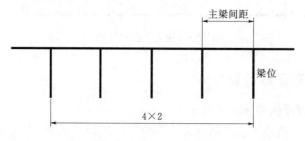

图 9.59 主梁间距示意图

（4）单击"活载信息"按钮，选择汽车荷载、挂车荷载类型，在人行荷载栏中输入人群集度。

（5）单击"桥面布置"按钮，在"桥面布置信息"对话框中输入相关数据。

桥面中线距首梁距离：用于确定各种活载在影响线上移动的位置。对于杠杆法和刚性横梁法为桥面的中线到首梁的梁位线处的距离；对于刚接板梁法则为桥面中线到首梁左侧悬臂板外端的距离。杠杆法计算结果，如图 9.60、图 9.61 所示。

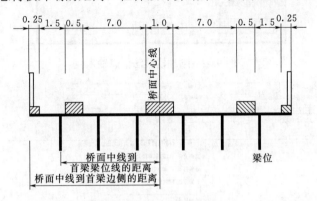

图 9.60　桥面与梁位对应示意

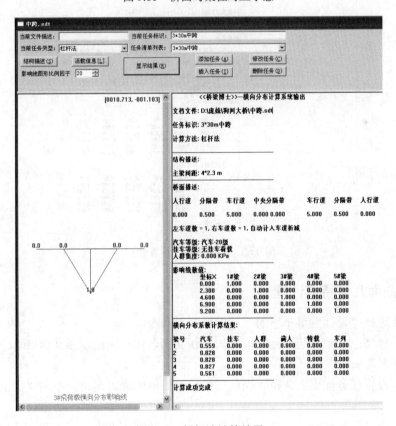

图 9.61　杠杆法计算结果

3. 刚性横梁法（偏心压力法）

（1）选择任务类型。在"当前任务类型"下拉列表框中选择"刚性横梁法"选项,如图 9.62 所示。

（2）单击"结构描述"按钮,如图 9.63 所示,输入信息。其他步骤同上。

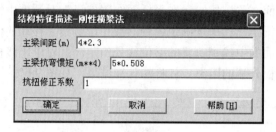

图 9.62 刚性横梁法信息输入

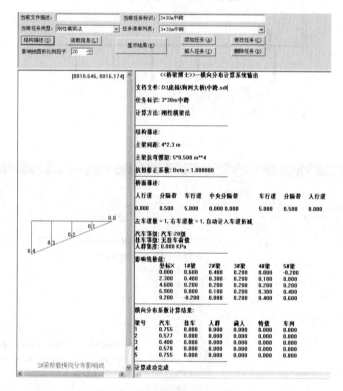

图 9.63 刚性横梁法计算结果

9.2.9 截面几何特征计算

（1）选择"设计"菜单下的"截面设计"命令。

（2）选择已有的文档名称或输入一个新文档名称,则出现图 9.64 所示的窗口。文件后缀名为 sds。

（3）设置任务标识名。在"当前任务标识"框中输入名称。单击"添加任务"按钮。

（4）选择任务类型。在"当前任务类型"下拉列表框中选择"截面几何特征"选项。

（5）单击"截面描述"按钮,单击"读入文件"按钮,读入已保存的截面文件。单击"显示结果"按钮,可查看计算结果。

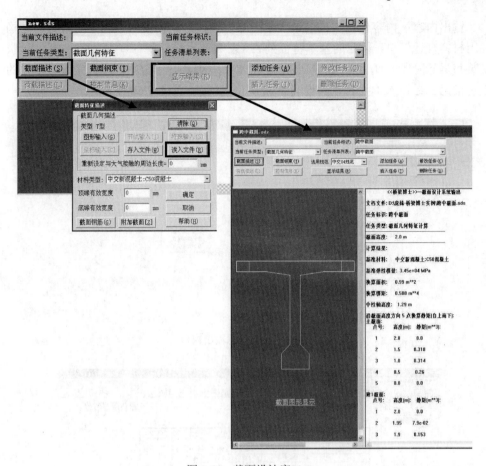

图 9.64 截面设计窗口

9.3 直线桥设计计算输出

选择"项目"菜单下的"执行项目计算"命令，进行桥梁结构分析计算。之后可以查看各种计算输出结果，如图9.65 所示。

9.3.1 总体信息输出

使用"数据"菜单下的"输出总体信息"命令，打开图 9.66 所示的输出窗口。

输出方法：总体信息输出主要是结构的一般信息汇总，可使用右键菜单切换不同内容的输出，也可在查看菜单中使用显示内容设定，通过制表检索号来控制绘制表格的单元号，支持打印。

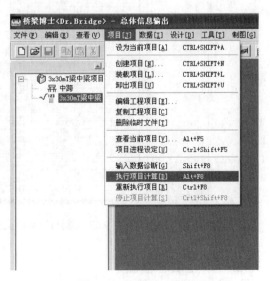

图 9.65 执行项目计算

　　输出内容：内容包括结构的最大单元号、节点号、钢束号、施工阶段号，结构耗用材料合计汇总，单元的基本特征列表（左右节点号、左右节点坐标、单元类型、安装与拆除阶段），单元的数量列表（左右梁高、面积、单位重和单元重量，单元的重量信息已经计入单元自重的提高系数），如图 9.66 至图 9.68 所示。

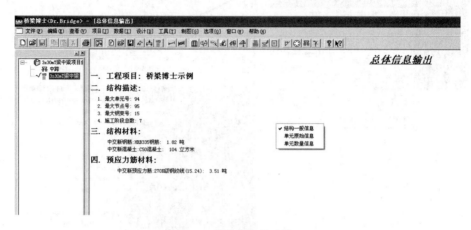

图 9.66　总体信息输出窗口

图 9.67　总体信息输出窗口——单元特征

9.3.2　单元信息输出

　　打开界面：使用"数据"菜单下的"输出单元信息"命令，打开图 9.69 所示的输出窗口。

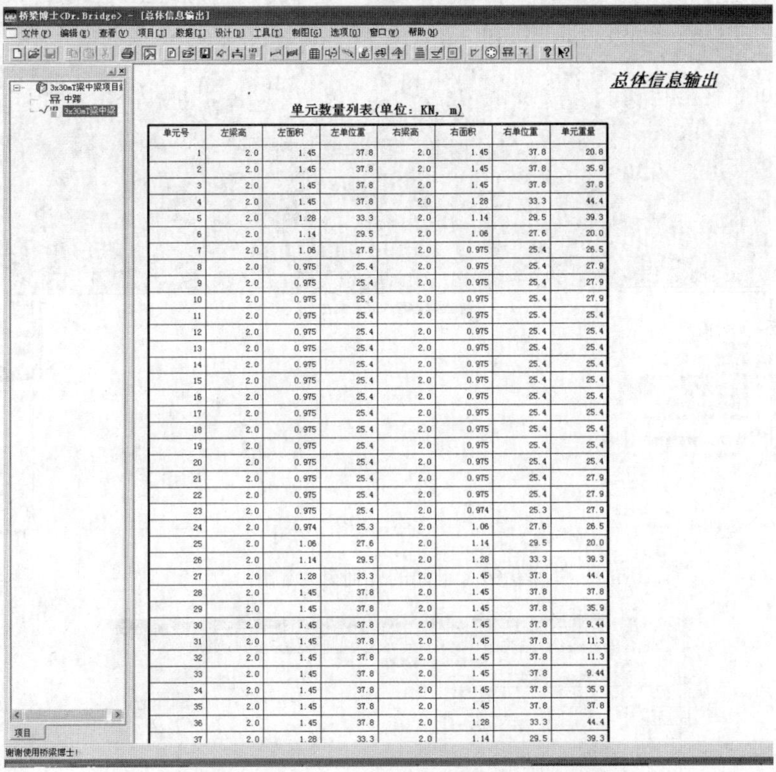

单元数量列表(单位：KN，m)

单元号	左梁高	左面积	左单位重	右梁高	右面积	右单位重	单元重量
1	2.0	1.45	37.8	2.0	1.45	37.8	20.8
2	2.0	1.45	37.8	2.0	1.45	37.8	35.9
3	2.0	1.45	37.8	2.0	1.45	37.8	37.8
4	2.0	1.45	37.8	2.0	1.28	33.3	44.4
5	2.0	1.28	33.3	2.0	1.14	29.5	39.3
6	2.0	1.14	29.5	2.0	1.06	27.6	20.0
7	2.0	1.06	27.6	2.0	0.975	25.4	26.5
8	2.0	0.975	25.4	2.0	0.975	25.4	27.9
9	2.0	0.975	25.4	2.0	0.975	25.4	27.9
10	2.0	0.975	25.4	2.0	0.975	25.4	27.9
11	2.0	0.975	25.4	2.0	0.975	25.4	25.4
12	2.0	0.975	25.4	2.0	0.975	25.4	25.4
13	2.0	0.975	25.4	2.0	0.975	25.4	25.4
14	2.0	0.975	25.4	2.0	0.975	25.4	25.4
15	2.0	0.975	25.4	2.0	0.975	25.4	25.4
16	2.0	0.975	25.4	2.0	0.975	25.4	25.4
17	2.0	0.975	25.4	2.0	0.975	25.4	25.4
18	2.0	0.975	25.4	2.0	0.975	25.4	25.4
19	2.0	0.975	25.4	2.0	0.975	25.4	25.4
20	2.0	0.975	25.4	2.0	0.975	25.4	25.4
21	2.0	0.975	25.4	2.0	0.975	25.4	27.9
22	2.0	0.975	25.4	2.0	0.975	25.4	27.9
23	2.0	0.975	25.4	2.0	0.974	25.3	27.9
24	2.0	0.974	25.3	2.0	1.06	27.6	26.5
25	2.0	1.06	27.6	2.0	1.14	29.5	20.0
26	2.0	1.14	29.5	2.0	1.28	33.3	39.3
27	2.0	1.28	33.3	2.0	1.45	37.8	44.4
28	2.0	1.45	37.8	2.0	1.45	37.8	37.8
29	2.0	1.45	37.8	2.0	1.45	37.8	35.9
30	2.0	1.45	37.8	2.0	1.45	37.8	9.44
31	2.0	1.45	37.8	2.0	1.45	37.8	11.3
32	2.0	1.45	37.8	2.0	1.45	37.8	11.3
33	2.0	1.45	37.8	2.0	1.45	37.8	9.44
34	2.0	1.45	37.8	2.0	1.45	37.8	35.9
35	2.0	1.45	37.8	2.0	1.45	37.8	37.8
36	2.0	1.45	37.8	2.0	1.28	33.3	44.4
37	2.0	1.28	33.3	2.0	1.14	29.5	39.3

图 9.68　总体信息输出窗口——单元数量

在“单元号”中选择或输入要输出信息的单元号，在“阶段号”中选择或输入阶段号，选择需要输出的内容，可以是原始输入信息、阶段效应、施工阶段应力、施工阶段应力验算、使用阶段应力、使用阶段应力验算、总内力和总位移、极限强度验算等，如果是应力输出，尚应指定截面索引，即主辅截面。然后单击“显示”按钮，则可以输出相应的信息，如图 9.69 至图 9.75 所示。

9.3.3　钢束信息输出

打开界面：使用“数据”菜单下的“输出钢束信息”命令，打开图 9.76 所示的输出窗口。

在“钢束号”框内选择或输入要输出信息的钢束号，在“阶段号”框内选择或输入要输出的阶段号，在显示内容中选择内容单项，可以是原始输入信息、阶段应力损失、阶段荷载应力、阶段组合应力、使用应力损失、使用荷载应力以及使用应力组合验算。然后单击“显示”按钮，则可以输出相应的信息，如图 9.77～图 9.82 所示。

钢束信息输出，可通过在图形窗口中双击鼠标左键来切换钢束的立面相关单元图与钢束平弯图形。

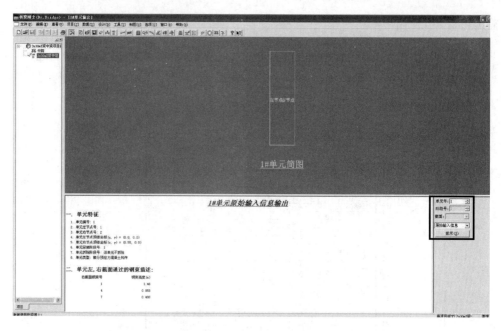

图 9.69　单元的几何外形输出

图 9.70　单元的总内力和位移输出

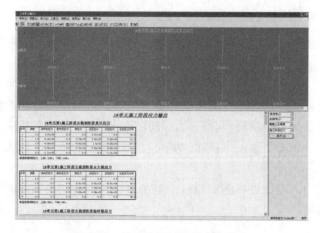

图 9.71　单元的施工阶段应力输出

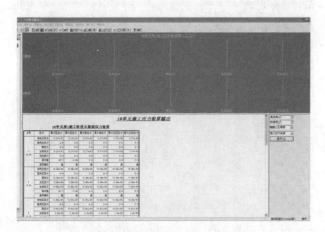

图 9.72　单元的施工阶段应力验算输出

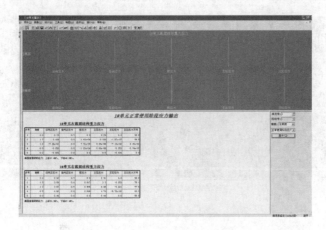

图 9.73　单元使用阶段单项荷载应力

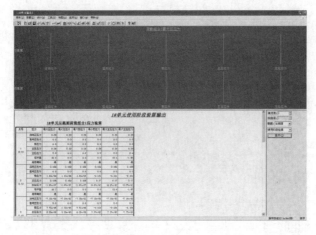

图 9.74　单元使用阶段应力验算

　　钢束阶段荷载应力、钢束阶段应力损失、钢束使用荷载应力、钢束使用应力损失图形输出时，可通过在图形窗口中双击鼠标左键来切换类型。

图 9.75　单元的极限强度验算

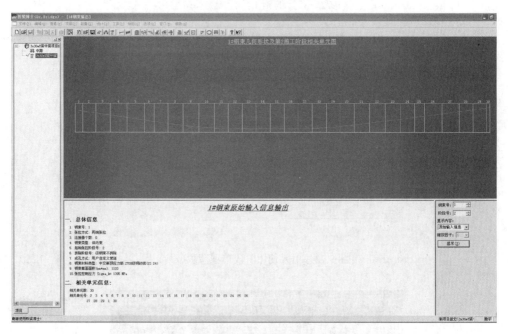

图 9.76　钢束信息输出窗口

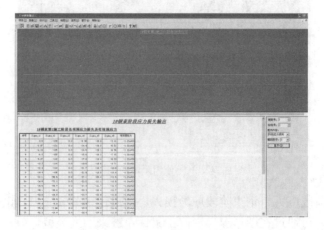

图 9.77　钢束预应力损失输出

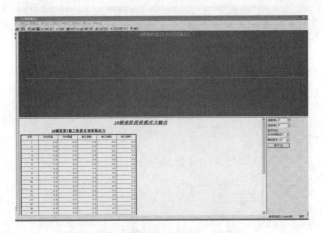

图 9.78　钢束阶段荷载应力输出

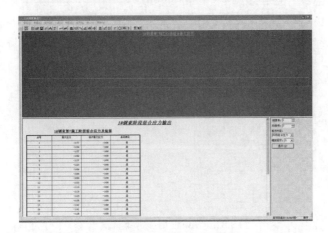

图 9.79　钢束阶段组合应力输出

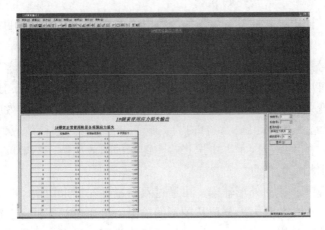

图 9.80　钢束使用阶段应力损失输出

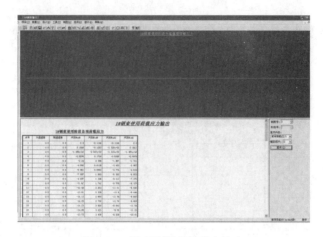

图 9.81　钢束使用荷载应力输出

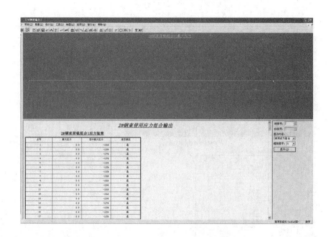

图 9.82　钢束使用应力组合输出

9.3.4　施工阶段信息输出

打开界面：使用"数据"菜单下的"输出施工信息"命令，打开图 9.83 所示的输出窗口。

在"阶段号"内选择或输入要输出信息的阶段号，在"显示内容"中选择需要输出的内容，可以是原始输入信息、永久荷载效应、临时荷载效应、预应力效应、收缩效应、徐变效应、均匀升温效应、均匀降温效应、施工活载 1 效应、施工活载 2 效应、施工活载 3 效应、施工组合内力、施工组合位移、累计效应、钢束引伸量、支承反力汇总，在"缩放因子"中选择输出图形的缩放比例，然后单击"显示"按钮，则可以输出相应的信息。

对于计算模型和几何外形输出，可通过双击鼠标左键来切换。

对于结构的单项荷载内力与位移图形的输出，可通过双击鼠标左键来切换。

对于结构的各种组合内力与位移图形的最值类型及包络图，是通过双击鼠标左键顺序来切换类型或按住 Shift 键来反序切换的。

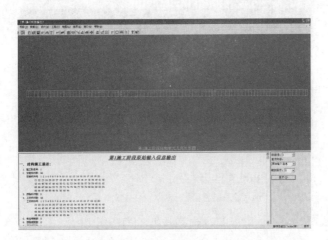

图 9.83　施工阶段原始信息输出

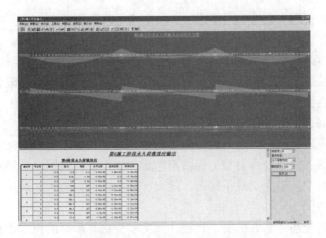

图 9.84　施工阶段永久荷载内力图

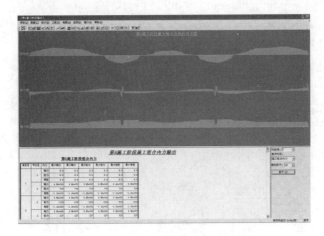

图 9.85　施工阶段组合内力输出图

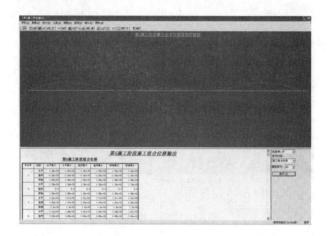

图 9.86　施工阶段组合位移输出图

9.3.5　使用阶段信息输出

打开界面：使用"数据"菜单下的"输出使用阶段信息"命令，打开图 9.87 所示的输出窗口。

在显示内容中选择需要输出的内容，可以是原始输入信息、使用荷载单项效应、单元内力影响线、节点位移影响线、支承反力影响线、承载内力极限状态组合 I ～ Ⅵ、正常使用内力组合 I ～ Ⅵ、使用位移组合 I ～ Ⅵ 或自定义组合 I ～ Ⅲ、支承反力汇总以及配筋计算时的结构配筋面积，如图 9.88 至图 9.92 所示。

对于结构单项荷载的内力与位移图形切换是通过鼠标左键双击来实现的。

对于结构的各种组合内力与位移图形的最值类型及包络图，是通过双击鼠标左键来切换不同类型：最大、最小轴力，最大、最小剪力，最大、最小弯矩，轴力、剪力、弯矩包络图。

对于结构的配筋估算面积图，只在计算类别为估算配筋面积时才有；通过在图形窗口中双击鼠标左键来切换承载能力极限状态和正常使用极限状态的配筋面积图。

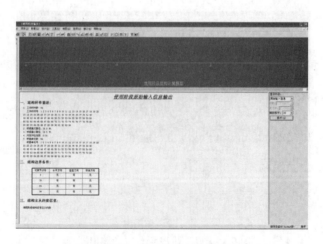

图 9.87　使用阶段信息输出

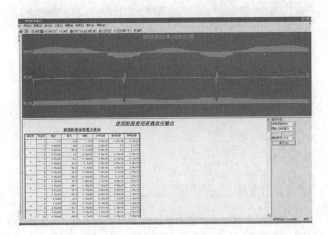

图 9.88　结构重力内力输出

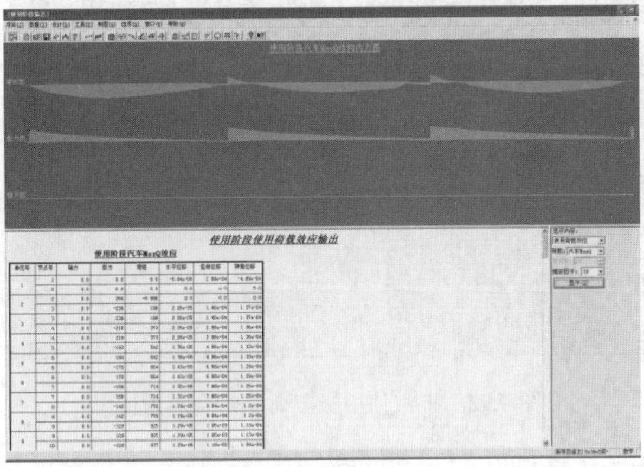

图 9.89　汽车最大剪力输出

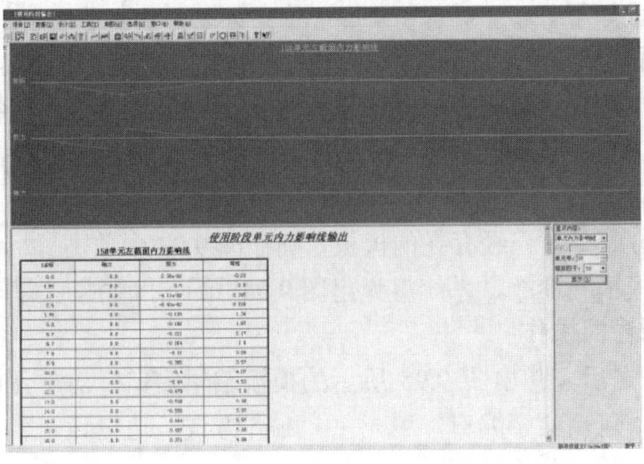

图 9.90　单元内力影响线图

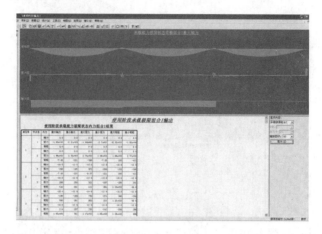

图 9.91　承载能力极限荷载组合内力图

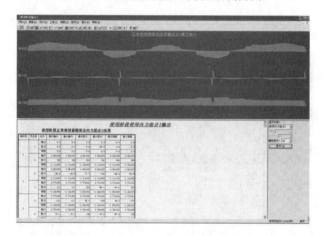

图 9.92　正常使用极限荷载组合内力图

9.3.6　自定义报告输出

自定义报告由模板和报告两个部分组成，模板编辑好后，就可以自动输出报告内容了，操作过程如下。

1. 打开界面

（1）从主菜单选择"数据"→"输出报告数据结果"命令；或按 Alt+I→Ctrl+P 组合键，弹出图 9.93 所示对话框，在该对话框的模板显示区中单击鼠标右键选择快捷菜单中的"新建模板"命令。

（2）如果是打开一个已经存在的模板，则在图 9.93 中单击鼠标右键，选择快捷菜单中的"打开模板"命令，系统将弹出图 9.94 所示对话框，打开模板文件名。

2. 模板编辑窗口操作

"新建模板"之后，弹出图 9.95 所示的模板编辑窗口，对单元格操作命令以鼠标右键菜单显示，包括文字编辑、填充色、对齐方式、边框设定、行高设定、列宽设定、单元格合并及拆分等操作。

3. 确定输出内容及格式

输出的数据内容和格式参见实例。

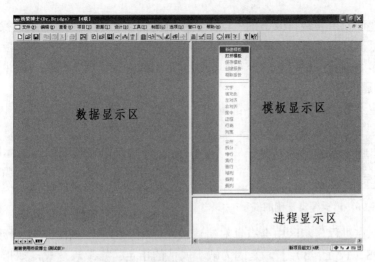

图 9.93　输出报告数据结果对话框

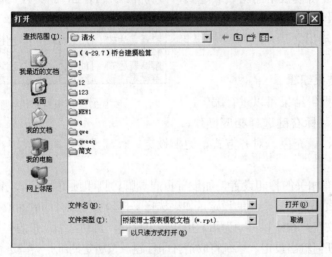

图 9.94　打开模板文件对话框

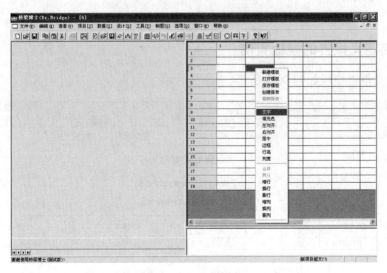

图 9.95　模板编辑窗口

（1）建议使用安装目录下的"DBRptTemplate.exe"进行模板的编辑操作。

（2）以上这些内容可以在同一个模板编辑窗口中输入，作为一个模板，这样的报告就含多个部分；也可分多个窗口分别编辑形成多个模板，然后依次生成报告。

4. 创建报告

模板定义好之后，在图 9.95 的窗口中单击鼠标右键，选择快捷菜单中的"创建报告"命令。

```
初始化桥梁博士数据……
初始化桥梁博士数据成功
报表输出开始……
报表输出结束。
```

图 9.96 模板编辑正确的提示

（1）如果看到在进程显示区有如图 9.96 所示的提示，说明模板编辑正确，报告已经输出。

（2）如果模板中有错误，没有符合输出限定，在进程显示区中会有针对错误输入的相应提示，如图 9.97 所示，"解释表达式 [PS（1，L，3）.]"，是因为缺少属性的指定；修改表达式，如指定属性为截面高度，只要将模板中的错误表达式修改为 [PS（1，L，3）. H] 即可。

5. 查看报告结果

报告成功输出之后，就可查看报告结果了。

```
报表输出开始……
解释表达式    [PS(1,L,3).]    出现错误！
解释表达式    [PS(2,L,3).]    出现错误！
解释表达式    [PS(3,L,3).]    出现错误！
解释表达式    [PS(4,L,3).]    出现错误！
```

图 9.97 模板编辑错误的提示

6. 报告结果编辑

对输出的报告结果可以进行编辑。

通过单击鼠标右键选择相应操作，包括文字编辑、填充色、对齐方式、边框设定、行高设定、列宽设定、单元格合并及拆分等命令。

此外，还有相关的打印设置，如设置页眉页脚、打印预览、打印功能设置。在设置中对纸张的页码做了进一步的设定，如果选择了打印页号或打印时间或在项目名称中输入了相应的文字，系统将自动为用户形成输出标题，自动紧缩纸张的有效打印区域；如果用户没有任何输出设定，系统将取消打印标题，按所定的纸张类型进行连续打印。

7. 图形报告

对于输出结果中含有图形的报告，单击鼠标右键，菜单还有图形的相关操作。

9.3.7 自定义报告的模板实例

自定义报告模板如图 9.98 所示。

	1	2	3	4	5	6	7	8	9
1				验算挠度及设置预拱度节点	ndd=		全部施工阶段		sgjd=
2	全部单元号 dyh=1-94			钢混单元号 ghd=			预混单元号 yhd=1-94	支座节点号	zfl=2 32 64 94
3									
4				验算数据报告					
5	start								
6				第@iS(sgjd)@施工阶段信息					
7				1. 阶段截面几何特征信息					
8	单元号	节点号	截面抗弯惯距	截面面积/m²		截面高度/m		中性轴高/m	
9									
10	#iE(dyh…	[PE(iE).HL]	[PS(iE…	[PS(iE,L,iS).A]		[PS(iE,L,iS).H]		[PS(iE,L,iS).y]	

图 9.98（一） 桥梁博士 V3.1 输出报告示例

11								
12				**2.阶段累计内力**				
13	单元号	节点号		阶段累计效应				
14				弯矩/kN·m		剪力/kN		轴力/kN
15	#iE(dyh…	[PE(iE).HL]		[FS(iE,L,1,iS).M]		[FS(iE,L,1,iS).Q]		[FS(iE,L,1,iS).N]
16								
17				**本阶段结构累计内力图**				
18				弯矩图				
19				$TU(KS=dyh, GTYPE=弯矩, INDEX=施工单项, ITEM=1, BOUND=1, SEC=1, S=iS, SUPPORT=1, AXIS=0, MAX=0, TITLE=弯矩图, MIN=0, YKD=0, XKD=0)$				
20				剪力图				
21				$TU(KS=dyh, GTYPE=剪力, INDEX=施工单项, ITEM=1, BOUND=1, SEC=1, S=iS, SUPPORT=1, AXIS=0, TITLE=剪力图, MAX=0, MIN=0, YKD=0, XKD=0)$				
22				轴力图				
23				$TU(KS=dyh, GTYPE=轴力, INDEX=施工单项, ITEM=1, BOUND=1, SEC=1, S=iS, SUPPORT=1, AXIS=0, TITLE=轴力图, MAX=0, MIN=0, YKD=0, XKD=0)$				
	1	2	3	4	5	6	7	8	9
24								
25				**3.阶段施工组合应力**				
26				施工阶段应力验算/MPa				
27	单元号	节点号	应力	上缘最大正应力	上缘最小正应力	下缘最大正应力	下缘最小正应力	最大主压应力	最大主拉应力
28								
29			应力	[SZ(iE,L,…	[SZ(iE,L,1,5…	[SZ(iE,L,1,5…	[SZ(iE,…	[SZ(iE,L,1,…	[SZ(iE,L,1,5,i…
30		[PE(iE).HL]	容许值	[SZ(iE,L,…	[SZ(iE,L,1,5…	[SZ(iE,L,1,5…	[SZ(iE,…	[SZ(iE,L,1,…	[SZ(iE,L,1,5,i…
31	#iE(dyh…		是否满足	<[SZ(iE,L…	<[SZ(iE,L,1,…	<[SZ(iE,L,1,…	<[SZ(i…	[SZ(iE,L,1…	[SZ(iE,L,1,5,i…
32			应力	[SZ(iE,R,…	[SZ(iE,R,1,5…	[SZ(iE,R,1,5…	[SZ(iE,…	[SZ(iE,R,1,…	[SZ(iE,R,1,5,i…
33		[PE(iE).HR]	容许值	[SZ(iE,R,…	[SZ(iE,R,1,5…	[SZ(iE,R,1,5…	[SZ(iE…	[SZ(iE,R,1…	[SZ(iE,R,1,5,i…
34			是否满足	<[SZ(iE,R..	<[SZ(iE,R,1,…	<[SZ(iE,R,1,…	<[SZ(i…	<[SZ(iE,R,…	<[SZ(iE,R,1,5,i…
35				**本施工阶段累计应力图**				
36				上缘应力				
37				$TU(KS=dyh, GTYPE=正应力, INDEX=施工单项, ITEM=1, BOUND=1, SEC=1, S=iS, SUPPORT=1, TOP=1, AXIS=0, TITLE=上缘正应力图, MAX=0, MIN=0, YKD=0, XKD=0)$				
38				下缘应力				
39				$TU(KS=dyh, GTYPE=正应力, INDEX=施工单项, ITEM=1, BOUND=1, SEC=1, S=iS, SUPPORT=1, BOTTOM=1, AXIS=0, TITLE=下缘正应力图, MAX=0, MIN=0, YKD=0, X…				
40				**施工阶段支反力**				
41	节点号			水平力/kN		竖向力/kN		弯矩/kN·m
42	#iR(all,iS)#			[RS(iR,1,iS).N]		[RS(iR,1,iS).Q]		[RS(iR,1,iS).M]
43								
44	end							
45	start							

图 9.98（二） 桥梁博士 V3.1 输出报告示例

46	**二.持久状况下正常使用极限状态抗裂验算**				
47	**1.长期效应组合验算**				
48	拱梁最大拉应力				
49	单元号	节点号		正应力/MPa		
50				上缘最小拉应力	下缘最小拉应力	
51			应力值	[SZ(iE,L,1,1).MINT]	[SZ(iE,L,1,1).MINB]	
52	#iE(yhd)#	[PE(iE).HL]	允评值	[SZ(iE,L,1,1).CMINT]	[SZ(iE,L,1,1).CMINB]	
53			是否满足	<[SZ(iE,L,1,1).bMINT]>	<[SZ(iE,L,1,1).bMINB]>	
54						
55						
56						
57	长期效应组合最大正拉应力图				
58	$TU(XS=yhd,GTYPE=正应力,INDEX=正常组合1,ITEM=2 4,BOUND=1,AXIS=0,MAX=0,MIN=0,YKD=0,XKD=0)$				
59						
60	**2.短期效应组合验算**				
61	拱梁最大拉应力				
62	单元号	节点号	应力	正应力/MPa		主应力/MPa
63				上缘最小拉应力	下缘最小拉应力	最大拉应力
64			应力值	[SZ(iE,L,1,2).MINT]	[SZ(iE,L,1,2).MINB]	[SZ(iE,L,1,2).MINA]
65	#iE(yhd)#	[PE(iE).HL]	容许值	[SZ(iE,L,1,2).CMINT]	[SZ(iE,L,1,2).CMINB]	[SZ(iE,L,1,2).CMINA]
66			是否满足	<[SZ(iE,L,1,2).bMINT]>	<[SZ(iE,L,1,2).bMINB]>	<[SZ(iE,L,1,2).bMINA]>
67						
68						
69						
70	短期效应组合最大正拉应力图				
71	$TU(XS=yhd,GTYPE=正应力,INDEX=正常组合2,ITEM=2 4,BOUND=1,AXIS=0,MAX=0,MIN=0,YKD=0,XKD=0)$				
72	短期效应组合最大主拉应力图				
73	$TU(XS=yhd,GTYPE=主应力,INDEX=正常组合2,ITEM=2,BOUND=1,AXIS=0,MAX=0,MIN=0,YKD=0,XKD=0)$				
74						
75	**3.持久状况下预应力构件标准值效应组合应力验算**				
76						
77	单元号	节点号	应力	正应力/MPa		主应力/MPa
78				上缘最大压应力	下缘最大压应力	最大压应力
79			应力值	[SZ(iE,L,1,3).MAXT]	[SZ(iE,L,1,3).MAXB]	[SZ(iE,L,1,3).MAXA]
80	#iE(yhd)#	[PE(iE).HL]	容许值	[SZ(iE,L,1,3).CMAXT]	[SZ(iE,L,1,3).CMAXB]	[SZ(iE,L,1,3).CMAXA]
81			是否满…	<[SZ(iE,L,1,3).bMAXT]>	<[SZ(iE,L,1,3).bMAXB]>	<[SZ(iE,L,1,3).bMAXA]>
82						
83						
84						
85	预应力构件标准值效应组合最大正压应力图				
86	$TU(XS=yhd,GTYPE=正应力,INDEX=正常组合3,ITEM=1 3,BOUND=1,AXIS=0,TITLE=短期效应组合最大正拉应力图,MAX=0,MIN=0,YKD=0,XKD=0)$				
87	预应力构件标准值效应组合最大主压应力图				
88	$TU(XS=yhd,GTYPE=主应力,INDEX=正常组合3,ITEM=1,BOUND=1,AXIS=0,DTITLE=短期效应组合最大主拉应力图,MAX=0,MIN=0,YKD=0,XKD=0)$				

图 9.98（三）　桥梁博士 V3.1 输出报告示例

89								
90				**三、承载能力极限状态基本组合正截面强度验算**				
91				**梁单元**				
92	单元号	节点号	内力属性	M_j	极限抗力	受力类型	受压区高度	最小配筋
93				/kN 或 kN·m	/kN 或 kN·m		是否满足	率是否满足
94	#iE(yhd)#	[PE(iE).HL]	最大弯矩	[UR(iE,L,...	[UR(iE,L,MAXM,1).R]	<[UR(i...	<[UR(iE,L,...	<[UR(iE,L,MAXM...
95				最小弯矩	[UR(iE,L,...	[UR(iE,L,MINM,1).R]	<[UR(i...	<[UR(iE,L,...	<[UR(iE,L,MINM...
96								
97				**单元承载能力极限组合最大抗力及对应内力图**				
98				$TU(KS=yhd,GTYPE=强度,INDEX=承载组合1,ITEM=1 2,BOUND=1,AXIS=0,MAX=0,MIN=0,YKD=0,XKD=0)$				
99				**单元承载能力极限组合最小抗力及对应内力图**				
100				$TU(KS=yhd,GTYPE=强度,INDEX=承载组合1,ITEM=3 4,BOUND=1,AXIS=0,MAX=0,MIN=0,YKD=0,XKD=0)$				
101								
102				**四、钢束信息输出**				
103				**钢束引伸量及钢束长度**				
104	钢束号	钢束曲线长度/m		左端引伸量/m		右端引伸量/m		合计引伸量/m
105	#iT(all)#	[PT(iT).L]		[PT(iT).LS]		[PT(iT).RS]		[PT(iT).LRS]
106								
107				**钢束最大拉应力验算**				
108	钢束号	最大应力/MPa		容许最大应力/MPa		是否满足		
109	#iT(all)#	[TST(iT,3).TS]		[TST(iT,3).TR]		<[TST(iT,3).bTR]>		
110								
111				**五、成桥结构位移**				
112	节点号		水平位移/mm		竖向位移/mm		转角位移	
113	#iN(ndd)#		{1000*[DS(iN,1,1).U]}		{1000*[DS(iN,1,1).V]}		{1000*[DS(iN,1,1).S]}	
114								
115				**六、荷载短期效应组合长期挠度与预拱度设置**				
116	节点号	荷载短期效应组合	预加应力产生	消除结构自重后	挠度验算	是否	预拱度/mm	
117		长期竖向挠度/mm	的长期挠度/mm	结构挠度/mm		设预拱度		
118	#iN(ndd)#	{1500*[ZSUM<[DS(iN,2...	{2000*[ZSUM<[DS(iN,4,iS).V]...	{1500*(0.7*[...	需人工判断		{2000*[ZSUM<[D...	
119	end							

图 9.98（四）　桥梁博士 V3.1 输出报告示例

1. 基本规定

（1）模板中内容以"start"开始，以"end"结束，并且不区分大小写。

（2）模板中涉及的符号全部用英文标点模式输入。

2. 可循环的变量名及其含义

"（）"内的内容为循环范围，大部分支持 all 关键字。

（1）iS：施工阶段号。

1）iS（1）表示第 1 施工阶段。

2）iS（1-3）或 iS（1 2 3）表示第 1 施工阶段到第 3 施工阶段。

3）iS（all）表示所有施工阶段。

（2）iE：单元号。

1）iE（1）表示 1 号单元。

2）iE（1-3）或 iE（1 2 3）表示 1~3 号单元。

3）iE（all）表示所有单元。

4）iE（1-10，5）括号中 1～10 表示单元号，5 为指定施工阶段，此项的意义为：1～10 号单元中到第 5 施工阶段为止安装完成的单元号。

5）iE（all，5，1）括号中 all 表示单元号，5 为指定施工阶段，1 为单元类型：钢筋混凝土构件，此项的意义为：所有单元中到第 5 施工阶段为止安装完成的，并且为钢筋混凝土构件单元号。

6）单元类型：1 为钢筋混凝土；2 为预应力混凝土；3 为组合构件；4 为钢构件；5 为拉索；6 为圬工构件。

（3）iN：节点号。

1）iN（1）表示第 1 节点。

2）iN（1-3）或 iN（1 2 3）表示第 1～3 节点。

3）iN（all）表示所有节点。

4）iN（all，iS）表示指定施工阶段中已经安装单元的节点。

（4）iR：支承点号。

1）iR（1）表示第 1 支撑点。

2）iR（1-3）或 iR（1 2 3）表示第 1～3 支撑点。

3）iR（all）表示所有支持点。

4）iR（all，iS）表示指定施工阶段中已经安装单元的支撑点。

（5）iZ：组合类型号。

1）iZ（1）表示第 1 种组合。

2）iZ（1-3）或 iZ（1 2 3）表示第 1 种组合到第 3 种组合。

3）iZ（all）表示所有组合，all 为 1～9，组合 1～9。

（6）iT：钢束号。

1）iT（1）表示第 1 号钢束。

2）iT（1-3）或 iT（1 2 3）表示第 1 号钢束到第 3 号钢束。

3）iT（all）表示所有钢束。

4）iT（all，iS）表示指定施工阶段中已经安装钢束。

（7）iI：影响线点号。

1）iI（1）表示第 1 个点。

2）iI（1-3）或 iI（1 2 3）表示第 1～3 点。

3）iI（all）表示所有点。

（8）iL：施工荷载。

1）iL（1）表示第 1 种施工荷载。

2）iL（1-3）或 iL（1 2 3）表示第 1 种施工荷载到第 3 种施工荷载。

3）iL（all）表示所有施工荷载，all 为 1～12。

（9）iU：使用阶段荷载。

1）iU（1）表示第 1 种使用荷载。

2）iU（1-3）或 iU（1 2 3）表示第 1 种使用荷载到第 3 种使用荷载。

3）iU（all）表示所有使用荷载，all 为 1～105。

（10）iF：用户自定义循环变量，能够代替所有其他的循环变量来使用，括号中变量范围为 1～1000，并且不能指定变量为 "all"。

3. 表循环格式

表循环范围为 start 与 end 之间的内容，循环变量放在一对 "@" 之间，如@iS（1-10）@表示从第 1 个施工阶段到第 10 个施工阶段。

4. 行循环格式

行循环范围为当前行所有内容，循环变量放在一对 "#" 之间，如#iE（1-10）#表示从第一个单元到第 10 个单元。

5. 值取代设置

在表循环 "start" 前可自设置取代定义，如 dyh＝1-3，"dyh" 为循环中的原有数据，"1-3" 为替换数据。

6. 取值方法

通过 "[ ]"，按特定的输出函数格式读取桥梁博士的输出数据，如 [PE（3）. W] 取值为 3 号单元的重量。

7. 取字串格式

在施工荷载名称、使用荷载名称、单元类型、受力类型、判断类别（是/否）中允许取字串。放在 "<→" 之间，如< [STR（施工荷载，2）] →，取值结果为字串 "永久荷载"。

8. 取函数值格式

可以对桥梁博士的输出数据做进一步的处理，支持以下 3 种函数。

（1）求和：ZSUM< [ ] →，如 ZSUM< [PE（k）. W]，k=2-5→，表示单元 2 到单元 5 的重量和。

（2）求最大值：ZMAX< [ ] →，如 ZMAX< [PE（k）. W]，k=2-5→，表示单元 2 到单元 5 的最大重量。

（3）求最小值：ZMIN< [ ] →，如 ZMIN< [PE（k）. W]，k=2-5→，表示单元 2 到单元 5 的最小重量。

9. 取表达式数值

通过 "{}"，{}中的内容为表达式，如{ [PE（3）. W] +1.0}ZDEC<2→表示 3 号单元的重量加上 1.0（保留两位小数）。

10. 取图方式

调用函数 "$TU（　　）$"。

11. 殊符号含义

在模板中有一些特殊符号，其含义如下。

[ ] 中的内容为取值。

{}ZDEC<i→中的内容为运算表达式，ZDEC<i→为保留小数点后精度，i 为整数。

{}ZDEC<i→外的字符按原样复制。

<→中的内容为取字串名称。

@ @间内容为表可循环变量。

#间内容为行可循环变量。

12. 板中涉及的符号全部用英文标点模式输入

在自定义报告模板中，需要指定输出的内容，输出的内容由特定的函数确定，为了方便用户的查找，在表 9.7 中列出了所有支持的函数。

表 9.7　　　　　　　　自定义报告模板支持的函数

编号	函　数　名	函数意义
1	PS（K，LR，S）	截面特征
2	PE（K）	单元特征
3	FS（K，LR，LOAD，S）	单元施工阶段内力
4	FU（K，LR，LOAD）	使用阶段内力
5	FZ（K，LR，TYPE，UN，CMB，S）	使用组合内力
6	SS（K，LR，SEC，LOAD，S）	施工阶段荷载应力
7	SU（K，LR，SEC，LOAD）	使用阶段荷载应力
8	SZ（K，LR，SEC，CMB，S）	组合应力
9	CR（K，LR，CMB）	裂缝
10	UR（K，LR，TYPE，CMB）	强度
11	AR（K，LR，NU，CMB）	估算配筋面积
12	CF（K，NUM）	拉索初张力
13	IF（K，LR，NA，NUM）	内力影响线
14	DS（J，LOAD，S）	施工阶段位移
15	DU（J，LOAD）	使用阶段位移
16	DZ（J，TYPE，CMB，S）	组合位移
17	ID（J，NA，NUM）	位移影响线
18	RS（J，LOAD，S）	施工阶段支反力
19	RU（J，LOAD）	使用阶段支反力
20	RZ（J，TYPE，CMB，S）	组合支反力
21	IR（J，NA，NUM）	支承反力影响线
22	PT（K）	钢束特征
23	TST（K，CMB，S）	钢束组合最大应力
24	STR（TYPE，NUM）	取字符串
25	TU（KS＝，GTYPE＝，INDEX，）…	结构效应图形

13. 施工荷载类型

允许的值及含义如下。

1—累计；　　　　2—永久；　　　　3—临时；　　　　4—预应力；
5—收缩；　　　　6—徐变；　　　　7—升温；　　　　8—降温；
9—施工活载 1；　10—施工活载 2；　11—施工活载 3；　12—预应力二次矩。

14. 使用荷载类型

允许的值及含义见表 9.8。

表 9.8　　　　　　　　　　　　使用荷载的编号和类型

编号	荷载类型	编号	荷载类型	编号	荷载类型
1	结构重力	36	风力 6	71	人群 MaxN
2	预应力	37	制动 1	72	人群 MinN
3	土的重力	38	制动 2	73	满人 MaxM
4	收缩荷载	39	流水压力	74	满人 MinM
5	徐变荷载	40	冰压力	75	满人 MaxQ
6	变位 1	41	温度 1	76	满人 MinQ
7	变位 2	42	温度 2	77	满人 MaxN
8	变位 3	43	温度 3	78	满人 MinN
9	变位 4	44	温度 4	79	特载 MaxM
10	变位 5	45	温度 5	80	特载 MinM
11	变位 6	46	温度 6	81	特载 MaxQ
12	变位 7	47	升温温差	82	特载 MinQ
13	变位 8	48	降温温差	83	特载 MaxN
14	变位 9	49	摩阻 1	84	特载 MinN
15	变位 10	50	摩阻 2	85	特列 MaxM
16	变位 11	51	地震 1	86	特列 MinM
17	变位 12	52	地震 2	87	特列 MaxQ
18	变位 13	53	碰撞 1	88	特列 MinQ
19	变位 14	54	碰撞 2	89	特列 MaxN
20	变位 15	55	汽车 MaxM	90	特列 MinN
21	变位 16	56	汽车 MinM	91	中活 MaxM
22	变位 17	57	汽车 MaxQ	92	中活 MinM
23	变位 18	58	汽车 MinQ	93	中活 MaxQ
24	变位 19	59	汽车 MaxN	94	中活 MinQ
25	变位 20	60	汽车 MinN	95	中活 MaxN
26	水的浮力	61	挂车 MaxM	96	中活 MinN
27	汽车冲击	62	挂车 MinM	97	轻轨 MaxM
28	离心力	63	挂车 MaxQ	98	轻轨 MinM
29	汽车土侧	64	挂车 MinQ	99	轻轨 MaxQ
30	挂车土侧	65	挂车 MaxN	100	轻轨 MinQ
31	风力 1	66	挂车 MinN	101	轻轨 MaxN
32	风力 2	67	人群 MaxM	102	轻轨 MinN
33	风力 3	68	人群 MinM	103	其他 1
34	风力 4	69	人群 MaxQ	104	其他 2
35	风力 5	70	人群 MinQ	105	其他 3

9.3.8　狗河大桥设计的自定义报告（部分）

狗河大桥设计的自定义报告（部分）如图 9.99 所示。

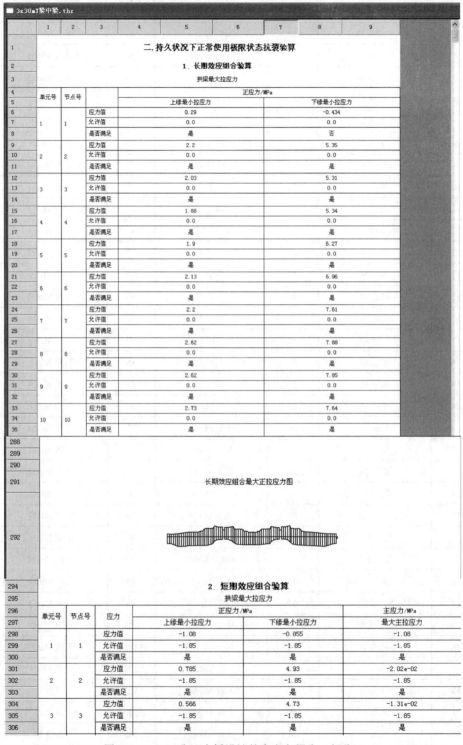

图 9.99（一）　狗河大桥设计的自定义报告（部分）

307			应力值	0.353	4.63	-1.5e-02
308	4	4	允许值	-1.85	-1.85	-1.85
309			是否满足	是	是	是
310			应力值	0.326	5.36	-2.49e-02
311	5	5	允许值	-1.85	-1.85	-1.85
312			是否满足	是	是	是
313			应力值	0.51	5.89	-1.87e-02
314	6	6	允许值	-1.85	-1.85	-1.85
315			是否满足	是	是	是
316			应力值	0.559	6.49	-2.42e-02
317	7	7	允许值	-1.85	-1.85	-1.85
318			是否满足	是	是	是
319			应力值	0.946	6.72	-5.94e-02
320	8	8	允许值	-1.85	-1.85	-1.85
321			是否满足	是	是	是
322			应力值	0.874	6.61	-0.115
323	9	9	允许值	-1.85	-1.85	-1.85
324			是否满足	是	是	是
325			应力值	0.915	6.31	-0.152
326	10	10	允许值	-1.85	-1.85	-1.85
327			是否满足	是	是	是
328			应力值	0.989	5.98	-0.143
329	11	11	允许值	-1.85	-1.85	-1.85
330			是否满足	是	是	是

短期效应组合最大正拉应力图

短期效应组合最大主拉应力图

■ 3x30mT梁中梁.thr

| | 1 | 2 | 3 | 4 | 5 | 6 | 7 | 8 | 9 |

| 587 | | | | | | | | | |
| 588 | **3. 持久状况下预应力构件标准值效应组合应力验算** | | | | | | | | |

	单元号	节点号	应力	正应力/MPa		主应力/MPa
590				上缘最大压应力	下缘最大压应力	最大主应力
591						
592			应力值	3.72	0.618	3.72
593	1	1	允许值	16.2	16.2	19.4
594			是否满…	是	是	是
595			应力值	5.68	6.67	6.67
596	2	2	允许值	16.2	16.2	19.4
597			是否满…	是	是	是
598			应力值	5.95	6.79	6.79
599	3	3	允许值	16.2	16.2	19.4
600			是否满…	是	是	是
601			应力值	6.2	6.96	6.96
602	4	4	允许值	16.2	16.2	19.4
603			是否满…	是	是	是
604			应力值	6.6	8.12	8.12
605	5	5	允许值	16.2	16.2	19.4
606			是否满…	是	是	是

图 9.99（二）　狗河大桥设计的自定义报告（部分）

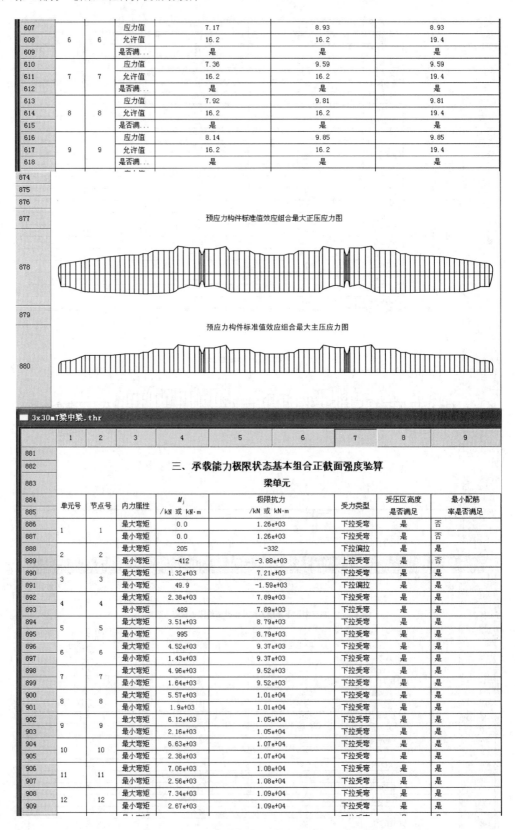

607			应力值	7.17	8.93	8.93
608	6	6	允许值	16.2	16.2	19.4
609			是否满…	是	是	是
610			应力值	7.36	9.59	9.59
611	7	7	允许值	16.2	16.2	19.4
612			是否满…	是	是	是
613			应力值	7.92	9.81	9.81
614	8	8	允许值	16.2	16.2	19.4
615			是否满…	是	是	是
616			应力值	8.14	9.85	9.85
617	9	9	允许值	16.2	16.2	19.4
618			是否满…	是	是	是

预应力构件标准值效应组合最大正压应力图

预应力构件标准值效应组合最大主压应力图

■ 3x30mT梁中梁.thr

	1	2	3	4	5	6	7	8	9

三、承载能力极限状态基本组合正截面强度验算

梁单元

	单元号	节点号	内力属性	M_j /kN 或 kN·m	极限抗力 /kN 或 kN·m	受力类型	受压区高度 是否满足	最小配筋 率是否满足
886	1	1	最大弯矩	0.0	1.26e+03	下拉受弯	是	否
887			最小弯矩	0.0	1.26e+03	下拉受弯	是	否
888	2	2	最大弯矩	205	-332	下拉偏拉	是	否
889			最小弯矩	-412	-3.88e+03	上拉受弯	是	否
890	3	3	最大弯矩	1.32e+03	7.21e+03	下拉受弯	是	是
891			最小弯矩	49.9	-1.59e+03	下拉偏拉	是	是
892	4	4	最大弯矩	2.38e+03	7.89e+03	下拉受弯	是	是
893			最小弯矩	489	7.89e+03	下拉受弯	是	是
894	5	5	最大弯矩	3.51e+03	8.79e+03	下拉受弯	是	是
895			最小弯矩	995	8.79e+03	下拉受弯	是	是
896	6	6	最大弯矩	4.52e+03	9.37e+03	下拉受弯	是	是
897			最小弯矩	1.43e+03	9.37e+03	下拉受弯	是	是
898	7	7	最大弯矩	4.96e+03	9.52e+03	下拉受弯	是	是
899			最小弯矩	1.64e+03	9.52e+03	下拉受弯	是	是
900	8	8	最大弯矩	5.57e+03	1.01e+04	下拉受弯	是	是
901			最小弯矩	1.9e+03	1.01e+04	下拉受弯	是	是
902	9	9	最大弯矩	6.12e+03	1.05e+04	下拉受弯	是	是
903			最小弯矩	2.16e+03	1.05e+04	下拉受弯	是	是
904	10	10	最大弯矩	6.63e+03	1.07e+04	下拉受弯	是	是
905			最小弯矩	2.38e+03	1.07e+04	下拉受弯	是	是
906	11	11	最大弯矩	7.06e+03	1.08e+04	下拉受弯	是	是
907			最小弯矩	2.56e+03	1.08e+04	下拉受弯	是	是
908	12	12	最大弯矩	7.34e+03	1.09e+04	下拉受弯	是	是
909			最小弯矩	2.67e+03	1.09e+04	下拉受弯	是	是

图 9.99（三）　狗河大桥设计的自定义报告（部分）

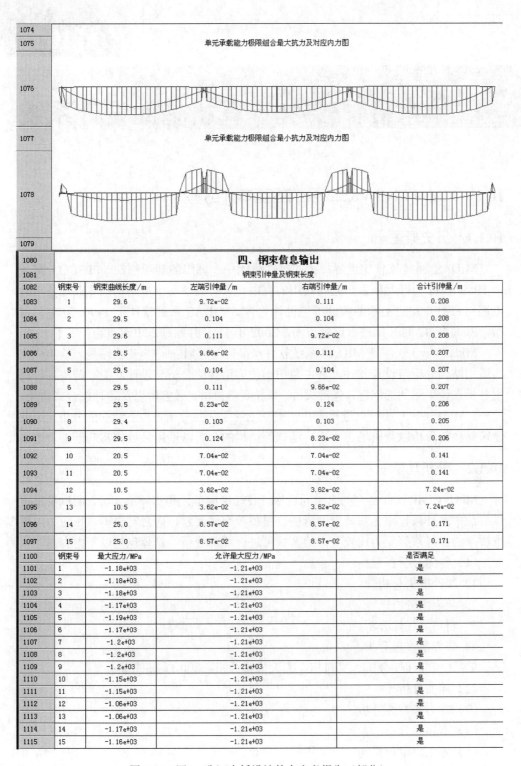

1074				
1075	单元承载能力极限组合最大抗力及对应内力图			
1076				
1077	单元承载能力极限组合最小抗力及对应内力图			
1078				
1079				

1080	**四、钢束信息输出**			
1081	钢束引伸量及钢束长度			
1082	钢束号	钢束曲线长度/m	左端引伸量/m	右端引伸量/m	合计引伸量/m
1083	1	29.6	9.72e-02	0.111	0.208
1084	2	29.5	0.104	0.104	0.208
1085	3	29.6	0.111	9.72e-02	0.208
1086	4	29.5	9.66e-02	0.111	0.207
1087	5	29.5	0.104	0.104	0.207
1088	6	29.5	0.111	9.66e-02	0.207
1089	7	29.5	8.23e-02	0.124	0.206
1090	8	29.4	0.103	0.103	0.205
1091	9	29.5	0.124	8.23e-02	0.206
1092	10	20.5	7.04e-02	7.04e-02	0.141
1093	11	20.5	7.04e-02	7.04e-02	0.141
1094	12	10.5	3.62e-02	3.62e-02	7.24e-02
1095	13	10.5	3.62e-02	3.62e-02	7.24e-02
1096	14	25.0	8.57e-02	8.57e-02	0.171
1097	15	25.0	8.57e-02	8.57e-02	0.171

1100	钢束号	最大应力/MPa	允许最大应力/MPa	是否满足
1101	1	-1.18e+03	-1.21e+03	是
1102	2	-1.18e+03	-1.21e+03	是
1103	3	-1.18e+03	-1.21e+03	是
1104	4	-1.17e+03	-1.21e+03	是
1105	5	-1.19e+03	-1.21e+03	是
1106	6	-1.17e+03	-1.21e+03	是
1107	7	-1.2e+03	-1.21e+03	是
1108	8	-1.2e+03	-1.21e+03	是
1109	9	-1.2e+03	-1.21e+03	是
1110	10	-1.15e+03	-1.21e+03	是
1111	11	-1.15e+03	-1.21e+03	是
1112	12	-1.06e+03	-1.21e+03	是
1113	13	-1.06e+03	-1.21e+03	是
1114	14	-1.17e+03	-1.21e+03	是
1115	15	-1.16e+03	-1.21e+03	是

图 9.99（四） 狗河大桥设计的自定义报告（部分）

第10章

Midas Civil 计算机辅助设计系统

10.1 Midas Civil V8.3.2 系统的基本介绍

10.1.1 历史概述

MIDAS 系统软件由世界最大的钢铁集团——韩国的浦项制铁（PPSCO）集团于 1989 年 12 月开始研发，是将通用的有限元分析内核与土木结构的专业性要求有机地结合而开发的土木结构分析与设计软件。MIDAS 系列软件于 1996 年 11 月发布，2000 年 12 月开始进入国际市场，2002 年 11 月开始进入中国市场。

Midas Civil 软件是 MIDAS 系统软件产品之一。Midas Civil 软件是一款集成化的通用结构分析与设计软件，它主要用于桥梁结构的分析与设计，能够解决各种桥型分析设计中遇到的问题，包括梁桥、拱桥、斜拉桥、悬索桥以及各种组合式桥梁。此外，Midas Civil 还可以进行大体积混凝土的水化热分析、地下结构的分析、工业建筑结构的分析以及机场、大坝、港口等结构的分析，适用领域非常广泛。

10.1.2 分析功能

Midas Civil 软件是空间有限元程序，且提供板单元和实体单元等，所以不仅可以解决平面杆系程序无法处理的弯桥、斜桥等空间问题，而且对拱脚、预应力混凝土桥梁的零号块等受力比较复杂的区域可进行细部分析，具体包括以下内容。

（1）静力分析。包括：

1）线性静力分析。

2）热应力分析。

3）材料非线性分析。

4）边界非线性分析。

5）几何非线性分析。又包括：①大位移分析；②P-Delta 分析。

（2）屈曲分析。

（3）静力弹塑性分析。

（4）水化热分析。

（5）施工阶段分析。

（6）移动荷载分析。

1）影响线分析。

2）影响面分析。

（7）动力分析。

1）自由振动分析。又包括：①特征向量分析；②利兹向量分析。

2）反应谱分析。

3）时程分析。又包括：①线弹性时程分析；②多点激励分析；③边界非线性时程分析；④弹塑性时程分析；⑤支座沉降分析；

（8）叠合梁叠合前后的分析。

（9）使用优化方法计算未知荷载系数的功能以及调整索力功能。

（10）预应力钢筋混凝土结构分析。

10.2　Midas Civil V8.3.2 的用户界面

Midas Civil 具有集成化的用户界面，见图 10.1。模型的建立、运行、设计以及分析结果的显示都在同一个界面下运行。它的操作界面是完全的三维环境，在多视图环境下可以进行平面、立面、三维建模以及实时动态显示，配合功能强大的视图管理功能，是真正意义上的空间有限元分析软件。本节主要介绍集成化用户界面的各个组成部分及其使用方法。

10.2.1　模型窗口

该窗口是利用 Midas Civil 多样的 GUI 功能进行建模、后处理操作的窗口。

软件可以同时打开多个模型窗口。由于每个窗口可以独立操作，所以在不同窗口中可使用不同的用户坐标系来建立模型。

但由于每个模型窗口接受的数据来源于同一个数据库，所以在一个窗口中输入的数据，也会反映到其他窗口中。

软件打开后的初始页面（Start Page）链接为 MIDAS 主页（www.MidasUser.com）。

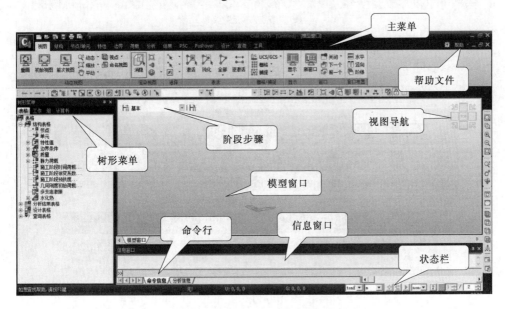

图 10.1　Mmas Civil V8.3.2 用户界面

10.2.2　主菜单

在主菜单中共有 13 个菜单项,所有的操作命令都分类集成在这 13 个菜单项中,见图 10.2。主菜单内隐藏了 Midas Civil 中所有菜单命令和快捷键。

菜单命令除了以鼠标直接单击选择激活外,还可以采用键盘快捷方式操作。当鼠标移动到每个菜单名称时会有按键字母,如"初始化视图(Ctrl+F3)"表示按下 Ctrl+F3 组合键即可初始化视图。

对于菜单中的某些执行命令,也可以通过键盘快捷方式执行,如想要执行"文件(F)→新项目"可以按下 Ctrl+N 组合键运行"新项目"命令。

菜单命令中黑色显示为激活状态,可以直接执行;灰色显示为非激活状态,表示不可以执行。某些显示为非激活状态的命令,表示需要先决条件或切换到相应视图状态才能使用。

(a)"视图"菜单

(b)"结构"菜单

(c)"节点/单元"菜单

(d)"特性"菜单

(e)"边界"菜单

(f)"荷载"菜单

图 10.2(一)　Midas Civil V8.3.2 主菜单

（g）"分析"菜单

（h）"结果"菜单

（i）"PSC"菜单

（j）"Pushover"菜单

（k）"设计"菜单

（l）"查询"菜单

（m）"工具"菜单

图 10.2（二）　Midas Civil V8.3.2 主菜单

10.2.3　树形菜单和树形菜单 2

该菜单系统列出了从建模到分析、设计的一系列工作步骤以及生成的计算结果表格。无论是熟练用户还是初学者，都可以通过查看树形菜单所显示步骤以及相应对话框的调用来高效无误地完成工作。

树形菜单 2 与树形菜单同时使用，可以更加方便地检查工作树菜单和组信息。此外，两个菜单的使用也便于工作树中单元和边界的输入对话框的同时使用。

10.2.4　阶段步骤

 通过使用下拉菜单，可以方便地选择施工阶段来按阶段对结构进行检查。

10.2.5　视图导航

简单快捷的操作视图角度。

10.2.6　工作面板

按不同分析类型的建模顺序，把必选步骤和可选步骤列在了工作面板上，让用户更加方便地进行建模和分析。在工作面板中添加了一些高级分析的操作步骤和每个步骤的说明，且用户可自定义工作面板，按不同分析类型的建模顺序，制作一定格式的文本文件，导入到用户定义工作面板中即可。

10.2.7　关联菜单

在模型窗口或树形菜单中单击鼠标右键，将根据用户的操作状态、结构选择、鼠标位置，可调出常用的关联菜单。

10.2.8　表格窗口

将输入的数据或分析结果以表格的形式（类似 MS-Excel）输出。表格窗口中也提供了多种数据编辑、添加输入、查询及整理功能，且可以根据表格中的数据制作成图表。表格窗口的所有数据可与 MS-Excel 表格数据互换。

10.2.9　信息窗口

输出建模、分析过程中的各种信息和警告、错误信息等。树形菜单、工作面板和信息窗口在 Midas Civil 中可以移动到任何地方（浮动功能），而且可以通过选择"自动隐藏"或"隐藏"来调整是否显示。

10.2.10　命令行

为了执行菜单命令，输入快捷命令。

10.2.11　状态栏

为了提高操作的效率，在状态栏里提供了各种坐标系关联事项、单位体系、选择过滤、单元捕捉等功能，如图 10.3 所示。

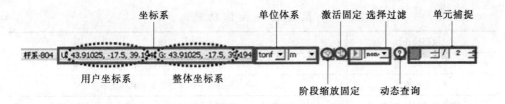

图 10.3　Midas Civil V8.3.2 的状态栏

（1）坐标系：显示鼠标在模型窗口所处位置的坐标。

（2）单位体系：可直接指定或修改单位体系。

（3）阶段缩放固定 ：模型窗口中的显示状态固定，查看各个施工阶段的功能。

（4）激活固定 ：激活单元显示状态固定，查看在各个施工阶段的结果。"激活固定"只能在进行完施工阶段分析时被激活。

（5）选择过滤：对于梁单元进行选择或解除选择时，只选择与用户坐标系平行的单元功能。

1）在选择过滤中选择所需的轴或平面。

2）利用图形选择功能（单选、窗口选择、多边形选择、交叉线选择、平面选择、立体框选择、全选）对单元进行选择或解除选择时可使用。

3）其中与过滤条件相同的梁单元将会被选择或解除选择。

选择过滤功能不适用于板单元或实体单元的选择。可用选择过滤类型如下。

none：不使用选择过滤功能。

x：与用户坐标系 x 轴平行的梁单元。

y：与用户坐标系 y 轴平行的梁单元。

z：与用户坐标系 z 轴平行的梁单元。

xy：与用户坐标系 x–y 平面平行的梁单元。

yz：与用户坐标系 y–z 平面平行的梁单元。

xz：与用户坐标系 x–z 平面平行的梁单元。

使用了选择属性（选择属性-节点、选择属性-节点单元、组选择、前次选择、最新建立个体选择）功能时，选择过滤功能不能使用。此时，首先指定对象之后单击 按钮才能选择符合选择过滤条件的单元。

（6）动态查询：在模型窗口把鼠标移动至节点或单元附近，自动显示相应节点或单元的数据信息。

（7）单元捕捉：单元快速捕捉控制，控制特殊元素的位置。

例如，想捕捉到单元三等分的位置，单击 按钮设定为 1/3 即可。该功能在建立次梁与主梁的连接时非常有用。

10.2.12　鼠标使用

Midas Civil 提供了 5 种鼠标操作方式，即单击鼠标左键、单击鼠标右键、快速双击鼠标左键、按住鼠标左键拖动、按住鼠标滚轮滚动，见表 10.1。

表 10.1　　　　　　　　　　　鼠 标 各 种 操 作 功 能

鼠标操作	功　　能
单击鼠标左键	选择菜单项、激活命令、单击按钮和选择视图对象
单击鼠标右键	弹出快捷菜单或弹出添加工具条菜单
快速双击鼠标左键	在树形菜单中,打开相关对话框;在工具条中,让工具条浮动
按住鼠标左键拖动	在树形菜单中,按住鼠标左键拖动到模型中进行修改
按住鼠标滚轮滚动	在模型窗口中,进行视图的放大、缩小及旋转

第11章

Midas Civil V8.3.2 设计实例

有限元就是用于建立分析模型数据、表达结构构件特性的元素，它是由连续的结构构件按有限元法划分而成的，它必须充分反映结构受力特性。有限元结构分析模型是由节点、单元及边界条件三要素所构成的，其中节点用来确定构件的位置，单元用于表达结构构件的元素，边界条件用来表达结构与相邻结构或大地之间的连接方式。结构本来是连续的，有限元法将其离散成单元，各个单元只通过节点（或边界条件）连接。

通常有限元软件都由三大模块组成，即前处理模块、求解模块和后处理模块。

前处理模块用来建立结构有限元模型，包括确定单元种类、材料特性、几何特性、单元之间的连接处理等。有的软件在前处理中可以建立几何模型（基本元素为点、线、面和体）和有限元模型，因为最终参与计算的是有限元模型，所以几何模型还必须通过网格划分得到有限元模型。Midas Civil 的前处理只能建立有限元模型，即便从 AutoCAD 导入 DXF 格式的几何模型，也直接被转换成了杆系有限元模型。

求解模块一般包含边界条件的施加、求解器的选择、荷载施加策略及一些求解选项的设置。

后处理模块用来将分析的结果按要求输出，如输出位移、应力的云图、荷载—位移曲线等。

在 Midas Civil 中一个完整的模型分析过程主要包括模型建立、模型分析和模型设计三大步骤。模型修改必须在模型建立步骤（即前处理模块）进行。模型设计（即后处理模块）包含计算结果的输出等内容。

本章以文献［9］中实例二的桥梁基本数据为例，详细讲解 Midas Civil 模型分析的三大基本步骤。

11.1 桥梁概括

11.1.1 主要技术指标

（1）上部结构形式：装配式后张法预应力混凝土简支 T 梁。

（2）标准跨径：30m。

（3）计算跨径：28.92m。

（4）预制梁长：29.92m。

（5）斜交角度：30°。

（6）公路等级：二级公路。

（7）荷载等级：公路—Ⅰ级。

（8）设计安全等级：一级，结构重要性系数为 1.1。

（9）桥面全宽：净 11.0m +2×0.5m 防撞墙=12.0m。

11.1.2　计算原则

（1）执行《公路桥涵设计通用规范》（JTG D60—2015）和《公路钢筋混凝土及预应力混凝土桥涵设计规范》（JTG D62—2004）。

（2）10cm 厚现浇 C50 混凝土桥面铺装不参与结构受力，仅作为恒载施加。

（3）构件类型：按 A 类构件设计。

11.1.3　主要材料及配筋说明

（1）T 梁材料选用 C50 混凝土。

（2）钢材。

1）预应力钢绞线。采用 $\phi^S 15.2$ 钢绞线，高强度低松弛钢绞线，公称直径 15.2mm，公称面积 140mm^2，抗拉强度标准值为 f_{pk}=1860 MPa，弹性模量 E_p= 1.95×10^{5}MPa。预应力钢筋与管道壁的摩擦系数 μ=0.16，管道每米局部偏差对摩擦的影响系数 κ=0.0015，张拉端锚具变形、钢筋回缩和接缝压缩值：Δ_l=12mm（两端），预应力钢绞线松弛系数 ξ=0.3。

2）普通钢筋。普通钢筋采用现行国家标准《钢筋混凝土用热轧带肋钢筋》（GB 1499.2—2007）中的 HRB335 钢筋和现行国家标准《钢筋混凝土用热轧光圆钢筋》（GB 1499.1—2008）中的 HPB235。

3）锚具参考 OVM.M 锚固体系设计，必须符合国家标准《预应力筋用锚具、夹具和连接器》（GB/T 14370—2007）、交通部行业标准《公路桥梁预应力钢绞线用锚具、连接器试验方法及检验规格》（JT 329.2—97）的要求。

（3）张拉及锚固设施，根据 OVM.M 锚固体系产品进行设计，T 梁正弯矩钢绞线及墩盖梁钢绞线采用配套千斤顶：YCW-250B 型。

（4）预应力管道采用预埋塑料波纹管，$\phi^S 15.2$-8（9）：外径 9.3cm、内径 8.0cm。

（5）横截面预应力钢筋和普通钢筋的布置如图 11.1 至图 11.9 所示。

11.1.4　几何尺寸及配筋图

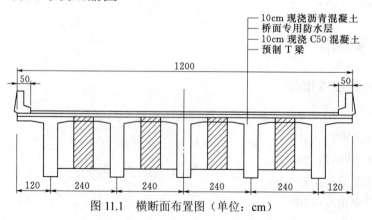

图 11.1　横断面布置图（单位：cm）

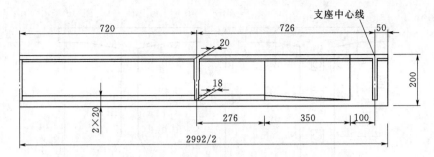

图 11.2　纵断面图（单位：cm）

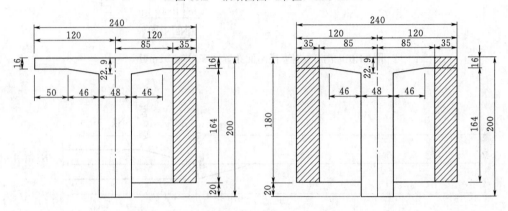

图 11.3　主梁支点截面一般构造图（单位：cm）

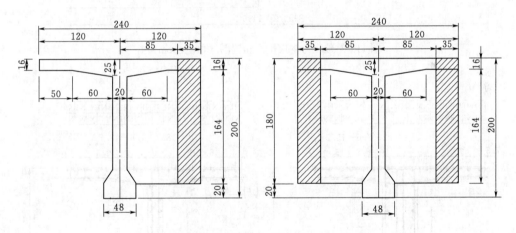

图 11.4　主梁跨中截面一般构造图（单位：cm）

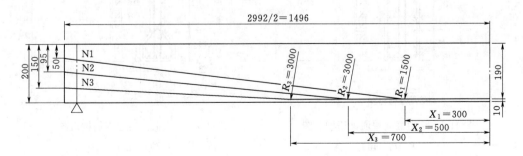

图 11.5　预应力钢束立面布置图（单位：cm）

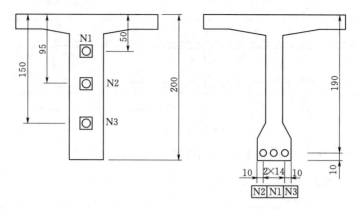

图 11.6　预应力钢束横断面布置图（单位：cm）

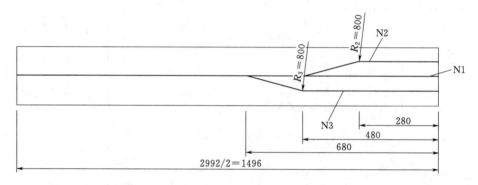

图 11.7　预应力钢束平面布置图（单位：cm）

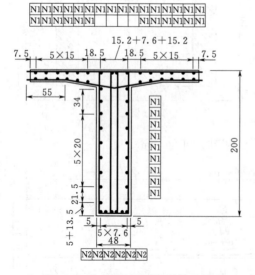

图 11.8　跨中截面普通钢筋构造图
（单位：cm）

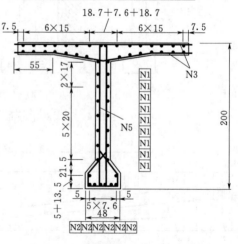

图 11.9　支点截面普通钢筋构造图
（单位：cm）

11.2　模型建立

11.2.1　数据准备

本桥为 5 根装配式后张法预应力混凝土主梁的斜交 30°简支 T 形梁桥，根据主梁构造进行单元离散，见表 11.1 和表 11.3。

表 11.1　　　　　　　　　　　1 号主梁单元划分数据表

分区	分区长度	单元数	单元长度	长度表达式	控制点起始距离
横梁	0.5	1	0.5	0.5	0.5
横梁	1	1	1	1	1.5
渐变段	3.5	2	1.75	2@1.75	5.0
渐变段	2.76	2	1.38	2@1.38	7.76
跨中	7.2	5	1.44	5@1.44	14.96
跨中	7.2	5	1.44	5@1.44	22.16
渐变段	2.76	2	1.38	2@1.38	24.92
渐变段	3.5	2	1.75	2@1.75	28.42
横梁	1	1	1	1	29.42
横梁	0.5	1	0.5	0.5	29.92
单元	0.5，1，2@1.75，2@1.38，10@1.44，2@1.38，2@1.75，1，0.5（注意逗号必须是半角状态输入；否则系统不识别）				

表 11.2　　　　　　　　　　模型节点坐标数据表

主梁序号	节点号	X	Y	Z	备注
	1	0	0	0	横梁
	2	0.5	0	0	横梁
	3	1.5	0	0	渐变段
	4	3.25	0	0	渐变段
	5	5	0	0	渐变段
	6	6.38	0	0	渐变段
	7	7.76	0	0	跨中
	8	9.2	0	0	跨中
	9	10.64	0	0	跨中
主梁 1	10	12.08	0	0	跨中
	11	13.52	0	0	跨中
	12	14.96	0	0	跨中
	13	16.4	0	0	跨中
	14	17.84	0	0	跨中
	15	19.28	0	0	跨中
	16	20.72	0	0	跨中

续表

主梁序号	节点号	X	Y	Z	备注
主梁 1	17	22.16	0	0	跨中
	18	23.54	0	0	渐变段
	19	24.92	0	0	渐变段
	20	26.67	0	0	渐变段
	21	28.42	0	0	渐变段
	22	29.42	0	0	横梁
	23	29.92	0	0	横梁
主梁 2	24	1.385641	2.4	0	X： 主梁 1 的 X 坐标 +距离主梁 1 的距离×tan30° Y： 距离主梁 1 的距离=2.4m
	25	1.885641	2.4	0	
	26	2.885641	2.4	0	
	27	4.635641	2.4	0	
	28	6.385641	2.4	0	
	29	7.765641	2.4	0	
	30	9.145641	2.4	0	
	31	10.58564	2.4	0	
	32	12.02564	2.4	0	
	33	13.46564	2.4	0	
	34	14.90564	2.4	0	
	35	16.34564	2.4	0	
	36	17.78564	2.4	0	
	37	19.22564	2.4	0	
	38	20.66564	2.4	0	
	39	22.10564	2.4	0	
	40	23.54564	2.4	0	
	41	24.92564	2.4	0	
	42	26.30564	2.4	0	
	43	28.05564	2.4	0	
	44	29.80564	2.4	0	
	45	30.80564	2.4	0	
	46	31.30564	2.4	0	
主梁 3	47	2.771281	4.8	0	X： 主梁 1 的 X 坐标 +距离主梁 1 的距离×tan30° Y： 距离主梁 1 的距离=4.8m
	48	3.271281	4.8	0	
	49	4.271281	4.8	0	
	50	6.021281	4.8	0	
	51	7.771281	4.8	0	
	52	9.151281	4.8	0	
	53	10.53128	4.8	0	
	54	11.97128	4.8	0	
	55	13.41128	4.8	0	

主梁序号	节点号	X	Y	Z	备注
主梁 3	56	14.85128	4.8	0	
	57	16.29128	4.8	0	
	58	17.73128	4.8	0	
	59	19.17128	4.8	0	
	60	20.61128	4.8	0	X: 主梁1的X坐标 +距离主梁1的距离×tan30°
	61	22.05128	4.8	0	
	62	23.49128	4.8	0	
	63	24.93128	4.8	0	
	64	26.31128	4.8	0	Y: 距离主梁 1 的距离=4.8m
	65	27.69128	4.8	0	
	66	29.44128	4.8	0	
	67	31.19128	4.8	0	
	68	32.19128	4.8	0	
	69	32.69128	4.8	0	
主梁 4	70	4.156922	7.2	0	
	71	4.656922	7.2	0	
	72	5.656922	7.2	0	
	73	7.406922	7.2	0	
	74	9.156922	7.2	0	
	75	10.53692	7.2	0	
	76	11.91692	7.2	0	
	77	13.35692	7.2	0	
	78	14.79692	7.2	0	
	79	16.23692	7.2	0	X: 主梁1的X坐标 +距离主梁1的距离×tan30°
	80	17.67692	7.2	0	
	81	19.11692	7.2	0	
	82	20.55692	7.2	0	
	83	21.99692	7.2	0	Y: 距离主梁 1 的距离=7.2m
	84	23.43692	7.2	0	
	85	24.87692	7.2	0	
	86	26.31692	7.2	0	
	87	27.69692	7.2	0	
	88	29.07692	7.2	0	
	89	30.82692	7.2	0	
	90	32.57692	7.2	0	
	91	33.57692	7.2	0	
	92	34.07692	7.2	0	

主梁序号	节点号	X	Y	Z	备注
主梁 5	93	5.542563	9.6	0	
	94	6.042563	9.6	0	
	95	7.042563	9.6	0	
	96	8.792563	9.6	0	
	97	10.54256	9.6	0	
	98	11.92256	9.6	0	
	99	13.30256	9.6	0	
	100	14.74256	9.6	0	
	101	16.18256	9.6	0	X: 主梁 1 的 X 坐标 +距离主梁 1 的距离×tan30°
	102	17.62256	9.6	0	
	103	19.06256	9.6	0	
	104	20.50256	9.6	0	
	105	21.94256	9.6	0	Y: 距离主梁 1 的距离=9.6m
	106	23.38256	9.6	0	
	107	24.82256	9.6	0	
	108	26.26256	9.6	0	
	109	27.70256	9.6	0	
	110	29.08256	9.6	0	
	111	30.46256	9.6	0	
	112	32.21256	9.6	0	
	113	33.96256	9.6	0	
	114	34.96256	9.6	0	
	115	35.46256	9.6	0	
支座位置 （边横隔梁位置）	116	0.5	0	−2	节点 2 梁底
	117	29.42	0	−2	节点 22 梁底
	118	1.885641	2.4	−2	节点 25 梁底
	119	30.80564	2.4	−2	节点 45 梁底
	120	3.271281	4.8	−2	节点 48 梁底
	121	32.19128	4.8	−2	节点 68 梁底
	122	4.656922	7.2	−2	节点 71 梁底
	123	33.57692	7.2	−2	节点 91 梁底
	124	6.042563	9.6	−2	节点 94 梁底
	125	34.96256	9.6	−2	节点 114 梁底

表 11.3　　　　　　　　　　T 梁施工阶段划分说明

施工阶段	施工天数	工作内容说明
CS1	10	T 梁预制\张拉钢束
CS2	60	存梁 60d
CS3	15	浇筑墩顶连续段、更换支座
CS4	30	桥面铺装、防撞墙
CS5	3650	考虑 10 年的收缩徐变影响

11.2.2　项目的建立

1. 创建新的项目

（1）从主菜单中选择"文件"→"新项目"命令。

（2）在工具栏中单击"新建"按钮 。

（3）按 Ctrl+N 组合键。

2. 保存文件并输入文件名

（1）从主菜单中选择"文件"→"保存"命令。

（2）在工具栏中单击"保存"按钮 。

（3）按 Ctrl+S 组合键。

11.2.3　设置操作环境

1. 单位体系设置

（1）从主菜单中选择"工具"→"设置"→"单位体系"命令。

（2）当前单位体系也可以通过单位变换窗口改变，单位变换窗口 kips ▾ ft ▾ 位于状态栏的底部。

（3）对于内置数据库中的材料，数值随选定温度单位变化。但对于用户自定义材料，数值单位永远为摄氏度（图 11.10），不随定义单位而变化。

2. 结构类型设置

从主菜单中选择"结构"→"类型"→"结构类型"命令，如图 11.11 所示。

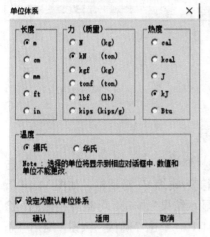

图 11.10　单位体系设置

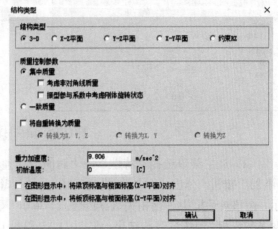

图 11.11　结构类型设置

11.2.4　定义材料和截面特性

1. 定义材料

（1）从主菜单中选择"特性"→"材料特性值"命令，单击"添加"按钮，弹出"材料数据"对话框，定义 1 号材料为 T 梁 C50 混凝土。单击"适用"按钮，继续添加 2 号材料为钢绞线。单击"适用"按钮，继续添加 3 号材料为 C50（不计重量）横向联系单元即横隔梁，见图 11.13。单击"确认"按钮，退出"材料数据"对话框。单击"关闭"按钮，退出"材料和截面"对话框。

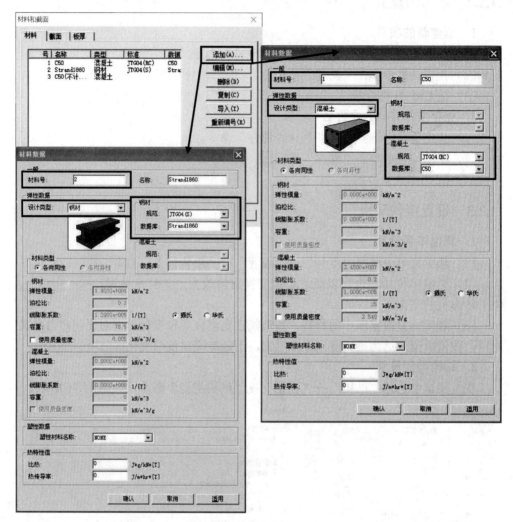

图 11.12　定义材料

　　（2）从主菜单选择"特性"→"时间依存性材料"→"徐变/收缩"命令，单击"添加"按钮，弹出"添加/编辑时间依存材料（徐变/收缩）"对话框，如图 11.14 所示，在该对话框中进行相关数据的输入，单击"显示结果"按钮，可查看相应的"徐变系数"和"收缩应变"结果，见图 11.15 和图 11.16。单击"确认"按钮，退出"添加/编辑时间依存材料（徐变/收缩）"对话框。单击"关闭"按钮，退出"时间依存材料（徐变/收缩）"对话框。

　　构件理论厚度：此处可以任意输入一个数值，然后再选择模型中的相应单元，采用"修改单元依存材料特性"功能进行修改。

　　（3）从主菜单选择"特性"→"时间依存性材料"→"材料连接"命令。选择材料，单击"添加/编辑"按钮，见图 11.17。

　　（4）从主菜单选择"特性"→"时间依存性材料"→"修改特性"命令，单击"全选"按钮，单击"适用"按钮，见图 11.18。

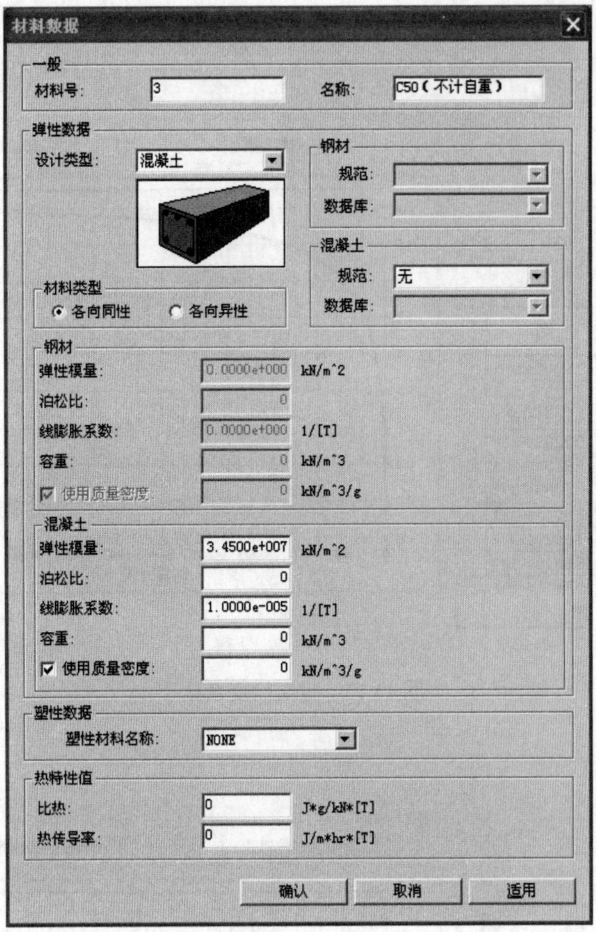

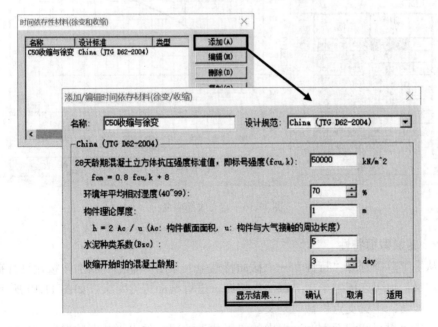

图 11.13　定义横隔梁材料 C50（不计重量）

图 11.14　"添加/编辑时间依存材料"对话框

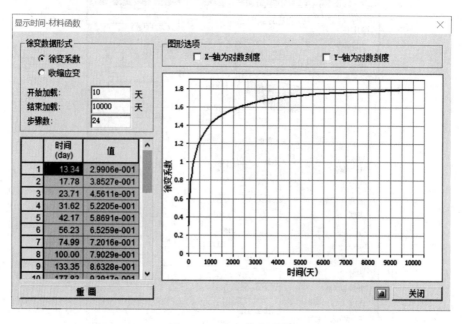

图 11.15　定义徐变系数

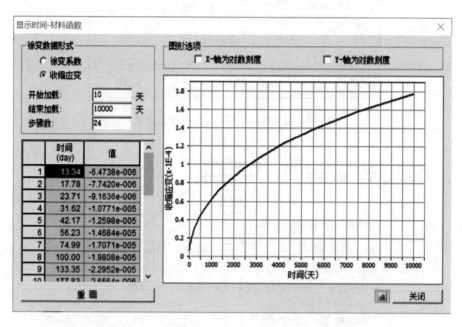

图 11.16　定义收缩应变

2. 定义截面特性

从主菜单中选择"特性"→"截面特性值"命令，单击"添加"按钮进行截面特性定义。也可在图中单击"截面"按钮，进行截面特性定义，如图 11.19 所示。

（1）"1：主梁支点"截面定义。

单击"材料和截面"对话框中的"添加"按钮，弹出"截面数据"对话框，选择"设计截面"中的"T 形"截面进行定义。输入"1：主梁支点"的数据，单击"修改偏心"按钮，弹出下方"修改偏心"对话框，选择"中—上部"偏心，单击"确认"按钮。剪切验算和腹板厚度勾选"自动"计算，单击"显示截面特性值"按钮，灰色部分的数值随即变化。单击"适用"按钮，结束定义，如图 11.20 所示。

（2）"2：主梁跨中"截面定义。

单击"材料和截面"对话框中的"添加"按钮，弹出"截面数据"对话框，选择"设计截面"中的"工形"截面进行定义。输入"2：主梁跨中"的数据，单击"修改偏心"按钮，选择"中—上部"偏心，单击"确认"按钮。剪切验算和腹板厚度勾选"自动"计算，单击"显示截面特性值"按钮，灰色部分的数值随即变化。单击"适用"按钮，结束定义，如图 11.21 所示。

图 11.17　进行时间依存性材料连接

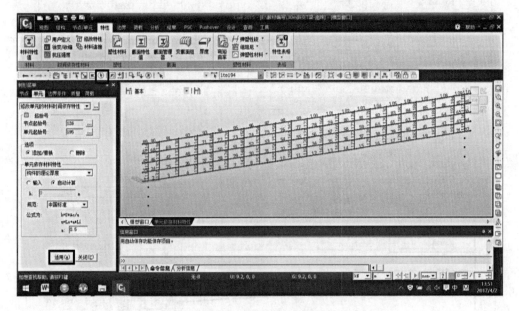

图 11.18　修改单元材料依存特性值

（3）"3：主梁支点"变截面定义。

同"2：主梁跨中"截面定义，如图 11.22 所示。

（4）"4：横隔梁"截面定义。

选择的截面类型为"设计截面"中的"中腹板"截面，其他操作同上，如图 11.23 所示。

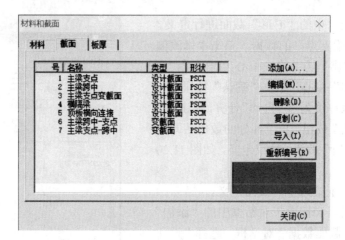

图 11.19　定义截面

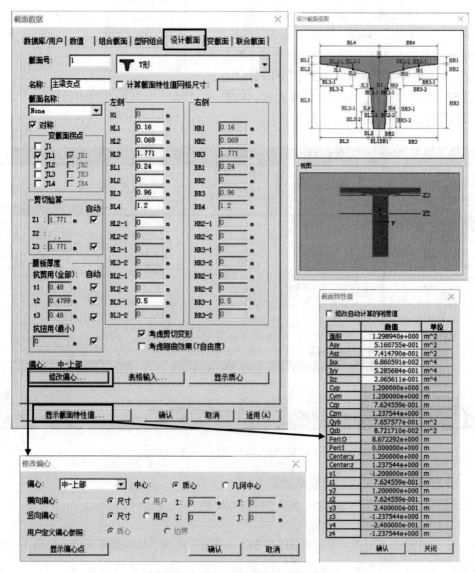

图 11.20　"1：主梁支点"截面定义

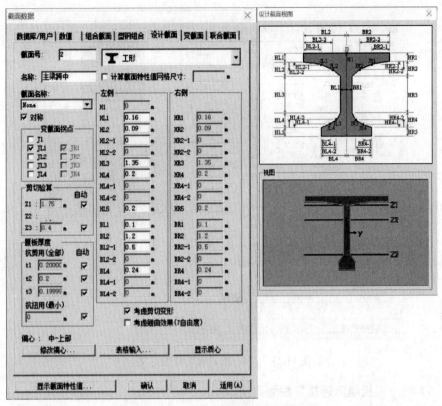

图 11.21　"2：主梁跨中"截面定义

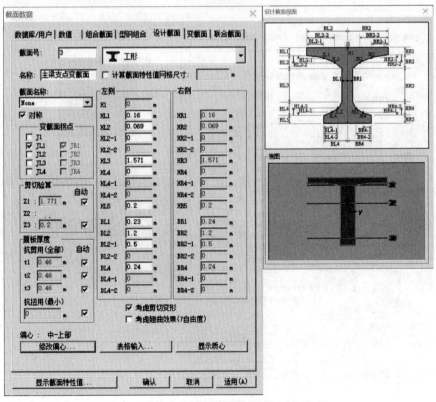

图 11.22　"3：主梁支点变截面"定义

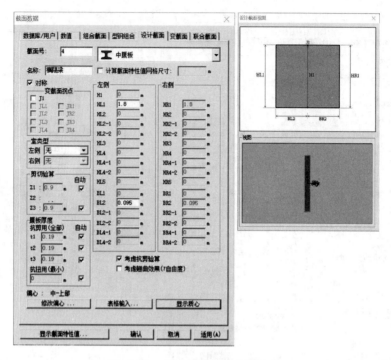

图 11.23 "4：横隔梁"截面定义

（5）"5：顶板横向连接"截面定义。

同"4：横隔梁"截面定义，如图 11.24 所示。

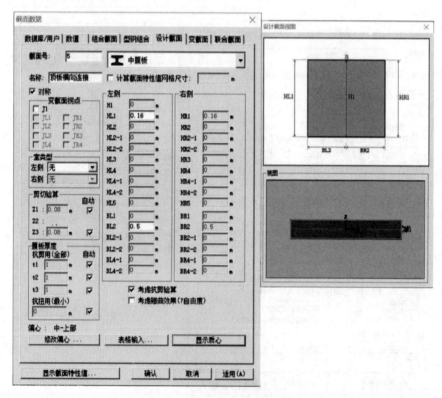

图 11.24 "5：顶板横向连接"截面定义

（6）"6：主梁跨中—支点"变截面定义。

单击"材料和截面"对话框中的"添加"按钮，弹出"截面数据"对话框，选择"变截面"中的"工形"截面进行定义。截面名称"6：主梁跨中—支点"，单击"尺寸 I 的导入"按钮，弹出"导入预应力箱梁截面"对话框，选择主梁跨中截面，单击"导入"按钮。单击"尺寸 J 的导入"按钮，弹出"导入预应力箱梁截面"对话框，选择主梁支点变截面，单击"导入"按钮。单击"适用"按钮，结束定义，如图 11.25 所示。

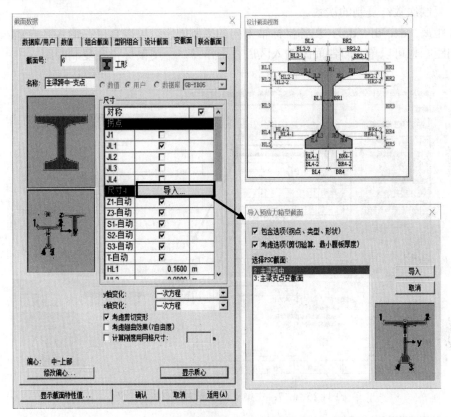

图 11.25　"6：主梁跨中—支点"变截面定义

（7）"7：主梁支点—跨中"变截面定义。

方法同"6：主梁跨中—支点"变截面定义，如图 11.26 所示。

11.2.5　建立结构模型

1. 建立节点

从主菜单选择"节点/单元"→"节点"→"建立节点"命令。

（1）方法一：通过表格建立节点。

单击建立节点右边的 ... 按钮：显示节点表格。复制 11.2.1 小节数据准备中已经结构离散的节点数据到节点表格，完成节点的建立（图 11.27）。从图 11.28 中可见建立好的节点，工程中常用这种方法进行节点的建立。

（2）方法二：通过命令建立节点。

起始节点号：输入新建节点的起始节点编号，该编号自动设置为当前最大节点号+1。要修改该项，单击▦按钮并选择一个选项指定目标编号。

坐标（x，y，z）用以下两种方法输入节点坐标。

1）直接输入 UCS 相关的坐标 x、y、z。

2）单击坐标输入区，然后选择工作窗口中的目标位置，则选择的位置坐标将显示在输入区以及屏幕底部的状态条内。使用点格（轴网）和捕捉栅格可以方便地建立节点。

复制：以等间距方式复制由上述步骤建立的节点。

复制次数：复制的次数。

距离（dx，dy，dz）：在各坐标轴方向的复制间距。可以直接在输入区内输入复制间距，也可以单击复制间距输入区后在工作窗口中用鼠标指定复制间距。

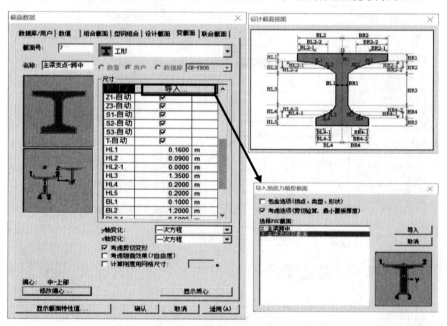

图 11.26　"7：主梁支点—跨中"变截面定义

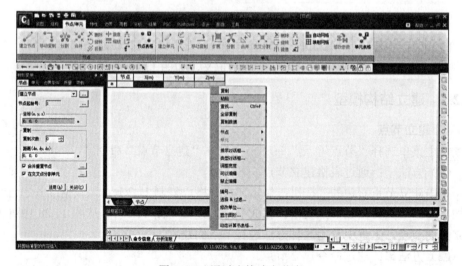

图 11.27　通过表格建立节点

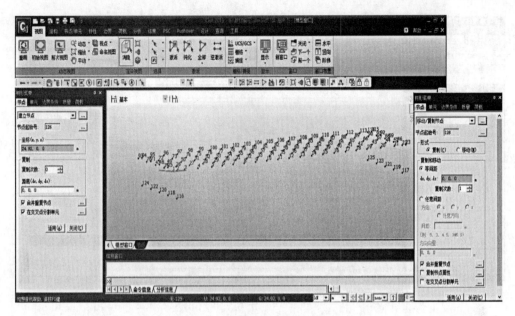

图 11.28　通过命令建立节点

2. 建立单元

（1）方法一：从主菜单选择"节点/单元"→"单元"→"建立单元"命令。

（2）方法二：按 Alt+1 组合键。

（3）方法三：从树形菜单选择"单元"→"建立单元"命令。

连接节点 1 至节点 23，建立主梁 1 单元，单元号为 1～22。

连接节点 24 至节点 46，建立主梁 2 单元，单元号为 23～44。

连接节点 47 至节点 69，建立主梁 3 单元，单元号为 45～66。

连接节点 70 至节点 92，建立主梁 4 单元，单元号为 67～88。

连接节点 93 至节点 115，建立主梁 5 单元，单元号为 89～110。

连接节点 2、节点 25、节点 48、节点 71、节点 94，建立边横隔梁单元，单引号为 111～114。

连接节点 22、节点 45、节点 68、节点 91、节点 114，建立边横隔梁单元，单引号为 115～118。

连接节点 12、节点 35、节点 58、节点 81、节点 104，建立中横隔梁单元，单引号为 119～122。

连接节点 7、节点 30、节点 53、节点 76、节点 99，建立中横隔梁单元，单引号为 123～126。

连接节点 17、节点 40、节点 63、节点 86、节点 109，建立中横隔梁单元，单引号为 127～130。

连接其他横桥向节点，建立顶板横向连接单元，单引号为 131～194，如图 11.29 所示。

（4）单击建立单元右边的 按钮，显示单元表格。根据表 11.4 修改各个单元的截面信息，如图 11.30 所示。

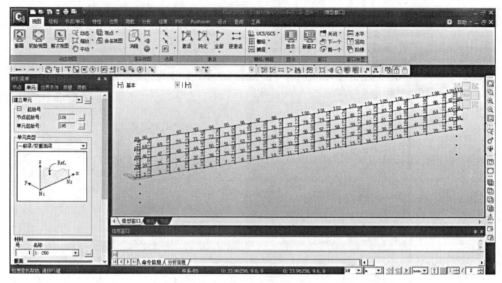

图 11.29 建立单元

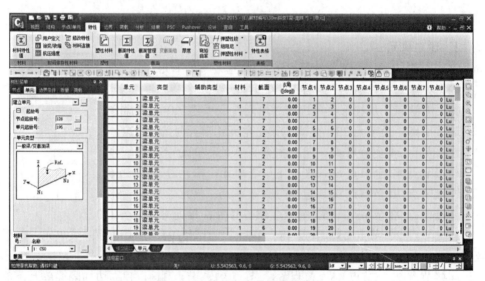

图 11.30 修改各个单元截面信息

表 11.4 各 单 元 截 面 信 息 表

截面编号	截面名称	单 元 号
7	主梁支点—跨中	1~4，23~26，45~48，67~70，89~92
2	主梁跨中	5~18，27~40，49~62，71~84，93~106
6	主梁跨中—支点	19~22，41~44，63~66，85~88，107~110
4	横隔梁	111~130
5	顶板横向连接	131~194

（5）变截面组定义。

单击"消隐"显示结构外形，检查所建模型是否正确。在图 11.31 和图 11.32

中可以看到，梁两端变截面的位置是不正确的，如图 11.33 所示。

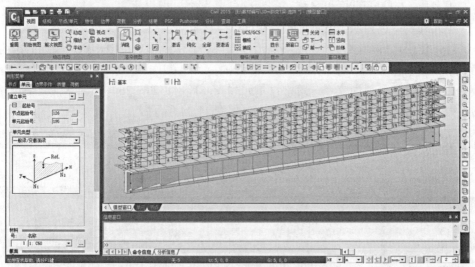

图 11.31　未定义变截面组的模型

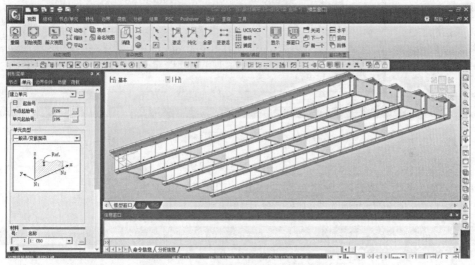

图 11.32　未定义变截面组的模型底部

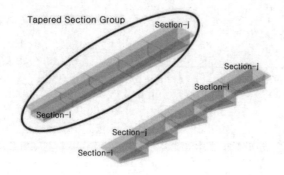

图 11.33　未定义变截面组与定义变截面组的模型对比

从主菜单中选择"特性"→"截面"→"变截面组"命令。

组名称：输入变截面组名称。

单元列表：选择属于变截面组的单元。

注：使用选择功能选择单元，单元号将自动显示到输入框中，所选单元必须为同一个变截面特性。

变截面组：变截面支点—跨中；单元列表：1～4、23～26、45～48、67～70、89～92；单击"添加"按钮，模型改变，如图 11.34 所示。

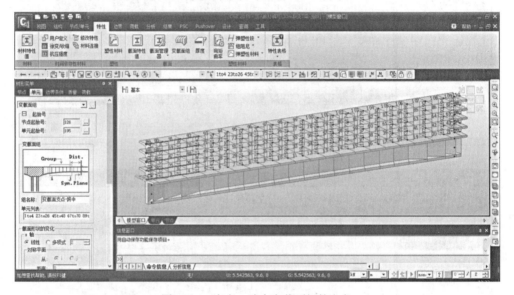

图 11.34　支点—跨中变截面组的定义

变截面组：变截面跨中—支点；单元列表：19～22、41～44、63～66、85～88、107～110；单击"添加"按钮，模型改变，如图 11.35 所示。

图 11.36 所示为"消隐"状态的结构模型单元。

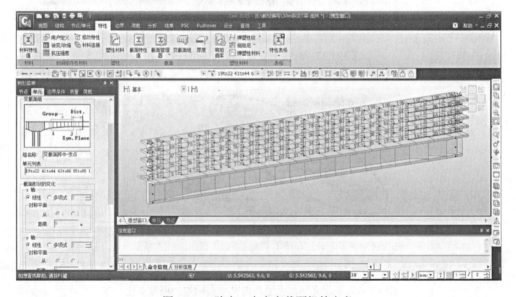

图 11.35　跨中—支点变截面组的定义

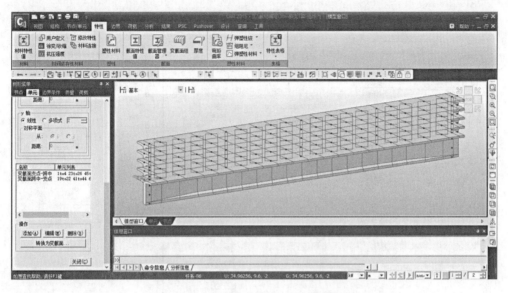

图 11.36　"消隐"状态的结构模型单元

11.2.6　定义组

本例将结构定义为主梁—主梁和横向联系共 6 个结构组；定义自重、翼板湿接缝、二期恒载、预应力和预制横隔板 5 个荷载组；定义永久支座、临时支座和梁与支座连接 3 个边界组。

1.　定义结构组

（1）功能。将一些节点和单元组成一个结构组（Structure Group），以便于建模、修改和输出；也可以编辑和删除已建立的结构组。

对复杂的模型，当分析和设计中需要反复使用某些单元和节点时，可以将其定义为一个结构组，然后可以直接使用该结构组名称进行选择（选择属性），或只激活该结构组（激活属性）。该功能可以用于定义桥梁各施工阶段的结构。

在生成结构组之前，需要先定义结构组的名称。然后在树形菜单的组表单中使用拖放功能将节点和单元赋予相应的结构组。

（2）命令。

方法一：从主菜单中选择"结构"→"组"→"定义结构组"命令。

方法二：在树形菜单的菜单表单中选择"模型"→"组"→"定义结构组"命令。

方法三：在树形菜单的组表单中利用结构组的关联菜单。

方法四：按 Ctrl+F1 组合键。

（3）输入（图 11.37）。

（4）利用拖放功能将节点和单元赋予相应的结构组。

以主梁 3 为例，选中节点 47～69、120、121，选中单元 45～66。选中树形菜单中的结构组"主梁 3［节点数=0，单元数=0］"，按住鼠标将其拖放到模型窗口，即将选中的节点和单元赋予结构组"主梁 3［节点数=25，单元数=22］"（图 11.40）。

按照上述方法，将节点 1～23、116、117、单元 1～22 赋予结构组"主梁 1［节点数=25，单元数=22］"。

图 11.37　定义结构组

图 11.38　定义支座组

图 11.39　定义荷载组

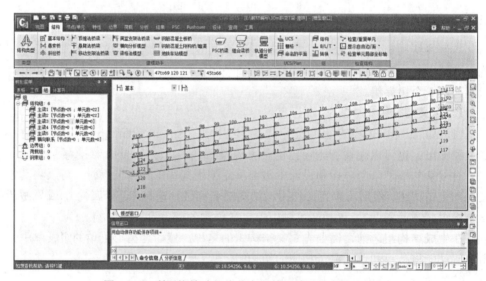

图 11.40　利用拖放功能将节点和单元赋予相应的结构组

将节点 24～46、118、119、单元 23～44 赋予结构组"主梁 2 ［节点数=25，单元数=22］"。

将节点 70～92、122、123、单元 67～88 赋予结构组"主梁 4 ［节点数=25，单元数=22］"。

将节点 93～115、124、125、单元 89～110 赋予结构组"主梁 5 ［节点数=25，单元数=22］"。

将单元 111～194 赋予结构组"横向联系 ［节点数=0，单元数=84］"。

2.　**定义边界组**

（1）功能。

组是 Midas Civil 中的一个特色功能。

对结构进行施工阶段模拟时，只能通过"激活"或"钝化"模型中的"结构组""荷载组""边界组"来实现。

在进行"组"命名时，最好采用可识别的名称，方便后期使用。

（2）命令。

从主菜单中选择"模型"→"组"→"B/L/T"→"定义边界组"命令。

在树形菜单的菜单表单中选择"模型"→"组"→"定义边界组"命令。

在树形菜单的组表单中利用边界组的关联菜单。

（3）输入（图 11.38）。

（4）利用拖放功能将节点和单元赋予相应的结构组。

将节点 116～125 赋予边界组"永久支座"；将节点 116～125 赋予边界组"临时支座"；将节点 2to94by23、22to114by23、116～125 赋予边界组"梁与支座连接"。

3. 定义荷载组

（1）命令。

从主菜单中选择"模型"→"组"→"B/L/T"→"定义荷载组"命令。

在树形菜单的菜单表单中选择"模型"→"组"→"定义荷载组"命令。

在树形菜单的组表单中利用荷载组的关联菜单。

（2）输入（图 11.39）。

11.2.7　定义边界条件

1. 临时支座

（1）命令。

从主菜单中选择"模型"→"边界条件"→"一般支承"。

从树形菜单的菜单表单中选择"模型"→"边界条件"→"一般支承"。

（2）输入。

边界组名称：临时支座。

选择：添加。

支承条件类型（局部方向）：节点 116to124by2，固定支座，释放约束 Ry，其他约束保留。节点 117to125by2，活动支座，释放约束 Dx 和 Ry，其他约束保留。单击"适用"按钮，结果如图 11.41 所示。

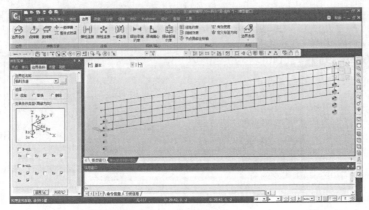

图 11.41　临时支座定义

2. 永久支座

（1）命令：从主菜单选择"边界"→"弹簧支承"→"点弹簧"。

（2）输入。

边界组名称：永久支座。

选择：添加。

节点弹性支承（局部方向）：类型：线性。SDx=2438kN/m；SDy=2438kN/m；SDz=2550000kN/m。

选择节点116～125，单击"适用"按钮。结果如图11.42所示。

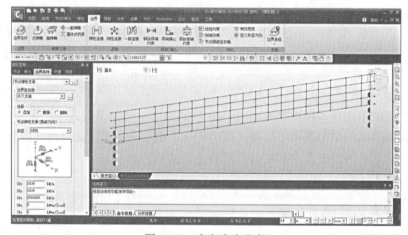

图11.42　永久支座定义

3. 梁与支座连接

（1）命令：从主菜单选择"边界条件"→"连接"→"弹性连接"。

（2）输入。

方法一：窗口输入数据进行连接定义。

边界组名称：梁与支座连接。

选择：添加。

弹性连接数据：类型：刚性。两点：2和116、22和117、25和118、45和119、48和120、68和121、71和122、91和123、94和124、114和125、单击"适用"按钮，如图11.43所示。

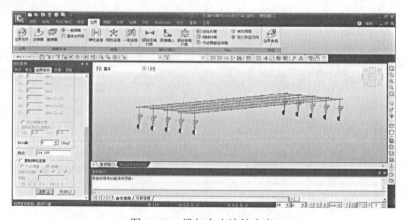

图11.43　梁与支座连接定义

方法二：单击弹性连接的右侧的 ... 按钮，显示弹性连接表格。通过表格数据输入进行连接定义，如图 11.44 所示。

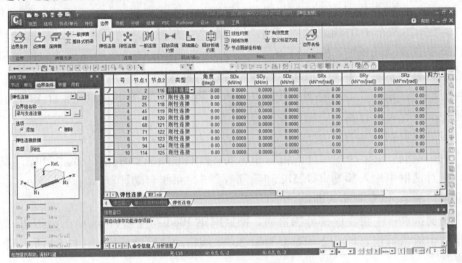

图 11.44　弹性连接表格

4. 节点局部坐标轴

由于桥梁斜交角桥轴线与支承边法线方向的夹角为 30°，梁底支座也是斜置的，所以需要定义"节点局部坐标轴"模拟支座的方向。

（1）命令：从主菜单选择"边界"→"其他"→"节点局部坐标轴"。

（2）输入：节点 2、22、25、45、48、68、71、91、94、114，见图 11.45。

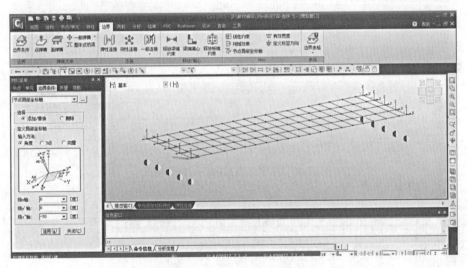

图 11.45　定义节点局部坐标轴

11.2.8　定义 PSC 截面钢筋

1. 命令

从主菜单选择"特性"→"截面"→"截面管理器"→"钢筋"。

以 1：主梁支点截面为例，根据支点截面普通钢筋配置图输入相应信息。

2. 输入

（1）纵向钢筋。

方法一：输入数据完成钢筋定义。2 号钢筋，距离梁底 0.05m，数量 6 根，间距 76–2.5=73.5cm=0.074m，直径 d25，信息输入完成后单击"添加"按钮，在模型窗口可见已定义的钢筋，如图 11.46 所示。A_s 为当前定义的所有纵向钢筋面积之和。注意：信息输入后，单击"适用"按钮，确保信息保存。

方法二：单击"多重添加"按钮，输入钢筋信息，如图 11.47 至图 11.49 所示。表格中的数据可进行复制、粘贴使用。

（2）抗剪钢筋。

抗扭钢筋：主梁跨中部分的箍筋和纵筋。箍筋间距 20cm；箍筋 A_{sv1}，单击▥按钮，在对话框中输入箍筋直径 d12 和箍筋数量 1，系统自动计算 A_{sv1}。纵筋 A_{st}，将纵向钢筋的 A_s 值复制输入即可。

抗剪箍筋：主梁支座部分的箍筋。箍筋间距 10cm；箍筋 A_{sv}，单击▥按钮，在对话框中输入箍筋直径 d12 和箍筋数量 2，系统自动计算 A_{sv}，如图 11.50 所示。

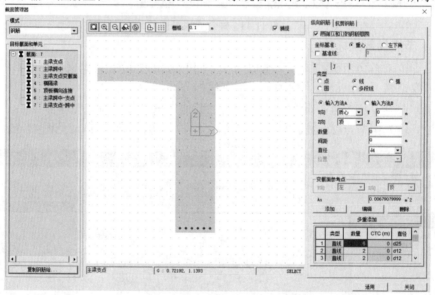

图 11.46　主梁支点截面 2 号钢筋定义

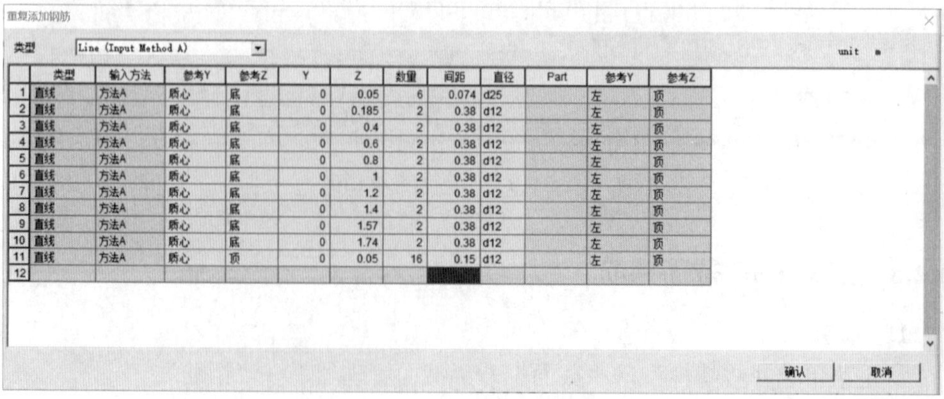

图 11.47　主梁支点截面纵向钢筋输入

重复添加钢筋

类型　Line (Input Method A)　　　　　　　　　　　　　　　　　　　　　unit　m

	类型	输入方法	参考Y	参考Z	Y	Z	数量	间距	直径	Part	参考Y	参考Z
1	直线	方法A	质心	底	0	0.05	6	0.074	d25		左	顶
2	直线	方法A	质心	底	0	0.185	2	0.38	d12		左	顶
3	直线	方法A	质心	底	0	0.4	2	0.1	d12		左	顶
4	直线	方法A	质心	底	0	0.6	2	0.1	d12		左	顶
5	直线	方法A	质心	底	0	0.8	2	0.1	d12		左	顶
6	直线	方法A	质心	底	0	1	2	0.1	d12		左	顶
7	直线	方法A	质心	底	0	1.2	2	0.1	d12		左	顶
8	直线	方法A	质心	底	0	1.4	2	0.1	d12		左	顶
9	直线	方法A	质心	底	0	1.57	2	0.1	d12		左	顶
10	直线	方法A	质心	底	0	1.74	2	0.1	d12		左	顶
11	直线	方法A	质心	顶	0	0.05	16	0.15	d12		左	顶
12												

确认　取消

图 11.48　主梁跨中截面纵向钢筋输入

重复添加钢筋

类型　Line (Input Method A)　　　　　　　　　　　　　　　　　　　　　unit　m

	类型	输入方法	参考Y	参考Z	Y	Z	数量	间距	直径	Part	参考Y	参考Z
1	直线	方法A	质心	底	0	0.05	6	0.074	d25		左	顶
2	直线	方法A	质心	底	0	0.185	2	0.36	d12		左	顶
3	直线	方法A	质心	底	0	0.4	2	0.36	d12		左	顶
4	直线	方法A	质心	底	0	0.6	2	0.36	d12		左	顶
5	直线	方法A	质心	底	0	0.8	2	0.36	d12		左	顶
6	直线	方法A	质心	底	0	1	2	0.36	d12		左	顶
7	直线	方法A	质心	底	0	1.2	2	0.36	d12		左	顶
8	直线	方法A	质心	底	0	1.4	2	0.36	d12		左	顶
9	直线	方法A	质心	底	0	1.57	2	0.36	d12		左	顶
10	直线	方法A	质心	底	0	1.74	2	0.36	d12		左	顶
11	直线	方法A	质心	顶	0	0.05	16	0.15	d12		左	顶
12												

确认　取消

图 11.49　主梁支点变截面纵向钢筋输入

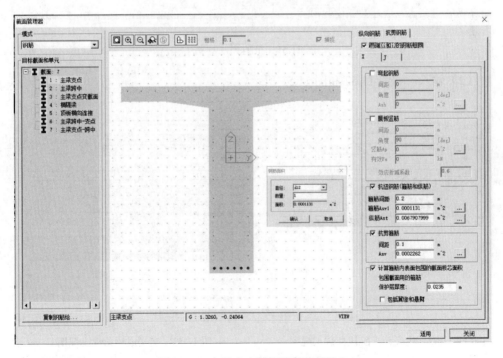

图 11.50　主梁支点截面抗剪箍筋输入

（3）复制钢筋。

单击"1：主梁支点"图标，单击"复制钢筋给…"图标，将"1：主梁支点"的抗剪钢筋复制给"2：主梁跨中"和"3：主梁单支点变截面"。通过复制钢筋的功能，定义其他截面的 PSC 钢筋，如图 11.5 所示。

11.2.9 定义静力荷载

1. 定义静力荷载工况

（1）命令。

从主菜单中选择"荷载"→"静力负荷料量"。

按 F9 键。

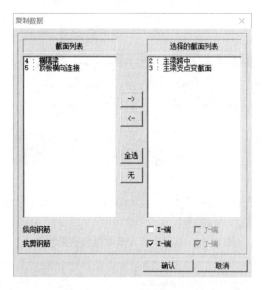

图 11.51 抗剪钢筋复制

（2）输入：如图 11.52 和图 11.53 所示。

图 11.52 定义施工阶段荷载工况图

图 11.53 定义成桥荷载工况图

2. 定义荷载数值

（1）自重。

从主菜单中选择"荷载"→"静力荷载"→"自重"。

程序中混凝土容重默认值为 $\gamma_h=25kN/m^3$，而 C50 混凝土的容重在实际工程中取 $\gamma_h=26kN/m^3$。因此，输入竖向（Z 方向）"自重系数"应为 26/25=-1.04，如图 11.54 所示。

（2）翼板湿接头。

1）从主菜单选择"工具"→"用户自定义"→"用户自定义"，勾选"树形菜单 2"复选框，便于不同结构组的荷载添加，如图 11.55 所示。

2）从主菜单选择"荷载"→"静力荷载"→"梁单元荷载"。

荷载工况名称：翼板湿接头。

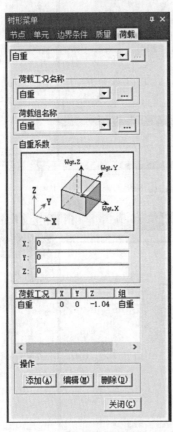

荷载组名称：翼板湿接头。

荷载类型：均布荷载。

在"树形菜单 2"中双击"结构组主梁 1"，模型窗口中主梁 1 显示为红色，已被选中。在"树形菜单"中，添加"梁单元荷载（单元）"，输入相关信息，单击"适用"按钮，在模型窗口可见已添加的荷载。其中，主梁 1 和主梁 5 的 w 值为 1.46kN/m，主梁 2、3 和 4 的 w 值为 2.92kN/m，如图 11.56 所示。

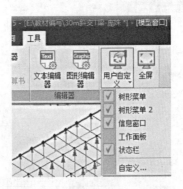

图 11.54 添加自重荷载

图 11.55 "树形菜单 2"调用

（3）二期恒载。

二期恒载包括桥面铺装 C50 混凝土、沥青混凝土和钢筋混凝土防撞护墙，均定义为均布荷载。其中，每块中梁承担 Z 方向的均布荷载 $q_z=-11.88\ kN/m$；每块边梁承担 Z 方向的均布荷载 $q_z=-21.55kN/m$，X 方向的均布扭矩 $m_x=10.54kN \cdot m/m$，均布扭矩=防撞护墙均布荷载集度×防撞护墙重心距边板偏心距。

从主菜单选择"荷载"→"静力荷载"→"梁单元荷载"。

荷载工况名称：二期恒载。

荷载组名称：二期恒载。

荷载类型：均布荷载。对边主梁 1 和 5，$w=-21.55$ kN/m；对中主梁 2、3、4，$w=-11.88$kN/m。

荷载类型：均布弯矩/扭矩。方向：整体坐标系 X。主梁 1，$M=10.54$kN·m/m；主梁 5，$M=-10.54$kN·m/m，如图 11.57 所示。

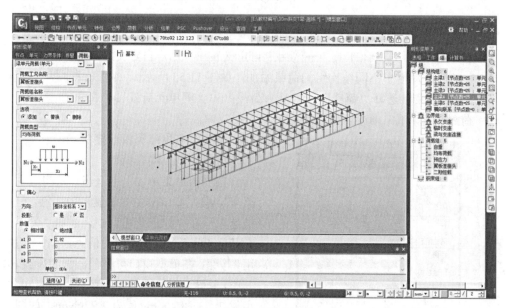

图 11.56　翼板湿接头荷载定义

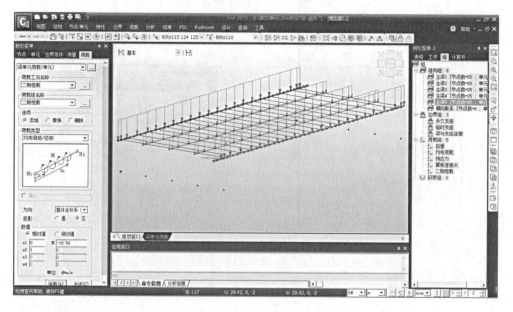

图 11.57　二期恒载定义

（4）预制横隔梁。

根据支点截面和跨中截面尺寸计算横隔梁的体积，预制横隔梁的节点荷载=横隔梁体积×重度，具体见表 11.5 和图 11.58。

表 11.5	横隔梁的节点荷载值				
主梁 1	节点	2	7	12	17	22
	节点荷载值/kN	−4.86	−5.87	−5.87	−5.87	−4.86
主梁 2	节点	25	30	35	40	45
	节点荷载值/kN	−9.72	−11.74	−11.74	−11.74	−9.72
主梁 3	节点	48	53	58	63	68
	节点荷载值/kN	−9.72	−11.74	−11.74	−11.74	−9.72
主梁 4	节点	71	76	81	86	91
	节点荷载值/kN	−9.72	−11.74	−11.74	−11.74	−9.72
主梁 5	节点	94	99	104	109	114
	节点荷载值/kN	−4.86	−5.87	−5.87	−5.87	−4.86

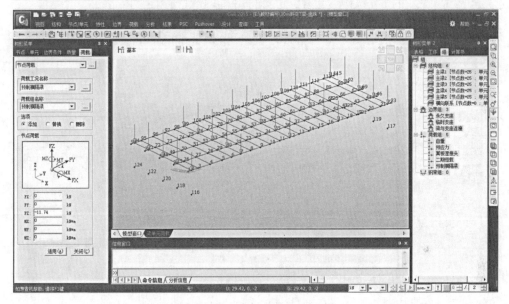

图 11.58　预制横隔梁荷载定义

（5）升温 20℃和降温 20℃。

从主菜单选择"荷载"→"温度/预应力"→"系统温度"。

荷载工况：升温 20 度。荷载组名称：默认值。最终温度：20，单击"添加"按钮。

荷载工况：降温 20 度。荷载组名称：默认值。最终温度：−20，单击"添加"按钮，如图 11.59 所示。

（6）正温差和负温差。

从主菜单选择"荷载"→"温度/预应力"→"梁截面温度"。

根据《公路桥涵设计通用规范》（JTG D60—2015）第 4.3.12 条第 3 款规定，定义正温差和负温差如图 11.60 所示。注意：截面宽度 B 值应填与温度特征点对应的单

图 11.59　升温 20℃
和降温 20℃

梁截面相应位置的宽度（表 11.6 和图 11.61）。

表 11.6　　　　　　　　　梯 度 温 度 数 据 表

数据类型	正温差				数据类型	负温差			
	1	2	3	4		1	2	3	4
B/m	2.4	2.4	1.4	0.2	B/m	2.4	2.4	1.4	0.2
H1/m	0	0.1	0.16	0.25	H1/m	0	0.1	0.16	0.25
H2/m	0.1	0.16	0.25	0.4	H2/m	0.1	0.16	0.25	0.4
T1/℃	14	5.5	4.4	2.75	T1/℃	−7	−2.75	−2.2	−1.375
T2/℃	5.5	4.4	2.75	0	T2/℃	−2.75	−2.2	−1.375	0

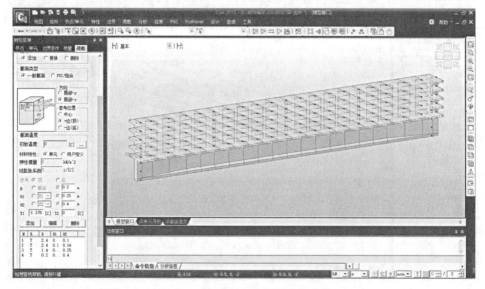

图 11.60　正温差和负温差荷载定义

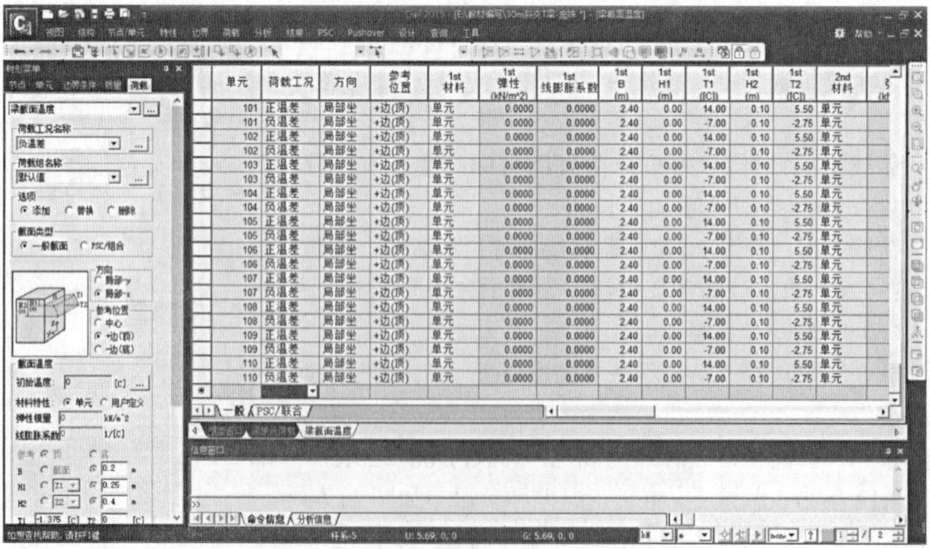

图 11.61　梁截面温度表格检查荷载定义是否正确

11.2.10　定义预应力荷载

1.　钢束特性值

从主菜单选择"荷载"→"温度/预应力"→"钢束特性"。

单击"添加"按钮，输入钢束信息，钢束总面积可通过软件自动计算，如图 11.62 所示。采用同样的方法定义钢束 15-9 特性值，如图 11.63 所示。

2.　钢束布置形状

从主菜单选择"荷载"→"温度/预应力"→"钢束形状"。

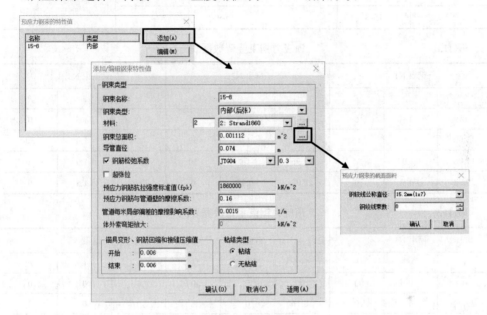

图 11.62　钢束 15-8 特性值定义

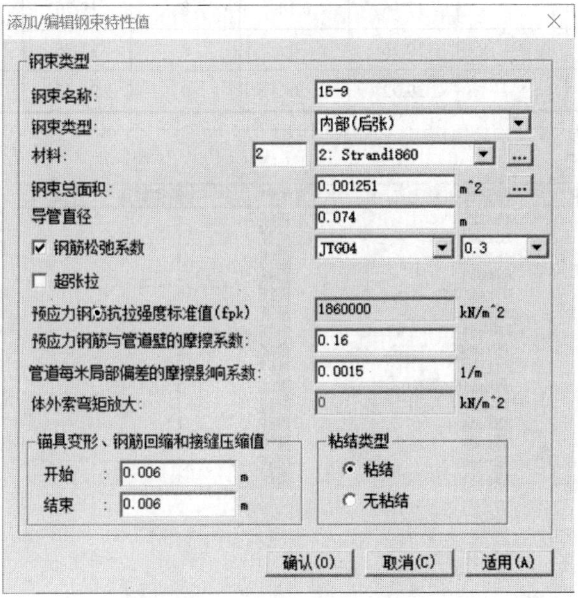

图 11.63　钢束 15-9 特性值定义

　　单击"添加"按钮，根据预应力钢束竖弯和平弯曲线数据表定义钢束布置形状，具体见表 11.7 至表 11.9 和图 11.64 至图 11.67。

表 11.7　　　　　　　　　　　预应力钢束规格及锚下张拉控制应力

钢束编号	锚具规格及张拉控制应力				
	中梁	束数	边梁	束数	张拉控制应力/MPa
N1	15-9	1	15-9	1	
N2	15-8	1	15-9	1	1395
N3	15-8	1	15-9	1	

表 11.8　　　　　　　　　　　预应力钢束竖弯数据表

钢束 N1			钢束 N2			钢束 N3		
x	z	R	x	z	R	x	z	R
0	−0.5	0	0	−0.95	0	0	−1.5	0
11.96	−1.9	15	9.96	−1.9	30	7.96	−1.9	30
17.96	−1.9	15	19.96	−1.9	30	21.96	−1.9	30
29.92	−0.5	0	29.92	−0.95	0	29.92	−1.5	0

表 11.9　　　　　　　　　　　预应力钢束平弯数据表

钢束 N1			钢束 N2			钢束 N3		
x	y	R	x	y	R	x	y	R
0	0	0	0	0	0	0	0	0
29.92	0	0	10.16	0	8	8.16	0	8
—	—	—	12.16	0.14	8	10.16	−0.14	8
—	—	—	17.16	0.14	8	19.76	−0.14	8
—	—	—	19.76	0	8	21.76	0	8
—	—	—	29.92	0	0	29.92	0	0

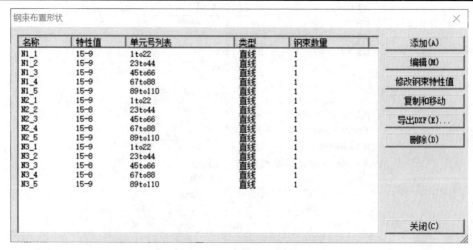

图 11.64　定义钢束布置形状

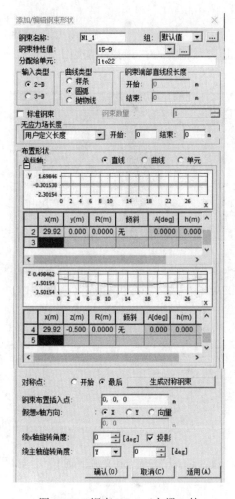

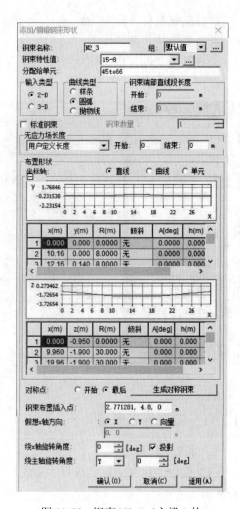

图 11.65　钢束 N1_1（主梁 1 的　　　　　　图 11.66　钢束 N2_3（主梁 3 的
钢束 N1）定义　　　　　　　　　　　　　　钢束 N2）定义

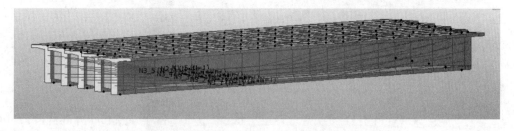

图 11.67　在模型窗口可查看已定义的钢束布置形状

注意：钢束布置插入点为主梁的端节点，即主梁 1 为（0，0，0），主梁 2 为（1.38564，2.4，0），主梁 3 为（2.7713，4.8，0），主梁 4 为（4.1569，7.2，0），主梁 5 为（5.5426，9.6，0）。

3. 钢束预应力荷载

从主菜单选择 "荷载" → "温度/预应力" → "钢束预应力荷载"，其定义如图 11.68 所示。

荷载工况名称：预应力。

荷载组名称：预应力。

选择"加载的预应力钢束"→"填入张拉力数值"→"选择注浆施工阶段"→
"添加"→"关闭"。

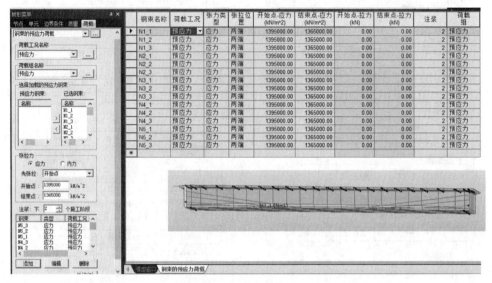

图 11.68 钢束预应力荷载定义

11.2.11 定义施工阶段

1. 定义施工阶段

（1）命令：从主菜单中选择"荷载"→"施工阶段"→"定义施工阶段"，如图
11.69 所示。

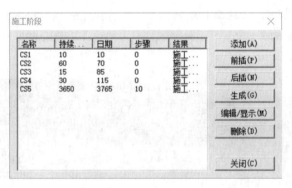

图 11.69 定义施工阶段

（2）定义 CS1：T 梁预制、张拉钢束，如图 11.70 所示。

单元：激活主梁 1、主梁 2、主梁 3、主梁 4、主梁 5。

边界：激活临时支座、梁与支座连接。

荷载：激活自重、预应力、翼板湿接头、预制横隔梁。

在树形菜单的"工作"，可以检查定义是否正确。

（3）定义 CS2：存梁 60 天，如图 11.71 所示。

（4）定义 CS3：浇筑墩顶连续段、更换支座，如图 11.72 所示。

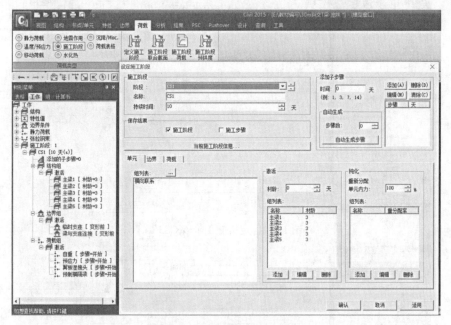

图 11.70 定义施工阶段 CS1

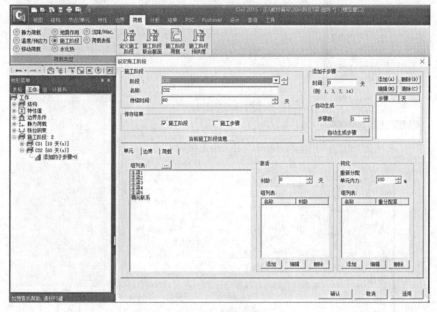

图 11.71 定义施工阶段 CS2

单元：激活横向连接。

边界：激活永久支座，钝化临时支座。

荷载：钝化翼板湿接头。

（5）定义 CS4：桥面铺装、防撞墙，如图 11.73 所示。

荷载：激活二期恒载。

（6）定义 CS5：考虑 10 年的收缩徐变影响，如图 11.74 所示。

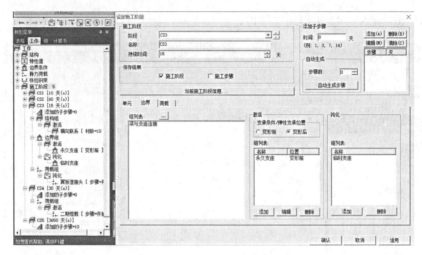

图 11.72　定义施工阶段 CS3

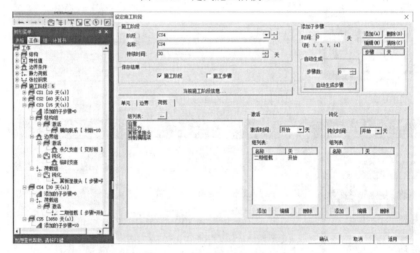

图 11.73　定义施工阶段 CS4

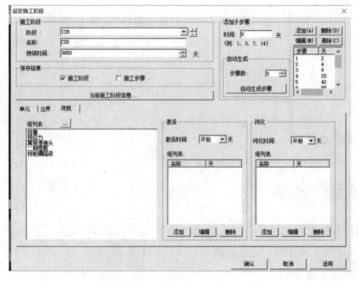

图 11.74　定义施工阶段 CS5

2. 施工阶段分析控制

（1）功能。悬索桥、斜拉桥或者预应力混凝土梁桥需要对最终结构和施工过程进行分析，根据实际情况，施工过程中需要激活和钝化构件、边界、荷载，上一施工阶段对下一阶段产生一定影响。另外，由于材料特性与时间有关（时间依存特性），如徐变、收缩弹性模量和钢筋松弛等不同的施工阶段均在发生变化。从而结构的变形和应力重分布在整个施工过程中也将不断改变。因此，结构分析必须要考虑随时间变化的施工阶段分析。此外，结构某些构件的设计也需要满足施工阶段要求。

（2）从主菜单选择"分析"→"主控"→"主控数据"，如图 11.75 所示。

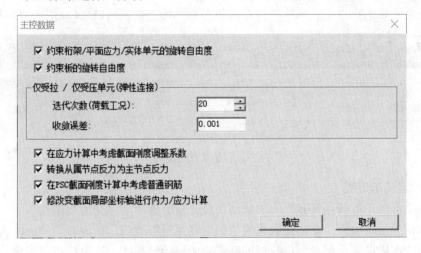

图 11.75　施工阶段分析控制的主控数据

（3）从主菜单选择"分析"→"分析控制"→"施工阶段"，如图 11.76 所示。

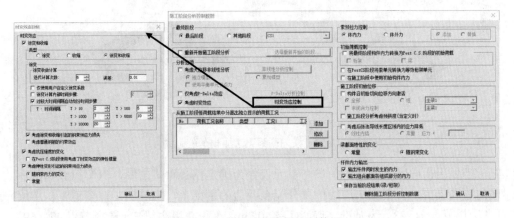

图 11.76　施工阶段分析控制数据

11.2.12　定义移动荷载

1. 有关说明

车道和车道面定义时，单元或节点必须依次排列；否则会出现车辆对开的情况，导致移动荷载分析出现错误的结果。车道面定义时，板单元与 *XY* 平面的夹角不能大于 15°；否则无法定义车道面。

对于单梁结构进行移动荷载分析时，选择"车道单元"进行定义分析；对于梁格结构，选择"横向联系梁"（车道荷载首先加载在横梁上，然后再传递到周边的纵梁上）进行定义分析。

对于梁格结构、板单元和实体单元，有时也可采用虚拟车道梁的方式进行移动荷载分析，使用虚拟梁加载移动荷载时，在车道中心线的位置建立虚拟梁，虚拟梁与主梁结构通过共节点或与相邻主梁节点建立刚臂的方式连接，虚拟梁的刚度不宜设置过大，以不影响整个结构的刚度为前提。

2. 定义荷载规范

从主菜单选择"荷载"→"移动荷载"→"移动荷载规范"，如图 11.77 所示。

图 11.77　移动荷载规范选择

3. 定义车道线

从主菜单中选择"荷载"→"移动荷载分析数据"→"交通车道线"。

本桥为梁格模型，车道荷载采用"横向联系梁"加载，横向联系梁法：将汽车荷载加载在横向联系梁上。选择横向联系梁所属的结构组。汽车荷载（黑色）按图 11.78 所示进行分配（红色）后，加载在相邻的横向联系梁上。

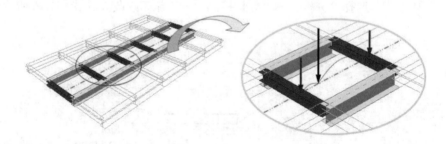

图 11.78　横向联系梁法加载车道荷载

当使用横向联系梁法时，参考单元仅作为确定偏心距离之用，汽车荷载加载在横向联系梁上，再根据车道线位置分配至两边的主梁上。本算例中，车道 1 以主梁 1（选择节点 1、23）为基准，偏心距为-0.7m；车道 2 以主梁 3（选择节点 47、69）为基准，偏心距为 1.0m，如图 11.79 和图 11.80 所示。

4. 定义车辆荷载

从主菜单中选择"荷载"→"移动荷载"→"移动荷载规范"→"车辆"，如图 11.81 所示。

5. 定义移动合作工况

从主菜单中选择"荷载"→"移动荷载分析数据"→"移动荷载工况"，如图 11.82 所示。

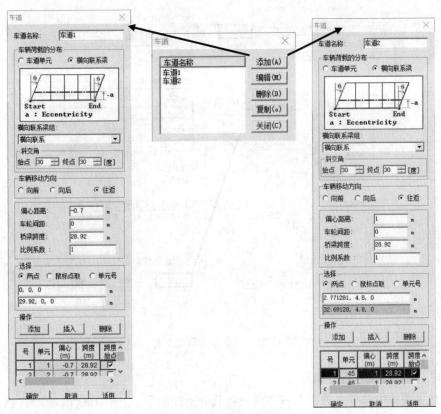

图 11.79　梁格车道定义

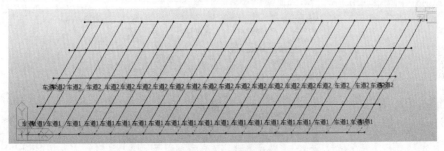

图 11.80　车道显示

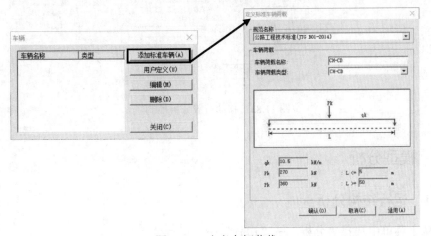

图 11.81　定义车辆荷载

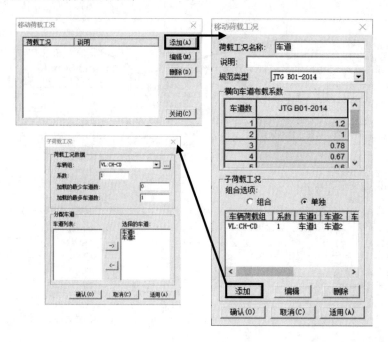

图 11.82　定义移动荷载工况

6. 移动荷载分析控制

从主菜单中选择"分析"→"移动荷载分析控制"，如图 11.83 所示。

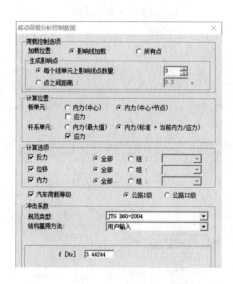

图 11.83　移动荷载分析控制

11.3　模型分析

11.3.1　运行结构分析

从主菜单中选择"分析"→"运行"→"运行分析"。

11.3.2　查看分析结果

1. 荷载组合

从主菜单中选择"结果"→"组合"→"荷载组合"。选择"混凝土设计"中的
"自动生成",进行荷载组合,如图 11.84 所示。

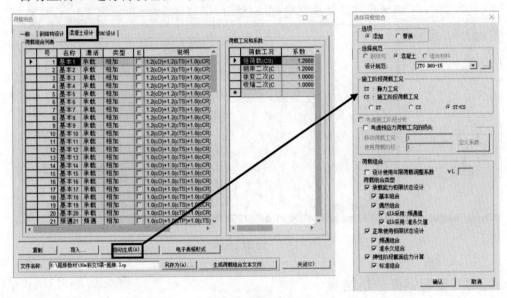

图 11.84　荷载组合

2. 桥梁内力图

从主菜单中选择"结果"→"桥梁"→"桥梁主梁内力图",如图 11.85 所示。

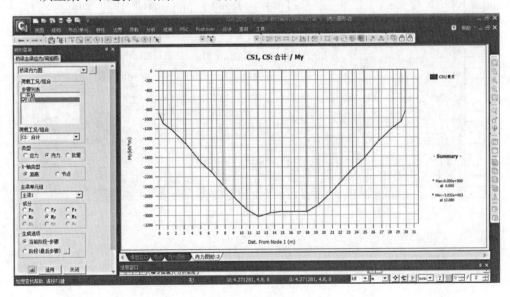

图 11.85　桥梁内力图

3. 支座组合反力

从主菜单中选择"结果"→"结果"→"反力"。查看标准 43 组合中的支点反

力值。由于弯扭耦合作用，边梁钝角处支点反力为 1235kN，锐角处支点反力为 1216kN。支座反力值的大小决定了支座规格的选择，如图 11.86 所示。

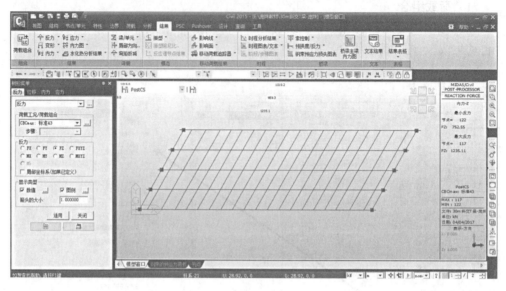

图 11.86　查看支座反力

11.3.3　查看钢束分析结果

从主菜单中选择"结果"→"分析结果表格"→"预应力钢束"→"预应力钢束伸长量"，如图 11.87 所示。

| 预应力钢束名称 | 阶段 | 步骤 | 预应力钢束延伸长度 | | 混凝土压缩长度 | | 合计 | |
			开始(m)	结束(m)	开始(m)	结束(m)	开始(m)	结束(m)
N1_1	CS1	001(first	0.1257	0.0843	0.0009	0.0006	0.1267	0.0849
N1_2	CS1	001(first	0.1244	0.0838	0.0008	0.0005	0.1252	0.0843
N1_3	CS1	001(first	0.1363	0.0712	0.0009	0.0005	0.1372	0.0717
N2_1	CS1	001(first	0.1257	0.0843	0.0008	0.0006	0.1266	0.0849
N2_2	CS1	001(first	0.1244	0.0838	0.0008	0.0005	0.1252	0.0843
N2_3	CS1	001(first	0.1363	0.0712	0.0009	0.0005	0.1372	0.0717
N3_1	CS1	001(first	0.1257	0.0843	0.0009	0.0006	0.1266	0.0849
N3_2	CS1	001(first	0.1244	0.0838	0.0008	0.0005	0.1252	0.0843
N3_3	CS1	001(first	0.1363	0.0712	0.0009	0.0005	0.1372	0.0717
N4_1	CS1	001(first	0.1257	0.0843	0.0009	0.0006	0.1266	0.0849
N4_2	CS1	001(first	0.1244	0.0838	0.0008	0.0005	0.1252	0.0843
N4_3	CS1	001(first	0.1363	0.0712	0.0009	0.0005	0.1372	0.0717
N5_1	CS1	001(first	0.1257	0.0843	0.0009	0.0006	0.1267	0.0849
N5_2	CS1	001(first	0.1244	0.0838	0.0008	0.0005	0.1252	0.0843
N5_3	CS1	001(first	0.1363	0.0712	0.0009	0.0005	0.1372	0.0717

图 11.87　预应力钢束伸长量

11.4　模型设计

11.4.1　模型 PSC 设计定义

1. PSC 设计参数

从主菜单中选择"PSC"→"设计参数"，如图 11.88 所示。

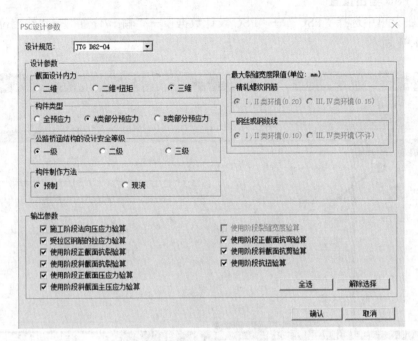

图 11.88　PSC 设计参数

2. PSC 设计材料

从主菜单中选择"设计"→"PSC 设计"→"PSC 设计材料"。

在"材料列表"中选择 C50 混凝土，修改钢筋信息，如图 11.89 所示。

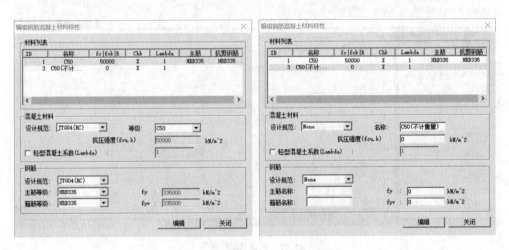

图 11.89　编辑钢筋混凝土材料特性

3. PSC 设计位置

从主菜单中选择"PSC"→"PSC 设计数据"→"输出/位置"→"设计位置"。

选中所有的节点和单元，I 和 J 截面的弯矩和剪力均添加为设计位置，如图 11.90 所示。

4. PSC 输出位置

从主菜单中选择"PSC"→"PSC 设计数据"→"输出/位置"→"输出位置"，如图 11.91 所示。

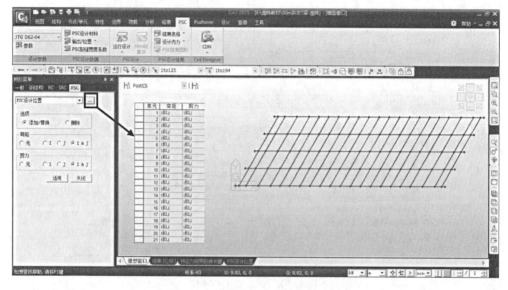

图 11.90　PSC 设计位置

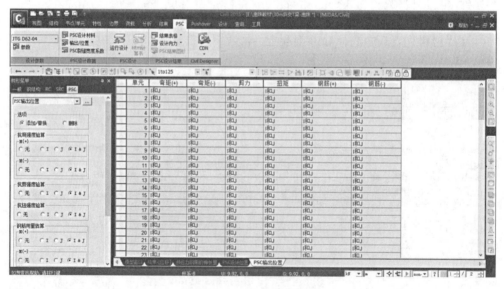

图 11.91　PSC 输出位置

11.4.2　运行 PSC 梁的设计

从主菜单中选择"PSC"→"PSC 设计"→"运行设计"。

11.4.3　查看设计验算结果

从主菜单中选择"PSC"→"PSC 设计结果"→"结果表格"，如图 11.92 至图

11.95 所示。

图 11.92　PSC 设计结果表格

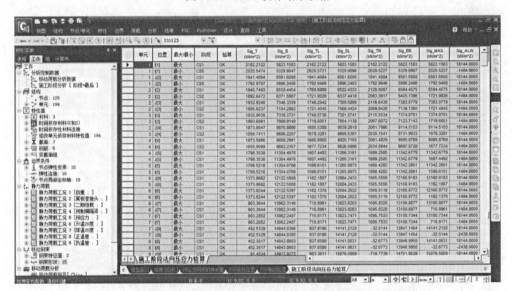

图 11.93　施工阶段正截面法向压应力验算

钢束	验算	Sig_DL (kN/m^2)	Sig_LL (kN/m^2)	Sig_ADL (kN/m^2)	Sig_ALL (kN/m^2)
N1_1	OK	1276187.4289	1150163.7431	1395000.0000	1209000.0000
N1_2	OK	1276187.4260	1146210.0902	1395000.0000	1209000.0000
N1_3	OK	1276187.4230	1145937.1823	1395000.0000	1209000.0000
N1_4	OK	1276187.4117	1145937.1728	1395000.0000	1209000.0000
N1_5	OK	1276187.4425	1143629.5944	1395000.0000	1209000.0000
N2_1	OK	1261137.5379	1146655.3355	1395000.0000	1209000.0000
N2_2	OK	1261137.5148	1140182.9597	1395000.0000	1209000.0000
N2_3	OK	1261137.5226	1136730.8922	1395000.0000	1209000.0000
N2_4	OK	1261137.5066	1128253.3943	1395000.0000	1209000.0000
N2_5	OK	1261158.5915	1120089.1374	1395000.0000	1209000.0000
N3_1	OK	1252209.3262	1146984.8979	1395000.0000	1209000.0000
N3_2	OK	1252209.2784	1144227.6055	1395000.0000	1209000.0000
N3_3	OK	1252209.3624	1136573.6793	1395000.0000	1209000.0000
N3_4	OK	1252209.3788	1131713.8613	1395000.0000	1209000.0000
N3_5	OK	1252203.5022	1117938.4874	1395000.0000	1209000.0000

图 11.94　受拉区钢筋的拉应力验算

单元	位置	组合名称	短/长	类型	验算	Sig_T (kN/m^2)	Sig_B (kN/m^2)	Sig_TL (kN/m^2)	Sig_BL (kN/m^2)	Sig_TR (kN/m^2)	Sig_BR (kN/m^2)	Sig_MAX (kN/m^2)	Si (k
1	(1)	准永久34	长期	FZ-MAX	OK	2020.5474	5329.9047	2020.5721	5329.9096	2020.5227	5329.8997	2020.5227	
1	(1)	频遇27	短期	FZ-MAX	OK	930.1883	4953.7918	930.2130	4953.7967	930.1636	4953.7869	930.1636	-1
1	J[2]	准永久34	长期	FX-MAX	OK	1792.9707	5996.2450	1792.9468	5996.2403	1792.9946	5996.2498	1792.9468	
1	J[2]	频遇27	短期	FX-MAX	OK	702.8116	5620.1322	702.5878	5620.1274	702.6355	5620.1370	702.5878	-1
2	(2)	准永久34	长期	FZ-MIN	OK	1839.1270	5852.0633	1833.9088	5851.0196	1844.3452	5853.1069	1833.9088	
2	(2)	频遇27	短期	FZ-MIN	OK	743.8331	5553.2676	734.4073	5551.3825	753.2588	5555.1528	734.4073	-1
2	J[3]	准永久34	长期	FX-MAX	OK	1252.9058	5322.2077	1320.3200	5335.6905	1185.4916	5308.7248	1185.4916	-1
2	J[3]	频遇27	短期	FX-MAX	OK	2332.4402	5672.0684	2395.6420	5684.7088	2269.2383	5659.4281	2269.2383	
3	(3)	准永久34	长期	MY-MIN	OK	2320.1045	5664.9430	2409.5621	5682.8346	2230.6469	5647.0515	2230.6469	
3	(3)	频遇27	短期	MY-MIN	OK	1264.8310	5337.3434	1352.5420	5354.8856	1177.1199	5319.8012	1177.1199	-1
3	J[4]	频遇21	长期	MY-MIN	OK	3054.9053	5763.6376	3161.7061	5784.9977	2948.1045	5742.2774	2948.1045	
3	J[4]	频遇27	短期	MY-MIN	OK	2000.3273	5437.3649	2061.9286	5449.8848	1938.7281	5425.0451	1938.7281	-1
4	(4)	频遇27	短期	MY-MIN	OK	3054.8623	5726.6246	3202.8695	5756.2261	2906.8551	5697.0232	2906.8551	
4	(4)	频遇27	长期	MY-MIN	OK	2039.5735	5432.8524	2143.2968	5453.5971	1935.8501	5412.1077	1935.8501	-1
4	J[5]	频遇27	长期	-	OK	3678.7552	6274.0766	3707.2431	6279.7742	3650.2673	6268.3790	3650.2673	
5	(5)	频遇27	短期	MY-MIN	OK	2663.0169	5985.0166	2673.4962	5987.1124	2652.5376	5982.9207	2652.5376	-1
5	(5)	频遇27	长期	-	OK	3676.6916	6259.4530	3748.7757	6273.8698	3604.6076	6245.0362	3604.6076	
5	(5)	频遇27	短期	MY-MIN	OK	2682.8877	5996.0444	2736.5763	6006.7821	2629.1992	5985.3067	2629.1992	-1
5	J[6]	频遇27	长期	MY-MIN	OK	2753.0566	5946.2611	2590.2894	5913.7076	2915.8238	5978.8145	2590.2894	-1
5	J[6]	准永久34	长期	MY-MIN	OK	3745.6518	6211.3549	3584.2252	6179.0896	3907.0785	6243.6403	3584.2252	
6	(6)	频遇27	长期	MY-MIN	OK	3753.5550	6209.2856	3620.2775	6182.6301	3886.8325	6235.9411	3620.2775	
6	(6)	频遇27	短期	MY-MIN	OK	2758.3064	5949.6022	2623.5344	5922.6478	2893.0784	5976.5566	2623.5344	-1
6	J[7]	频遇27	长期	MZ-MAX	OK	3699.6838	6397.1180	3216.9993	6300.5820	4182.3683	6493.6557	3216.9993	
6	J[7]	准永久34	长期	MZ-MAX	OK	2705.7256	6134.4786	2220.5588	6037.4452	3190.8924	8231.5119	2220.5588	-1
7	(7)	准永久34	长期	MZ-MAX	OK	3660.4494	8339.3692	3171.1049	6241.5003	4149.7938	6437.2381	3171.1049	
7	(7)	频遇27	短期	MZ-MAX	OK	2663.7211	6081.3370	2171.9527	5982.9834	3155.4894	6179.6907	2171.9527	-1
7	J[8]	准永久34	长期	MY-MIN	OK	2579.0269	6393.7262	3052.8260	6488.5882	2105.4831	6299.1196	2105.4831	-1
7	J[8]	准永久34	长期	MY-MIN	OK	3577.2201	6647.2396	4047.8627	6741.4713	3106.8353	6553.2658	3106.8353	
8	(8)	准永久34	长期	MY-MIN	OK	3606.0821	6634.8247	4051.9432	6724.1075	3160.4976	6545.8184	3160.4976	
8	(8)	频遇27	短期	MY-MIN	OK	2605.3407	6386.4785	3053.9881	6476.3177	2156.9677	6296.9136	2156.9677	-1
8	J[9]	准永久34	长期	MY-MIN	OK	3522.8743	6976.9896	4432.1524	7159.0416	2614.0878	6795.4289	2614.0878	

使用阶段正截面抗裂验算

图 11.95 使用阶段正截面抗剪验算

参 考 文 献

[1] 中华人民共和国行业标准. JTG B01—2014 公路工程技术标准 [S]. 北京：人民交通出版社，2014.

[2] 中华人民共和国行业标准. JTG D20—2006 公路路线设计规范 [S]. 北京：人民交通出版社，2006.

[3] 中华人民共和国行业标准. JTG D60—2015 公路桥涵设计通用规范 [S]. 北京：人民交通出版社，2015.

[4] 中华人民共和国行业标准. JTG D62—2004 公路钢筋混凝土及预应力钢筋混凝土桥涵设计规范 [S]. 北京：人民交通出版社，2004.

[5] 谭荣伟. 道路与桥梁 CAD 绘图快速入门 [M]. 北京：化学工业出版社，2014.

[6] 郑益民. 公路工程 CAD [M]. 北京：清华大学出版社，2010.

[7] 杨宏志. 道路工程 CAD [M]. 北京：人民交通出版社，2009.

[8] 周艳，张华英. 道路 CAD 及其使用程序、工程实例 [M]. 北京：中国建筑工业出版社，2009.

[9] 邱顺东. 桥梁工程软件 Midas Civil 应用工程实例 [M]. 北京：人民交通出版社，2011.

[10] 刘美兰. Midas Civil 在桥梁结构分析中的应用（一）[M]. 北京：人民交通出版社，2012.

[11] 葛俊颖. 桥梁工程软件 Midas Civil 使用指南 [M]. 北京：人民交通出版社，2013.

[12] 邵旭东. 桥梁工程 [M]. 4 版. 北京：人民交通出版社，2016.